机械制图

主　编　张爱莲　李勇峰

副主编　吴小清　王　芳　付　军　韩冬桂

参　编　王小玲　李　燕

U0132257

华中科技大学出版社

中国·武汉

内 容 简 介

本书是一本既包含系统理论,又有较强实践性的技术基础课教材。本书主要培养学生使用仪器、计算机及徒手等方法来绘制工程图样的能力及阅读工程图样的能力;培养学生的空间想象能力和创造性三维造型设计能力;培养学生的工程素质,让学生掌握并熟练查阅工程制图国家标准的有关知识。

本书的主要内容包括画法几何、制图基础、工程图、计算机绘图等部分。画法几何部分主要介绍使用正投影法表达空间几何体和图解空间几何问题的基本理论和方法;制图基础部分主要介绍制图基本知识和绘制、阅读投影图的方法,这一部分是本书的重点;工程图部分以机械图为主,介绍绘制和阅读常见机件或零部件的零件图和装配图的方法;计算机绘图部分主要介绍使用计算机绘图软件 AutoCAD 的基本方法和技能。

图书在版编目(CIP)数据

机械制图/张爱莲 李勇峰 主编.—武汉:华中科技大学出版社,2011.12
ISBN 978-7-5609-7618-1

Ⅰ.机… Ⅱ.①张… ②李… Ⅲ.机械制图-高等学校-教材 Ⅳ.TH126

中国版本图书馆 CIP 数据核字(2011)第 271194 号

机械制图　　　　　　　　　　　　　　　　　张爱莲　李勇峰　主编

策划编辑:康　序
责任编辑:康　序
封面设计:潘　群
责任校对:李　琴
责任监印:张正林
出版发行:华中科技大学出版社(中国·武汉)
　　　　　武昌喻家山　邮编:430074　电话:(027)87557437
录　　排:武汉市兴明图文信息有限公司
印　　刷:武汉市籍缘印刷厂
开　　本:787mm×1092mm　1/16
印　　张:19.75
字　　数:516 千字
版　　次:2011 年 12 月第 1 版第 1 次印刷
定　　价:36.00 元

前言

本书是根据教育部对高等院校的机械制图课程教学的基本要求，以及为了适应新时期机械制图课程的教学内容和特点的需要而编写的。

书中所采用的技术制图和机械制图的国家标准都是最新标准，其内容由浅入深，实例紧密联系工程实际，表达简洁清晰，图文并茂。为了适应时代的要求，内容上除了讲述投影原理、制图基础、表达方法、机械图样等内容外，还介绍了在 AutoCAD 软件环境下的计算机绘图的相关知识。

本书以机械制图的基础知识为底蕴，在培养学生读、画工程图能力的基础上，大力发掘学生的空间想象力和空间构思能力，为学生在学校学习的过程中和今后工作中的机械创新打下良好的基础。

本书是由从事机械制图教学工作多年的老师编写的。其中，由张爱莲、李勇峰担任主编，由吴小清、王芳、付军、韩冬桂担任副主编，由王小玲、李燕等参编。在编写过程中，王小玲教授和李燕教授根据她们多年的教学经验，对本书的内容及结构提出了宝贵的意见，在此表示衷心的感谢！

由于编者水平有限，书中难免存在一些不足，恳请使用本书的广大师生及读者批评指正。

编　者
2011 年 11 月

目录

第 0 章　绪论

1．本课程的性质和内容

图形与语言和文字一样，是人们进行交流的必不可少的媒介。随着社会的发展和进步，在工程界出现了一种规范化的图形即工程图样。本课程的研究对象是工程图样，它是工程界用来表达物体的形状、大小和有关技术要求的图形。在现代工业生产中，无论是机器的设计、制造、维修、检验，或土木建筑、桥梁等工程的设计与施工，都离不开工程图样。人们用它来表达设计思想和进行技术交流，它是现代工程中的一项重要技术文件，被称为"工程师的语言"。因此，每个工程技术人员都必须能够绘制和阅读工程图样。

本课程主要研究绘制和阅读工程图样的基础理论和方法，是一门既有系统理论又有较强实践性的技术基础课。

本课程的内容包括画法几何、制图基础、工程图、计算机绘图等部分。画法几何部分主要学习用正投影法表达空间几何体和图解空间几何问题的基本理论和方法；制图基础部分学习制图的基本知识和绘制、阅读投影图的方法，这一部分是本课程的重点；工程图部分以机械图为主，学习绘制和阅读常见机器或部件的零件图和装配图的方法；计算机绘图部分主要介绍使用计算机绘图软件 AutoCAD 的基本方法和技能。

2．本课程的主要任务

(1)学习正投影的基本原理及其应用。

(2)培养学生的空间想象能力和创造性三维造型设计能力。

(3)培养学生使用仪器、计算机及徒手等方法来绘制工程图样的能力及阅读工程图样的能力。

(4)培养学生的工程素质，让学生掌握并熟练查阅工程制图国家标准的相关知识。

(5)在完成上述任务的同时，本课程还将培养学生的自学能力及耐心细致、认真负责的工作态度。

3．本课程的学习方法

本课程是一门既有系统理论，又有较强实践性的技术基础课，要掌握好相关知识应注意以下几点。

(1)建立平面投影图和空间形体间的对应关系。本课程必须以"图"为中心，通过一系列的绘图和读图的学习之后，要不断地通过由物画图和由图想物的转化训练，逐步提高空间形象思维

1

能力。

(2)注重作图的实践环节。本课程是一门实践性很强的课程，只有通过不断的练习才能对所学的知识进行消化和巩固。因此要认真地完成课堂作业和课后老师布置的习题。

(3)严格地遵守国家标准，争取做到正确、规范地绘制工程图样，这是进行技术交流和指导、管理生产所必需的。

工程图样在生产和施工中起着非常重要的作用。绘图和读图的差错都会造成不同程度的损失，所以在做习题时一定要培养认真负责的工作态度和发扬一丝不苟、严谨细致的工作作风。

4. 工程图的发展概况

从历史的发展规律来看，工程图学的发展与其他学科一样，也是从人类的生产实践活动中产生和发展起来的。早期人们在认识自然、描绘和改造自然的过程中，经常需要表达空间物体的形状和大小，图形则成为他们表达交流的主要形式之一。我国在很早以前就出现了象形文字，一直流传着"仓颉造字"的传说。这种象形文字其实就是简化的单面正投影图，是人们根据对自然界的观察和生产实际的需要，把所观察到的形象抄绘于平面上，由于观察方向正对着物体，于是就形成了单面正投影图。18世纪后期，法国学者加斯帕·蒙热(Gaspard Monge)全面总结了前人的经验，发明了利用二维平面图形解三维空间问题的理论，创立了画法几何学说。虽然现代画法几何的理论并不都是蒙热首创，但他的《画法几何学》将数学和图学紧密地联系到一起，使人们能利用准确的方式表示出物体的形状。蒙热的发明奠定了工程图学的理论基础，促进了现代工程图学技术的飞速发展。

近几十年来，许多学者对工程图学的发展作出了自己的贡献。如前苏联学者切特维鲁新和弗罗洛夫等人对投影理论的研究及画法几何的普及都作出了贡献；我国工程图学界的前辈赵学田教授总结的"长对正、高平齐、宽相等"这一通俗、简洁的三视图的投影规律，已成为工程技术人员绘图、读图普遍运用的规律，使画法几何和工程制图的相关知识易学、易懂。

20世纪后期，计算机技术的广泛应用大大促进了图形学的发展，促使工程制图技术发生了一次根本性变革。以计算机图形学为基础的计算机辅助设计(CAD)技术，推动了各个领域的设计革命，其发展和应用水平已成为衡量一个国家科学技术现代化和工业现代化水平的重要标志之一。在设计和制造领域里，CAD技术引发了一场革命，并且产生了深远的影响，也使得图形学的发展领域变得无比宽阔。我国的工程设计领域，除了学生在学校学习阶段用到手工绘图以外，目前的大部分设计单位和加工制造企业基本上是以计算机绘图为主。计算机绘图的特点是作图精确度高、出图速度快，现已被广泛应用到各行各业。

第 1 章 制图的基本知识与技能

机械图样是设计和制造机械过程中的重要资料,是交流技术思想的语言,因此,对图样的画法、尺寸的注法等都必须作出统一的规定。《机械制图》国家标准是我国颁布的一项重要的技术标准,统一规定了有关机械方面的生产和设计部门须共同遵守的画图规则;我国还根据科学技术的日益进步和国民经济不断发展的需要,制定了对各类技术图样和有关技术文件共同使用的统一的《技术制图》国家标准。

如果想既能够看懂已画好的图样,又能够画出既符合要求又准确表达工程对象的图样,首先就必须掌握制图的基本知识和基本技能。本章将会对这些知识和技能作出详细的介绍。

1.1 制图的基本规定

1.1.1 图纸幅面和格式

为了使图纸的幅面和格式达到统一,便于图样的使用和管理,并且为图样的绘制和复制等工作采用先进技术创造必要的条件,在代号为 GB/T 14689—2008 的《技术制图 图纸幅面和格式》国家标准中对图纸的幅面和格式做出了规定。

1. 图纸幅面

图纸幅面简称图幅,是指由图纸的宽度和长度组成的图面,即为图纸的有效范围。通常用细实线绘出,成为图纸边界或裁纸线,基本幅面的代号及尺寸如表 1-1 所示。

表 1-1　基本幅面的代号及尺寸(第一选择)　　　　　　　　单位:mm

基本幅面代号	A0	A1	A2	A3	A4
尺寸 $B \times L$	$841 \times 1\ 189$	594×841	420×594	297×420	210×297

在五种基本幅面中,各相邻幅面的面积大小均相差一倍,如 A0 为 A1 幅面的两倍,A1 又为 A2 幅面的两倍,以此类推。

在幅面尺寸中,B 表示短边,L 表示长边。各种幅面的 B 和 L 之间均为常数关系,即 $L = \sqrt{2}B$。标准中又规定 A0 幅面的面积为 1 m²。因此,A0 的长边 $L = 1\ 189$ mm,短边 $B = 841$ mm。

绘制技术图样时应优先采用表 1-1 中规定的基本幅面。必要时,也允许以基本幅面的短边的整数倍来加长幅面。图 1-1 所示为各种幅面的相互关系,粗实线表示的是基本幅面之间的关系。

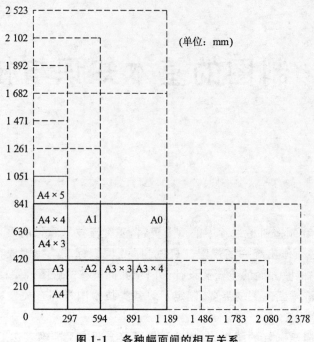

图 1-1　各种幅面间的相互关系

2. 图框格式

在图纸上必须用粗实线画出图框,图框的格式分为不留装订边和留有装订边(用于绘制需要装订成册的图样)两种,同一产品的图样只能采用一种格式。

有装订边图纸的图框格式,如图 1-2(分为 X 型和 Y 型两种)所示。标题栏处在长边的为 X 型图纸,标题栏在短边上的为 Y 型图纸。看图方向一般与看标题栏的方向一致。

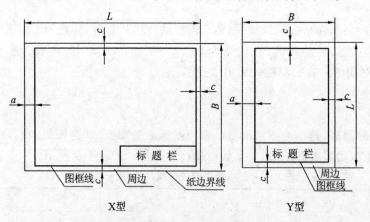

图 1-2　有装订边图纸的图框格式

用细实线绘制表示图幅大小的纸边界线,用粗实线绘制图框线,图框线与纸边界线之间的区域称为周边。装订侧的周边尺寸 a 比其余三个周边的尺寸 c 大,具体尺寸与图纸幅面有关,如表 1-2 所示。

当图纸需要装订时,一般采用 A3 幅面横装或 A4 幅面竖装。无装订边图纸的图框格式如图 1-3(同样分为 X 型和 Y 型两种)所示。其周边尺寸均为 e,具体数值也与图纸幅面有关,如表 1-2 所示。

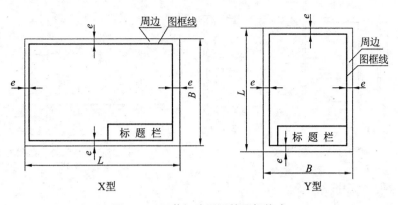

图 1-3 无装订边图纸的图框格式

表 1-2 周边的尺寸 单位:mm

幅面代号	A0	A1	A2	A3	A4
$B \times L$	841 × 1 189	594 × 841	420 × 594	297 × 420	210 × 297
e	20			10	
c	10			5	
a	25				

对于加长幅面的图框,一般应使用比所用基本幅面大一号的周边尺寸绘制,如 A4 × 3 的加长幅面,其周边尺寸应该使用 A3 的周边尺寸,即 $c = 5$ 或 $e = 10$。

3. 标题栏的方位

每张图纸均需要画出标题栏,其格式和尺寸可参见本章 1.1.2 节。标题栏一般位于图纸的右下角,如图 1-2、图 1-3 所示,看图方向应与标题栏中文字的方向一致。

4. 附加符号

1) 对中符号

为了在图样复制或缩微摄影时便于定位,对于表 1-1 中所列出的各号图纸,均应在其各边长的中点处,分别用线宽不小于 0.5 mm 的粗实线绘制对中符号,从纸边界线开始,伸入图框线内约 5 mm,如图 1-4 所示。

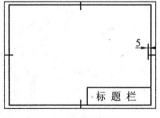

图 1-4 对中符号

对中符号的位置误差应不大于 0.5 mm。当对中符号处于标题栏范围内时,其伸入标题栏内的部分应省略不画。

2) 方向符号

当使用预先印制的图纸时,为了合理安排图形,可以允许看图方向与标题栏方向不同。为了明确绘图与看图时图纸的方向,应在图纸的下边对中符号处画出一个方向符号,如图 1-5 所示。

方向符号是用细实线绘制的等边三角形,其尺寸和所处的位置如图 1-6 所示。

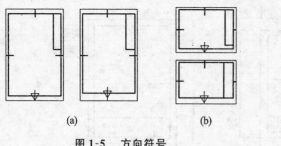

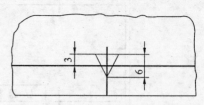

图 1-5　方向符号　　　　　　　　图 1-6　方向符号的尺寸和位置

1.1.2　标题栏和明细栏

在每张技术图样上都必须有标题栏,用来填写图样上的综合信息,它是图样的组成部分。标题栏的基本要求、内容、尺寸和格式在国家标准 GB/T 10609.1—2008《技术制图　标题栏》中有详细规定,标题栏一般印制在图纸上,不必自己绘制,如图 1-7 所示。

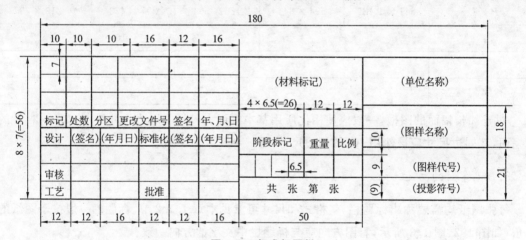

图 1-7　标准标题栏

学校的制图作业建议采用如图 1-8 所示的简化格式。

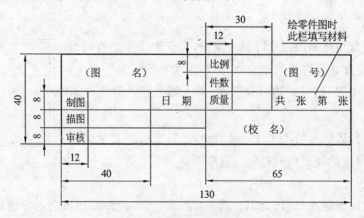

图 1-8　制图作业的标题栏

装配图中一般还应画有明细栏,并配置在标题栏的上方,按自下而上的顺序填写,需自己绘制。国家标准 GB/T 10609.2—2009《技术制图　明细栏》中规定了明细栏的样式,如图 1-9 和图

1-10 所示。

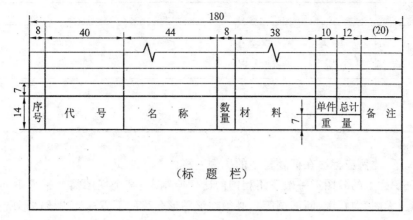

图 1-9　明细栏的格式(1)

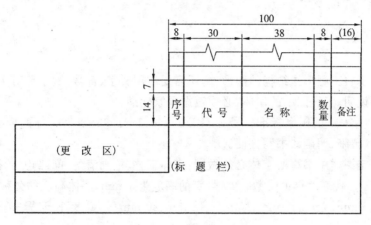

图 1-10　明细栏的格式(2)

1.1.3　比例

在 1993 年的国家标准(GB/T 14690—1993)中,比例的定义为"图中图形与其实物相应要素的线性尺寸之比"。比值为 1 的比例称为原值比例,即 1:1;比值大于 1 的比例称为放大比例,如 2:1 等;比值小于 1 的比例称为缩小比例,如 1:2 等。

绘制技术图样时应在表 1-3 所列的系列中选取适当的比例,必要时(当按表 1-3 所列的比例绘图不适合时)也允许选取表 1-4 中所列的比例。

表 1-3　图样的比例(1)

种　类	比　　例		
原值比例	1:1		
放大比例	5:1 $5 \times 10^n : 1$	2:1 $2 \times 10^n : 1$	$1 \times 10^n : 1$
缩小比例	1:2 $1 : 2 \times 10^n$	1:5 $1 : 5 \times 10^n$	1:10 $1 : 1 \times 10^n$

注:n 为正整数。

表 1-4　图样的比例(2)

种　类	比　例				
放大比例	$4:1$ $4\times10^n:1$	$2.5:1$ $2.5\times10^n:1$			
缩小比例	$1:1.5$ $1:1.5\times10^n$	$1:2.5$ $1:2.5\times10^n$	$1:3$ $1:3\times10^n$	$1:4$ $1:4\times10^n$	$1:6$ $1:6\times10^n$

注:n为正整数。

一般情况下,比例应标注在标题栏中的比例一栏内。

在同一张图样上的各图形一般采用相同的比例绘制。当某个视图需要采用不同的比例绘制时(例如局部放大图、向视图、断面图等),必须在该图形名称的下方标注出该图形所采用的比例,例如 $\dfrac{I}{2:1}$、$\dfrac{A}{1:100}$、$\dfrac{B-B}{5:1}$ 等。

1.1.4　字体

图样上除了反映工程形体结构的图形外,还需要使用文字、符号、数字等对工程形体的大小、技术等要求加以说明。工程图中的字体,必须遵循国家标准。

《技术制图　字体》的国家标准代号为 GB/T 14691—1993。贯彻字体的标准是为了达到图样上字体的统一、清晰、明确和书写方便。

国家标准规定图样中书写的字体必须做到:字体工整、笔画清楚、间隔均匀、排列整齐。

字体的高度(h)代表字体的号数,如 7 号字的高度为 7 mm。字体高度的公称尺寸系列为 1.8 mm、2.5 mm、3.5 mm、5 mm、7 mm、10 mm、14 mm、20 mm 等,共 8 种。若需书写更大的字体,则字体高度应按 $\sqrt{2}$ 的比例递增。

1. 汉字

由于有些汉字的笔画较多,所以国家标准规定汉字的最小高度不应小于 3.5 mm。汉字应写成长仿宋体(直体),其字宽约为字高的 0.7 倍。同时汉字应采用国务院正式公布的《汉字简化方案》中规定的简化字,不准使用不符合规定的自造简体字。长仿宋体字具有"字体工整、笔画清楚"的特点,便于书写。长仿宋体字的示例如图 1-11 所示。

10 号字

字体工整　笔画清楚　间隔均匀　排列整齐

7 号字

横平竖直　注意起落　结构均匀　填满方格

5 号字

技术制图机械电子汽车航空船舶土木建筑矿山港口纺织

图 1-11　长仿宋体汉字示例

2. 字母和数字

字母和数字按笔画宽度情况分为 A 型和 B 型两类,A 型字体的笔画宽度(d)为字高(h)的

1/14，B 型字体的笔画宽度为字高的 1/10，即 B 型字体比 A 型字体的笔画要粗一点。在同一张图上只允许选用一种形式的字体。

　　字母和数字可写成斜体或直体，但徒手绘图常用斜体。斜体字的字头向右倾斜，与水平基准线成 75°角，如图 1-12 所示。

　　在图样中标注尺寸数值，要用阿拉伯数字注写，要求其字形能明显区分、容易辨认。特别是在数字与字母等混合书写的场合更应如此。

$$ABCDEFGHIJKLMNOPQRSTUVWXYZ$$

$$abcdefghijklmnopqrstuvwxyz$$

$$0123456789$$

图 1-12　向右倾斜 75° 的字母和数字

1.1.5　图线

　　工程图样中所用的图线应遵循国家标准 GB/T 17450—1998《技术制图　图线》及国家标准 GB/T 4457.4—2002《机械制图　图样画法　图线》的有关规定。

1. 基本线型

　　在机械制图中常用的线型有实线、虚线、点画线、双点画线、波浪线、双折线等，如表 1-5 所示。在图样中，图线不宜互相重叠，若不可避免时，可按照粗实线、细实线、虚线、点画线的先后顺序画出。

表 1-5　常用的线型及主要用途

图线名称	线　　型	线宽	主要用途
粗实线	———————	d	可见轮廓线、可见棱边线、可见相贯线等
细实线	———————	$0.5d$	尺寸线、尺寸界线、剖面线、重合断面的轮廓线、过渡线、指引线和基准线等
细虚线	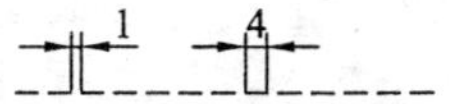 — — — —	$0.5d$	不可见轮廓线、不可见棱边线、不可见相贯线等
粗虚线	— — — — —	d	允许表面处理的表示线
细点画线	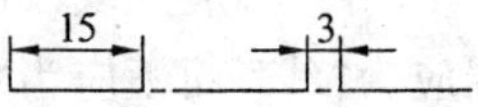 —·—·—·—·—	$0.5d$	轴线、对称中心线等
粗点画线	—·—·—·—	d	限定范围表示线
细双点画线	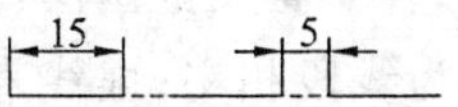 —··—··—··	$0.5d$	相邻辅助零件的轮廓线、可动零件的极限位置的轮廓线、轨迹线、中断线等
波浪线	 ～～～	$0.5d$	断裂处的边界线、视图与剖视图的分界线。在一张图样上，只采用一种线型，即采用波浪线或双折线
双折线	 —／\／\—	$0.5d$	

2. 图线的宽度

在机械图样上,图线一般只有两种宽度,分别称为粗线和细线,其宽度之比为2:1,在建筑图样上,图线一般有三种宽度,分别称为粗线、中粗线、细线,其宽度之比为4:2:1。图线的宽度d应根据图形的大小和复杂程度,在下列数值中选择:0.13 mm、0.18 mm、0.25 mm、0.35 mm、0.5 mm、0.7 mm、1 mm、1.4 mm、2 mm。以上所列的各数值按顺序它们之间的比例关系为$1:\sqrt{2}$。在通常情况下,粗线优先采用0.5 mm或0.7 mm。在同一张图样中,同类图线的宽度应一致。

3. 图线的应用举例

图1-13所示的为常用线型的应用举例。在该图中,粗实线表达该零件的可见轮廓线;虚线表达不可见轮廓线;细实线表达尺寸线、尺寸界线及剖面线;波浪线表达断裂处边界线及视图和剖视的分界线;细点画线表达对称中心线及轴线;细双点画线表达相邻辅助零件的轮廓线及极限位置轮廓线。

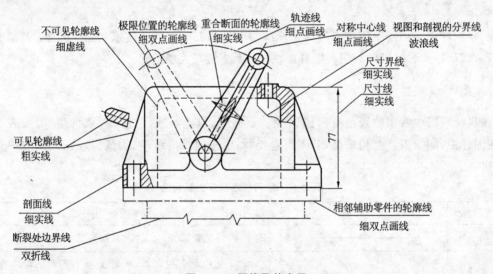

图1-13 图线及其应用

4. 图线的画法

(1)在同一图样中,同类图线的宽度应基本一致。虚线、点画线及双点画线的线段长度和间隔应各自大致相等。

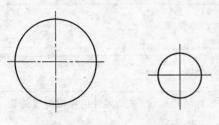

图1-14 圆的中心线的画法

(2)画圆的中心线时,圆心应是线段的交点,点画线和双点画线的首末两端应为"线"而不应为"点",并且应超出轮廓2~5 mm;当圆心较小时,允许用细实线代替点画线,如图1-14所示。

(3)两线相交时,注意接头的画法:虚线与实线相交、虚线与虚线相交,应为线段相交;虚线直接在实线延长线上相接时,虚线应留出间隙,如图1-15所示。

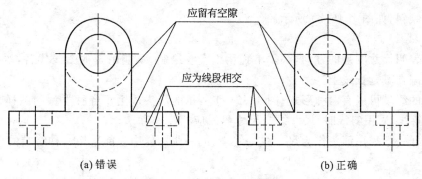

图 1-15　虚线相交处的画法

1.1.6　尺寸标注

机件的大小是以图样上标注的尺寸数值为制造和检验的依据的,所以必须遵循一套统一的规则和方法,才能保证不会因误解而造成差错。尺寸标注必须遵守国家标准GB/T 4458.4—2003《机械制图　尺寸注法》中的规定,尺寸标注所用的数字应遵守 GB/T 14691—1993《技术制图字体》的规定。

1. 尺寸标注的基本规则

(1)图样上标注的尺寸就是机件的真实大小,与图形的大小及绘图所用的比例无关,与画图的精确度也无关。

(2)图样中的尺寸以毫米为单位,无需标注。如采用其他单位,则必须注明。

(3)机件中的每一个尺寸,一般只标注一次,并应标注在反映该结构最清晰的图形上。

(4)图样中所标注的尺寸应该是该机件最后完工时的尺寸,否则应另加说明。

2. 尺寸标注的组成

一个完整的尺寸应由尺寸界线、尺寸线、尺寸数字和表示尺寸线终端的箭头或斜线组成,如图 1-16 所示。

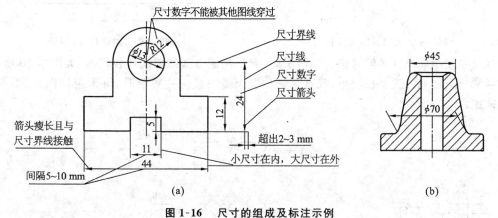

图 1-16　尺寸的组成及标注示例

1)尺寸界线

尺寸界线表明尺寸标注的范围,用细实线绘制。尺寸界线应从图形的轮廓线、轴线或对称中心线处引出,也可利用轮廓线、轴线或对称中心线作为尺寸界线。尺寸界线一般应与尺寸线垂直,必要时允许倾斜,如图 1-16(b) 所示。

2) 尺寸线

尺寸线表明尺寸度量的方向,必须单独用细实线绘制,不能用其他图线代替,也不得与其他图线重合或画在其延长线上。

尺寸线的终端可以有两种形式。图 1-17(a) 所示的箭头适用于各种类型的图样;图 1-17(b) 所示为 45° 斜线,采用斜线时,尺寸线与尺寸界线应相互垂直。

机械图样一般采用箭头作为尺寸线的终端,同一张图样中只能采用一种终端的形式。

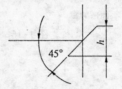

(a) 箭头(d为粗实线的宽度)　　　　(b) 斜线(h为尺寸数字高)

图 1-17　尺寸线的终端

标注线性尺寸时,尺寸线必须与所标注的线段平行。在同一图样中,尺寸线与轮廓线及尺寸线与尺寸线之向的距离应大致相当,一般以不小于 5 mm 为宜,如图 1-16 所示。

尺寸线按规定在某些情况下允许适当变形。若圆弧半径过大,无法标出其圆心位置时,应按图 1-18(a) 所示的形式标注,不需要标出圆心位置时,可按图 1-18(b) 所示的形式标注。

对称机械的图形只画出一半或略大于一半时,尺寸线应略超过对称中心线或断裂处的边界,这时只在尺寸线的一端画出箭头,如图 1-19 所示。

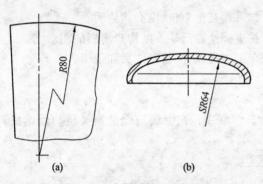
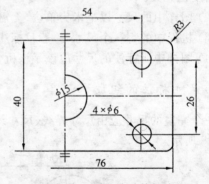

图 1-18　大圆弧的尺寸标注　　　　　图 1-19　对称尺寸的标注

当尺寸较小而没有足够的位置画箭头时,允许用圆点或细斜线代替箭头,如图 1-20 所示。

当圆的直径或圆弧半径较小,没有足够位置画箭头或标注数字时,可采用如图 1-21 所示的形式标注。

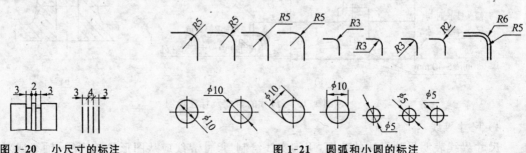

图 1-20　小尺寸的标注　　　　　图 1-21　圆弧和小圆的标注

3) 尺寸数字

尺寸数字表明尺寸的数值,应按国家标准中对字体的规定形式书写,并且不能被任何图线通过,否则必须将图线断开。

线性尺寸的数字首选标注位置为尺寸线的上方,也允许标注在尺寸线的中断处。

非水平方向的尺寸数字方向,一般应随着尺寸线的角度的变化而变化,如图 1-22(a) 所示。尽量避免出现在图中所示的 30° 范围内标注尺寸,如果确实无法避免则可以按图 1-22(b) 中所示的形式标注。

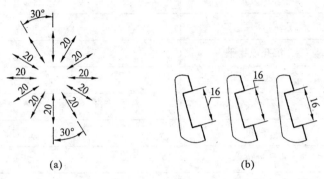

(a)　　　　　　　　　　　(b)

图 1-22　非水平方向的尺寸数字的方向

对于非水平方向的尺寸,其数字的标注方向也允许水平标注在尺寸线的中断处,如图 1-23 所示。国家标准中规定在同一张图样上应尽可能地采用同一种标注方法,以图 1-22 所示的方法为首选。

标注角度的数字一律写成水平方向,一般标注在尺寸线的中断处,必要时也可引出标注,或将数字书写在尺寸线的上方,如图 1-24 所示。

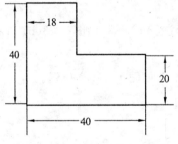

图 1-23　非水平方向的尺寸标注

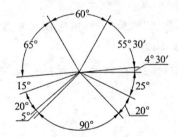

图 1-24　角度尺寸的标注

3. 标注尺寸的符号和缩写

国家标准中还规定了一些注写在尺寸数字周围的标注尺寸的符号,如表 1-6 所示。

表 1-6　标注尺寸的符号和缩写词

序　　号	含　　义	符号或缩写词
1	直径	ϕ
2	半径	R
3	球直径	$S\phi$
4	球半径	SR

续表

序　号	含　义	符号或缩写词
5	厚度	t
6	均布	EQS
7	45°倒角	C
8	正方形	□
9	深度	↓
10	沉孔或锪平	⊔
11	埋头孔	∨
12	弧长	⌒
13	斜度	∠
14	锥度	◁
15	展开长	◯→
16	型材截面形状	（按 GB/T 4656—2008）

1）直径、半径、球面的符号

直径尺寸数字前加注符号"ϕ"，半径尺寸数字前加注符号"R"。在标注球面直径或半径时，在符号"ϕ"或"R"前加注符号"S"。具体如图 1-25（a）所示。

2）圆弧长度的符号

标注圆弧的弧长尺寸时，应在尺寸数字的左方加注符号"⌒"，如图 1-25（b）所示。

3）厚度的符号

对于板状零件的厚度，可在尺寸数字前加注符号"t"，如图 1-25（c）所示。

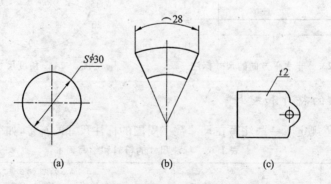

（a）　　　　　　（b）　　　　　　（c）

图 1-25　球、圆弧长度、板状零件厚度的标注

4）斜度及锥度符号

斜度表示一直线（或平面）对另一直线（或平面）的倾斜程度，在图样中以 1：n 的形式标注。斜度的注法如图 1-26（a）所示。应特别注意斜度符号的倾斜方向必须与图形中的倾斜方向相一致，并且符号的水平线和斜线应与所标斜度的方向相对应。

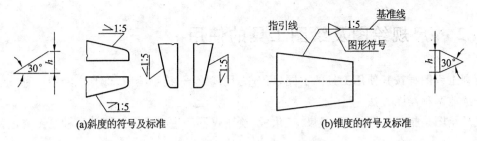

(a)斜度的符号及标准　　　　　　　(b)锥度的符号及标准

图 1-26　斜度和锥度的符号及标注

锥度表示正圆锥的底圆直径与圆锥高度之比,在图样中以 1∶n 的形式标注。如图 1-26(b) 所示,锥度符号的方向也要与图形中的大、小端方向一致。

5) 45°倒角的符号

45°的倒角在标注时可在倒角高度尺寸数字前加注符号"C",如图 1-27(a)、图 1-27(b) 所示。而非 45°的倒角尺寸则必须分别标注出倒角的高度和角度尺寸,如图 1-27(c) 所示。

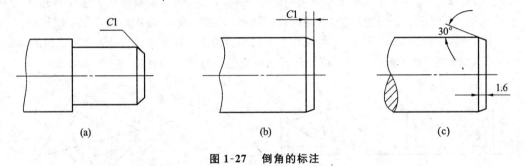

(a)　　　　　　　　　(b)　　　　　　　　　(c)

图 1-27　倒角的标注

6) 均匀分布的成组要素注法

在同一个图形中,对于尺寸相同的成组孔、槽等要素,可只在一个要素上标注其尺寸和数量,并在其后标注出"均布"的缩写词"EQS",如图 1-28 所示。

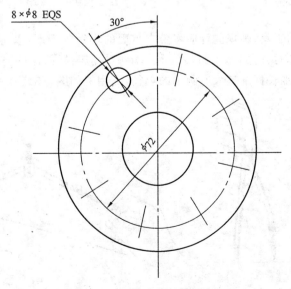

图 1-28　均匀分布的结构要素标注

1.2　尺规绘图及绘图工具的使用

　　绘制工程图样按其使用工具的不同,可分为尺规绘图、徒手绘图、计算机绘图三种方法。本章主要介绍前两种绘图方法。

　　尺规绘图是指借助图板、丁字尺、三角板、绘图仪器等进行手工绘图的一种绘图方法。

1.2.1　图板、丁字尺和三角板

　　图板用作画图时的垫板,要求表面平坦光洁,左边短边用作导边,所以必须平直。丁字尺是用来画水平线的长尺,丁字尺的上面那条边为工作边。

　　画图时,应使丁字尺尺头紧靠图板左侧的导边。如果采用预先印好图框及标题栏的图纸进行绘图,则应先使图纸的水平图框线对准丁字尺的工作边后,再将其固定在图板上,以保证图上的所有水平线与图框线平行。用丁字尺画水平线时,用左手握住尺头,使其紧靠图板的左侧导边作上下移动,右手执笔,沿丁字尺工作边自左向右画线。在画较长的水平线时,左手应按住丁字尺尺身。

　　三角板有 45° 和 30°/60° 两种。三角板与丁字尺配合使用可用于画垂直线及 15° 倍角的斜线,如图 1-29 所示;两块三角板配合使用则可以画任意角度的平行线或垂直线,如图 1-30 所示。

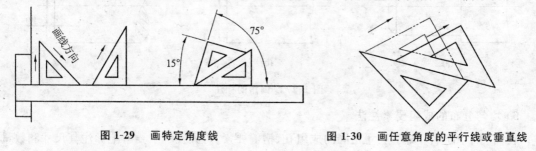

图 1-29　画特定角度线　　　　　　　　图 1-30　画任意角度的平行线或垂直线

1.2.2　圆规和分规

　　圆规是用来画圆的工具。圆规的针应将带支承面的小针尖朝下,以避免针尖插入图板过深,针尖的支承面应与铅芯对齐,如图 1-31(a) 所示;笔脚均应与纸面保持垂直,如图 1-31(b) 所示。当要画大圆时,可使用加长杆来扩大所画圆的半径,其用法如图 1-31(c) 所示。

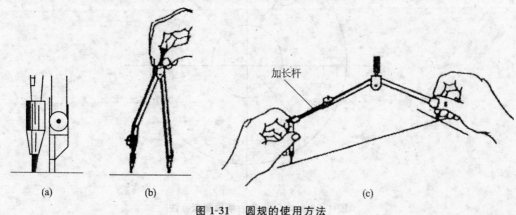

加长杆

(a)　　　　　　(b)　　　　　　　　　　(c)

图 1-31　圆规的使用方法

分规是用来量取线段长度和分割线段的工具,分规的针尖在合拢后应能对齐,使用时两针尖应平齐,如图 1-32 所示。

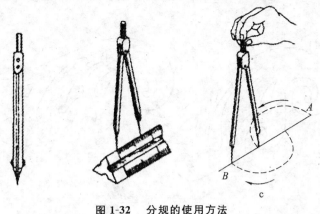

图 1-32　分规的使用方法

1.2.3　铅笔

　　在绘制工程图样时要选择专用的绘图铅笔,一般需要准备以下几种型号的绘图铅笔。

　　(1)B 或 2B 绘图铅笔 —— 用来画粗实线。

　　(2)HB 绘图铅笔 —— 用来画细实线、点画线、双点画线、虚线和写字。

　　(3)H 或 2H 绘图铅笔 —— 用来画底稿。

　　H 前面的数字越大,铅芯就越硬,画出来的图线就越淡,B前面的数字越大,铅芯就越软,画出来的图线就越黑。由于圆规画圆时不便用力,因此圆规上使用的铅芯一般要比绘图铅笔软一级。用于画粗实线的铅笔和铅芯应磨成矩形断面,其余的则磨成圆锥形,如图 1-33 所示。画线时用力要均匀,匀速画出。

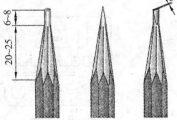

图 1-33　铅笔及其磨削形状

1.2.4　比例尺

　　比例尺有三棱式和板式两种,如图 1-34(a) 所示,尺面上有各种不同比例的刻度。在用不同的比例绘制图样时,只要在比例尺上的相应比例刻度上直接量取即可,省去了麻烦的计算,加快了绘图速度,如图 1-34(b) 所示。

　　在有些多功能三角板上,往往配有不同比例的刻度,可同时作比例尺使用。

(a) 比例尺样式　　　　　　(b) 使用方法

图 1-34　比例尺及其使用方法

1.2.5　其他绘图工具

　　曲线板是用来绘制非圆曲线的常用工具。画线时,应先徒手用铅笔轻轻地把已求出的各点勾描出来,然后选择曲线板上曲率相当的部分与徒手连接的曲线贴合,分数段将曲线描深。注意每段至少应有四个吻合点,并与已画出的相邻线段部分重合,这样才能使所画的曲线连接光滑,如图 1-35 所示。

图 1-35　曲线板

绘图模板是一种快速绘图工具,上面有多种镂空的常用图形、符号或字体等,能方便地绘制各种专业图案。如图 1-36(a) 所示。

量角器是用来测量角度的工具,如图 1-36(b) 所示。

简易的擦图片是用来防止擦去多余线条时把有用的线条也擦去的一种工具,如图 1-36(c) 所示。

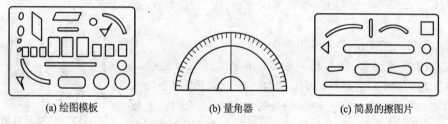

(a) 绘图模板　　　　　(b) 量角器　　　　　(c) 简易的擦图片

图 1-36　其他绘图工具

另外,在绘图时,还需要准备削铅笔的刀、橡皮、固定图纸用的塑料透明胶纸、磨铅笔用的砂纸,以及清除图面上橡皮屑的小刷等。

1.3　常见的几何作图

技术图样中,零件的轮廓形状虽然是多种多样的,但是基本上都是由直线、圆弧和一些曲线所组成的几何图形。

在制图过程中,常会遇到等分线段、作多边形、连接圆弧及绘制非圆曲线等几何作图问题。

1.3.1　等分已知线段

已知线段 AB,现将其 4 等分,作图过程如图 1-37 所示。

步骤一:过线段 AB 的一个端点 A 作一个与其成任意角度的直线 AC,然后在此直线上用分规截取 4 等份。

步骤二:将最后的等分点 D 与线段 AB 的端点 B 连接,然后过每个等分点分别作线段 BD 的平行线,与原线段的交点即为所求的等分点。

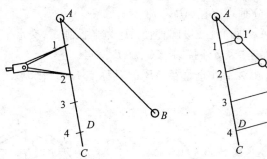

图 1-37　等分线段

1.3.2　作正多边形

1.正五边形

已知外接圆直径求作正五边形,如图 1-38 所示。

步骤一:作外接圆。找到水平半径 OA 的中点 D。

步骤二:以 D 为圆心,以到垂直直径端点的距离 DE 为半径画弧,交水平直径于点 F。

步骤三:以 E 为圆心,以 EF 为半径画弧交外接圆于 G、H 两点,再分别以点 G、H 为圆心,EF 为半径对称地截取点 I、J。顺次连接 E、G、I、J、H 五个点得到正五边形。

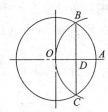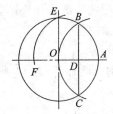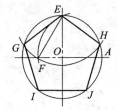

图 1-38　正五边形的画法

2.正六边形

方法一:已知外接圆直径,使用 30°/60° 三角板与丁字尺配合作图,如图 1-39(a) 所示。

方法二:已知外接圆直径,使用分规直接等分,如图 1-39(b) 所示。

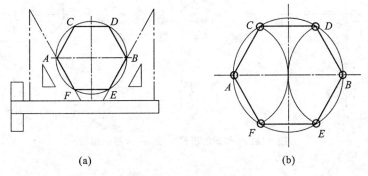

(a)　　　　　　　　　　　　(b)

图 1-39　正六边形的画法

3.作任意边数的正多边形

任意边数的正多边形的近似作法如图 1-40 所示(以画正七边形为例)。

步骤一:作外接圆,再 7 等分垂直直径 AB。

步骤二:以垂直直径端点 A 为圆心、外接圆直径 AB 为半径画弧,交水平直径延长线于点 M。将 AB 上的偶数点依次与点 M 连接,交外接圆于 C、D、E 三点。

步骤三:找到 C、D、E 三点相对于垂直直径 AB 的对称点 F、G、H,顺次连接 A、C、D、E、H、G、F 七个点,得到正七边形。

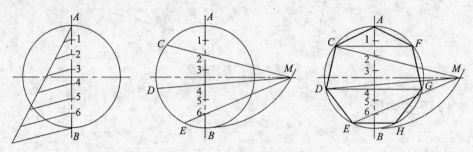

图 1-40　正七边形的画法

1.3.3　椭圆的画法

椭圆是工程上比较常用的非圆平面曲线,其画法较多,其中较常用的方法是四心圆法,即用四段圆弧来近似表示椭圆,下面介绍其画法。

已知椭圆长轴为 AB、短轴为 CD,用四心圆法作椭圆,其作图方法如图 1-41 所示。

步骤一:连接长轴的端点 A 和短轴的端点 C,在 AC 上找到点 F,使得 $CF = CE = OA - OC$,即长半轴与短半轴的差。如图 1-41(a) 所示。

步骤二:作 AF 的垂直平分线,分别交两轴于 O_1、O_2 两点,并找出 O_1、O_2 两点的对称点 O_3、O_4。如图 1-41(b) 所示。

步骤三:分别以 O_1、O_2、O_3、O_4 为圆心,以 O_1A、O_2C、O_3B、O_4D 为半径画弧,即可作出椭圆。如图 1-41(c) 所示。

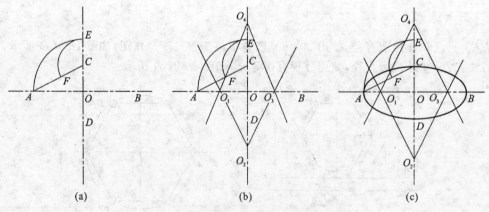

(a)　　　　　　　　(b)　　　　　　　　(c)

图 1-41　椭圆的近似画法 —— 四心圆法

1.3.4　圆弧连接

工程图样中的大多数图形都是由直线与圆弧、圆弧与圆弧连接而成的。圆弧连接,实际上就是用已知半径的圆弧去光滑地连接两条已知线段(直线或圆弧)。其中起连接作用的圆弧称为连接弧。

这里讲的光滑连接,是指圆弧与直线或圆弧与圆弧的连接处是相切的。因此,在作图时,必须根据连接弧的几何性质,准确求出连接弧的圆心和切点的位置。

1. 圆弧连接的基本原理

1) 圆弧与直线相切

当一圆弧(半径为 R)与一已知直线相切时,其圆心轨迹是一条与已知直线平行且距离为 R 的直线。从连接弧的圆心向已知直线作垂线,其垂足即为切点 T,如图 1-42 所示。

2) 圆弧与圆弧相切

圆弧与圆弧相切可分为内切和外切两种情况。

当一圆弧(半径为 R)与一已知圆弧(半径为 R_1)相切时,其圆心轨迹是已知圆弧的同心圆。该圆的半径为 R_0,其大小需要根据相切的情形而定:当两圆弧外切时,$R_0 = R + R_1$,如图 1-43(a) 所示;当两圆弧内切时,$R_0 = |R - R_1|$,如图 1-43(b) 所示。其切点必在两圆弧连心线或连心线的延长线上。

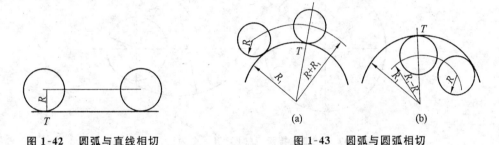

图 1-42　圆弧与直线相切　　　　图 1-43　圆弧与圆弧相切

2. 圆弧连接的作图方法

(1) 用半径为 R 的圆弧连接两已知直线,如图 1-44 所示。

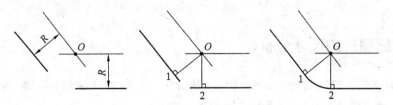

图 1-44　圆弧连接两已知直线

(2) 用半径为 R 的圆弧连接两已知圆弧,图 1-45 所示为外切连接圆弧,图 1-46 所示为内切连接圆弧,图 1-47 所示为一个内切一个外切连接圆弧。

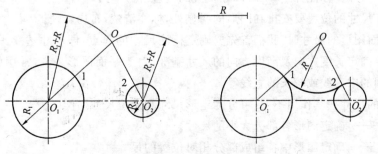

图 1-45　圆弧连接两已知圆弧(都外切)

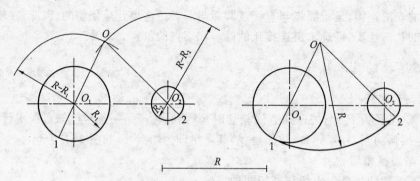

图 1-46 圆弧连接两已知圆弧(都内切)

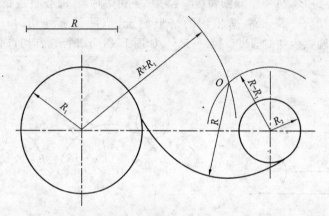

图 1-47 圆弧连接两已知圆弧(一个内切,一个外切)

1.4 平面图形的尺寸标注及线段分析

1.4.1 平面图形的尺寸分析

平面图形由许多线段(直线或曲线)组成,从哪里开始画图往往并不明确,因此我们需要分析图形的组成及其线段的性质,从而确定画图的步骤。

平面图形是有尺寸标注的,对尺寸标注的要求是:正确、完整、清晰。

正确 —— 尺寸符合国家标准的规定,尺寸数值不能写错和出现矛盾。

完整 —— 尺寸要标注齐全,不缺尺寸,也没有重复的尺寸。

清晰 —— 尺寸的位置要安排在图形的明显处,标注清楚,布局合理。

在标注平面图形的尺寸时,我们首先要确定标注尺寸的起点,即尺寸基准。平面图形是二维的,因此我们要确定长度方向及高度方向的尺寸基准。对于平面图形来说,常用的基准是对称图形的对称线、圆的中心线或较长的直线等。

平面图形的尺寸按其作用不同,可分为定形尺寸和定位尺寸两类。

定形尺寸 —— 确定图形各部分大小的尺寸。

定位尺寸 —— 确定图形中各组成部分相对位置的尺寸。

现以图 1-48 为例,进行平面图形的尺寸分析。

（1）先分析形状,确定尺寸基准。

如图 1-48 所示的中心线为高度方向的尺寸基准(即上下方向的尺寸基准);长度方向,可选择尺寸 8 左边的直线作为尺寸基准(即左右方向的尺寸基准)。

（2）在分析了这个平面图形的形状后,考虑并标注各部分的定形尺寸。如尺寸 $R45$、$R30$、$R7$、20、8、$\phi18$、$\phi10$、$\phi28$ 等。

（3）根据对这个平面图形的形状分析,考虑并标注出各部分所需的定位尺寸。定位尺寸都应基于尺寸基准,如图 1-48 中的尺寸 70。

最后,按正确、完整、清晰的要求核对所注的尺寸,避免出现遗漏、重复、不够清晰等问题。

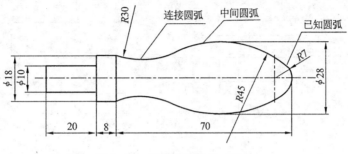

图 1-48　平面图形的尺寸标注

1.4.2　平面图形的线段分析和画图步骤

平面图形中的线段(包括直线和圆弧),根据其定位尺寸的完整与否,可分为以下三类。

（1）已知线段:定形尺寸和定位尺寸齐全的线段,能直接画出。如图 1-48 中的直线 20、直线 8、$R7$ 的圆弧等。

（2）中间线段:已知定形尺寸,但缺少一个定位尺寸的线段,必须依靠其与一端相邻线段的连接关系才能画出。如图 1-48 中 $R45$ 的圆弧。

（3）连接线段:只有定形尺寸,而无定位尺寸的线段,也必须依靠其与两端线段的连接关系才能确定画出。如图 1-48 中 $R30$ 的圆弧。

1.4.3　平面图形的作图步骤

在对其进行线段分析的基础上,应先画出已知线段,再画出中间线段,最后画出连接线段,具体作图步骤如图 1-49 所示。

步骤一:分析图形,根据所标注的尺寸确定已知线段、中间线段、连接线段。画出长度方向和高度方向的基准线。如图 1-49(a) 所示。

步骤二:画出已知段,如图 1-49(b) 所示。

步骤三:画出中间线段 $R45$ 的圆弧,分别与相距 28 的两根平行线相切、与半径为 $R7$ 的圆弧内切。如图 1-49(c) 所示。

步骤四:利用圆弧连接的方法,确定连接线段 $R30$ 圆弧的圆心位置,画出此连接弧。如图 1-49(d) 所示。

步骤五:擦除多余的作图线,按照线型要求加深图线,完成全图。如图 1-49(e) 所示。

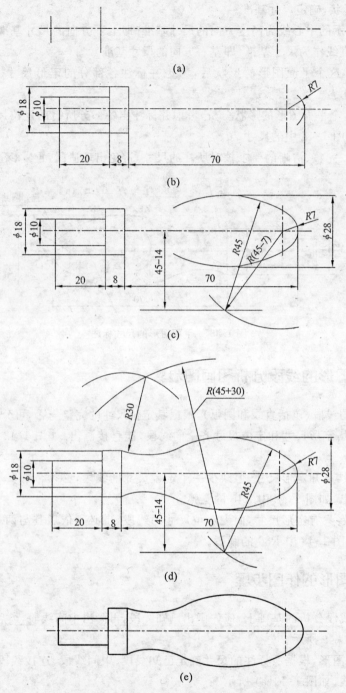

图 1-49 平面图形的线段分析和画图步骤

1.5 徒手绘图

不用绘图仪器和工具,按目测比例,徒手画出的图样,称为徒手绘图,简称草图。

在仪器测绘、讨论设计方案、技术交流、现场参观时,受现场条件或时间的限制,经常绘制草图。大多数情况下需要将其再整理成正规图。所以徒手绘图可以加速新产品的设计、开发,有助于组织、形成和拓展思路,便于现场测绘,节约作图时间等。

因此,对于工程技术人员来说,除了要学会使用尺规、仪器绘图和使用计算机绘图之外,还必须具备徒手绘制草图的能力。

徒手绘制草图的要求:

(1)画线要稳,图线要清晰;

(2)目测尺寸尽量准确,各部分比例均匀;

(3)绘图速度要快,标注尺寸无误,字体工整。

1.5.1　徒手绘图的方法

徒手绘图一般选用 HB 或 B、2B 铅笔,也常在印有浅色方格的纸上画图。

一个物体的图形无论怎样复杂,总是由直线、圆、圆弧和曲线所组成。因此要画出好的草图,必须掌握徒手绘制各种线条的手法。

1. 握笔的方法

手握笔的位置要比尺规作图高些,以便于运笔和观察目标。笔杆与纸面成 45°~60° 角,握笔要轻松。

2. 直线的画法

在画直线时,眼睛看着画线的终点,轻轻移动手腕和手臂,使笔尖向着要画的方向做直线运动。画水平线时从左到右,画铅垂线时从上到下,画斜线时可以将图纸旋转适当角度,以便于运笔画线。当直线较长时,也可用目测的方法在直线中定出几个点,然后分几段画出。画短线时常用手腕运笔,画长线时则以手臂动作为主。如图 1-50 所示。

图 1-50　徒手画直线

3. 角度的画法

画 30°、45°、60° 的斜线,可如图 1-51 所示,按直角边的近似比例定出端点后,连成直线。

图 1-51　徒手画角度线

4. 圆的画法

徒手画圆时,应先确定圆心并画出中心线,再根据半径大小,使用目测的方法在中心线上定出四点,然后过这四点画圆,如图 1-52(a) 所示。当圆的直径较大时,可过圆心再增画一条 45° 的斜线和一条 135° 的斜线,在线上按半径通过目测再定四个点,然后过这八点画圆,如图 1-52(b) 所示。当圆的直径很大时,可以取一纸片,标出半径的长度,利用它从圆心出发定出许多圆周上的点,然后通过这些点画圆;或用手作圆规,用小手指的指尖或关节作圆心,使铅笔与它的距离等于所需的半径,用另一只手小心地慢慢转动图纸,即可得到所需的圆。

5. 椭圆的画法

已知长短轴画椭圆,如图 1-53 所示。过长短轴端点做长短轴的平行线,得矩形 $EFGH$。连接矩形 $EFGH$ 的对角线,并在所有半对角线上,从中心向角点按目测取 $7:3$ 的点,按 $O1:1E = O2:2F = O3:3G = O4:4H \approx 7:3$,取点 1、2、3、4;徒手顺次连接长短轴的端点和半对角线上所取的四个点,即顺次连接 A、1、C、2、B、3、D、4、A 作出所求的椭圆。

(a) 直径较小   (b) 直径较大

图 1-52　徒手画圆   图 1-53　徒手画椭圆

1.5.2 目测的方法

徒手绘图时,要保持物体各部分的比例。在开始画图时,整个物体的长、宽、高的相对比例一定要仔细确定。然后在画中间部分和细节部分时,要随时将新测定的线段与已确定的线段进行比较。因此掌握目测的方法对画好草图十分重要。

在画中、小型物体时,可以用铅笔当尺直接放在实物上测量各部分的大小,如图 1-54 所示,然后按测量的大体尺寸画出草图。也可用此方法估计出各部分的相对比例,然后按此相对比例画出缩小的草图。

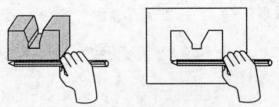

图 1-54　用铅笔辅助测量

在画较大的物体时,可以使用如图 1-55 所示的方法,用手握一铅笔进行目测度量。在目测时,人的位置应保持不动。人和物体的距离大小,应根据所需图形的大小来确定。在绘制及确定各部分的相对比例时,建议先画出大体轮廓。尤其是在画比较复杂的物体时,更应如此。

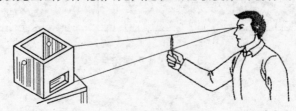

图 1-55　用铅笔辅助目测

第 2 章　投影法和点、直线、平面的投影

2.1　投影法

2.1.1　投影法的基本知识

当光线照射到物体上时，会在预设的平面上产生物体的影子。用光线照射物体，在某个平面（地面、墙壁等）上得到的物体的影子称为物体的投影，照射光线称为投射线，投影所在的平面称为投影面。利用这个原理在平面上绘制出物体的图像，用于表示物体的形状和大小的方法称为投影法，如图 2-1 所示。在图 2-1 中，平面 P 称为投影面，点 S 称为投射中心，由点 S 出发的直线 SA、SB 和 SC 等称为投射线，在平面 P 上得到的图形 $\triangle abc$ 称为图形 $\triangle ABC$ 的投影。

工程上应用投影法获得工程图样的方法，是从日常生活中的光照投影现象中抽象出来的。具体的投影法的术语和内容可查阅相关的国家标准。在本书中，空间实际的点用大写字母表示，它的投影则用同名小写字母表示。

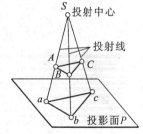

图 2-1　中心投影法

根据投影线的相互关系，可以将投影法分为中心投影法和平行投影法两大类。

2.1.2　中心投影法

中心投影法是指投射线交汇于一点的投影法。在投射中心确定的情况下，空间的一个点在投影面上只存在唯一一个投影。如图 2-1 所示，投射线自投射中心 S 出发，将空间物体 $\triangle ABC$ 投射到投影面 P 上，所得 $\triangle abc$ 即为 $\triangle ABC$ 的投影。这种投射线自投影中心射出的投影法称为中心投影法，所得投影称为中心投影。

中心投影法的特点与平行移动物体（投影元素）相似，即通过改变投影元素与投射中心或投影面之间的距离、位置，使其投影的大小也随之改变，但其度量性较差。中心投影法主要用于绘制产品或建筑物富有真实感的立体图，也称透视图。

2.1.3　平行投影法

若将投射中心 S 移到离投影面无穷远处，则所有的投射线都相互平行，这种投射线相互平行

的投影方法,称为平行投影法,所得的投影称为平行投影。平行投影法有如下特点:① 投影大小与物体和投影面之间的距离无关;② 度量性较好。

平行投影法按投射线与投影面位置的不同可分为正投影法和斜投影法两类。若投射线垂直于投影面,称为正投影法,所得投影称为正投影,如图 2-2(a)所示;若投射线倾斜于投影面,则称为斜投影法,所得投影称为斜投影,如图 2-2(b)所示。正投影图的直观性虽不如中心投影图,但它的度量性较好,当空间物体上某个面平行于投影面时,其正投影图能反映出该面的真实形状和大小,并且作图简便。因此,国家标准《技术产品文件 词汇 投影法术语》(GB/T16948—1997)中明确规定,机件的图样采用正投影法绘制。本书中所述的投影除斜轴测图外均采用正投影法。斜投影法主要用于绘制有立体感的图形,如斜轴测图。

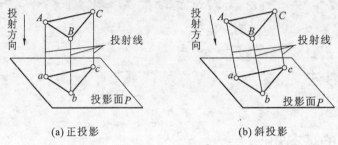

(a) 正投影   (b) 斜投影

图 2-2　平行投影法

2.2　点的投影

任何空间立体都是无数个点的集合,点是构成空间立体最基本的几何要素。因此,研究点的

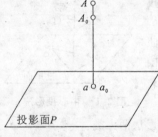

图 2-3　点的正投影

投影性质和规律对于学习其他几何要素的投影具有重要意义。

如图 2-3 所示,自空间点 A 向投影面 P 作垂线,垂足 a 即为空间点 A 在投影面 P 上的正投影。对一个空间点进行投影,可以得到一个唯一的投影,反之,由一个投影却不能确定点在空间中的位置。因此,欲确定一个空间点在空间中的具体位置,则至少需要两个投影。点在空间中的位置可以用二维或三维坐标表示,在工程制图中,通常选取相互垂直的两个或两个以上的平面作为投影面,然后将点向这些投影面作投影,形成多面正投影。

2.2.1　点在两投影面体系中的投影

1. 两面投影体系

图 2-4 所示为以两个相互垂直的投影面建立起来的一个两面投影体系,其中处于正面直立位置的投影面称为正立投影面,用大写字母 V 表示,简称正面或 V 面;处于水平位置的投影面称为水平投影面,用大写字母 H 表示,简称水平面或 H 面;V 面和 H 面的交线称为投影轴,用 OX 表示。由此,两投影面将空间分成了四个区域,即 Ⅰ、Ⅱ、Ⅲ、Ⅳ 分角。我国采用 Ⅰ 分角投影,正立投影面 V 和水平投影面 H,投影轴 OX。

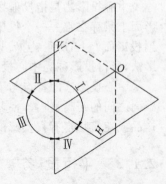

图 2-4　两面投影体系

2. 点的两面投影

空间中任意一点 A，过点 A 向 H 面作垂线，交 H 面于点 a，点 a 即为空间点 A 在 H 面上的投影；类似地，由点 A 作 V 面垂线，交 V 面于点 a'，点 a' 即为空间点 A 在 V 面上的投影，如图 2-5(a) 所示。通常规定用大写字母表示空间几何要素，其 H 面内投影用相应的小写字母表示，其 V 面投影为在其小写字母上加一撇。

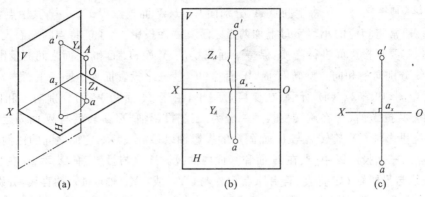

图 2-5　点的两面投影

从数学理论上可以证明，投射线 Aa 和 Aa' 决定的平面必然同时垂直于 V 面和 H 面，并且与投影轴 OX 交于同一点 a_x，Aaa_xa' 构成一个矩形，并且此矩形与 OX 轴垂直。若点 A 在空间的坐标为 (X_A, Y_A, Z_A)，则点 a_x 确定了点 A 在 OX 上的坐标 X_A，aa_x、$a'a_x$ 分别表示了点 A 的 Y_A、Z_A。将 H 面绕 OX 轴向下旋转 $90°$，使之与 V 面处于同一平面位置，点 A 在 H 面的投影也随着 H 面旋转，如图 2-5(b) 所示，此即为点 A 的两面投影图。图 2-5(c) 描述了空间点 A 在两面投影体系中点投影之间的关系：点在两投影面上的投影 a' 和 a 的连线垂直于投影轴 OX，并且垂足即为 a_x，称 aa' 为投影连线。应注意的是，在实际应用中，通常不必画出投影面的边界。

反之，如果在一个两面投影体系中，已知一个点 A 的两面投影图，则可以确定空间点的具体位置。由图 2-5 可知，点 a_x 的位置即确定了空间点 A 在 OX 投影轴上的坐标，而 aa_x 和 $a'a_x$ 分别确定了空间点 A 的 Y_A 和 Z_A 坐标。换个角度思考，将图 2-5(b) 中的 H 面绕投影轴 OX 向上旋转 $90°$ 到水平位置，此时直线 $a'a_x$、aa_x 和 OX 轴之间的位置保持垂直不变，分别过点 a、a' 作 H 面和 V 面的垂线，它们必定相交于一点，其交点即为空间点 A。因此，根据空间一点的两面投影，可唯一地确定空间点的位置。

综上所述，可以将点在两面投影体系中的投影规律做如下总结：

(1) 空间点在两面投影体系中的投影连线与投影轴为垂直关系，即 $aa' \perp OX$；

(2) 点的投影到投影轴的距离分别反映该空间点到两投影面间的距离。

2.2.2　点在三投影面体系中的投影

在两面投影体系中，点的位置已经能唯一确定，但是纯粹的抽象的点不具有实际意义，为了研究和表达构成物体的其他几何要素，往往需要三面投影图。

1. 三投影面体系

1) 三投影面体系的建立

三投影面体系是在两面投影体系的基础上变化而来的。如图 2-6 所示，在既有的两面投影体

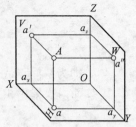

图 2-6 三投影面体系

系中,增加一个与 V 面和 H 面均垂直的投影面,称这个新增的投影面为侧立投影面,简称侧面或 W 面,由此形成一个由两两垂直的三个投影面 V 面、H 面、W 面构成的三投影面体系。在三投影面体系中,投影轴除了原来的 OX 外,新增了两个投影轴,即 OY 和 OZ,并且它们两两垂直汇交于原点 O。

2) 点在三投影面体系中的投影

将空间点 A,分别向 V、H、W 面投影得 a'、a、a'',其中点 a'' 称为点 A 的侧面投影。通常将相应的小写字母上加两撇表示其侧面投影。为了能将点的三面投影在平面内得到投影图,需要将投影面进行变换:保持 V 面正立,沿 V 面、H 面和 W 面之间的投影轴 OX、OY 和 OZ 为轴线分别向下和向右旋转 H 面、W 面各 $90°$,使三个投影面处于同一平面内,由此即可得点的三面投影图,如图 2-7(a)所示。在变换过程中,由于 H 面和 W 面分别向下和向右旋转了 $90°$,它们的公共投影轴 OY 在旋转变换后一分为二:绕投影轴 OZ 旋转后与 W 面固定的投影轴以 OY_W 表示;绕投影轴 OX 旋转后与 H 面固定的投影轴以 OY_H 表示,它们之间的比例度量关系维持不变。在点的三面投影图中,点在 H 面和 V 面内的投影连线与投影轴 OX 垂直,在 V 面和 W 面内的投影连线与投影轴 OZ 垂直,若沿原点 O 作与 OY_H 或 OY_W 轴成 $45°$ 的直线,分别在 H 面和 W 面内作 OY_H 和 OY_W 的垂线,则这三条线汇交于一点。与点的两面投影图类似,点的三面投影图中只需画出投影轴而不必画出投影面的边界,如图 2-7(b)所示。

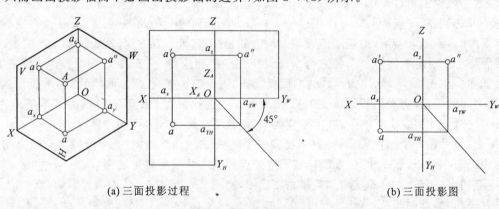

(a) 三面投影过程   (b) 三面投影图

图 2-7 点的三面投影图

2. 点的坐标与投影规律

三投影面体系建立起来后,若将三投影面体系当做一个直角坐标系,以点 O 为坐标原点,投影面分别表示坐标平面,投影轴即为坐标轴,则其内任一点均可以用直角坐标系来描述其唯一位置,如图 2-7 所示。规定 OX、OY 和 OZ 轴的正方向分别为向左、向前和向上,则点 $A(X_A,Y_A,Z_A)$ 在三面投影图中的投影与坐标之间的关系如下:

$$X_A = aa_Y = a'a_Z = a_xO = Aa'';$$
$$Y_A = aa_X = a''a_Z = a_YO = Aa';$$
$$Z_A = a'a_X = a''a_Y = a_ZO = Aa;$$

它们分别描述了点到 W 面、V 面和 H 面的距离。

可见,点 A 在 H 面上的投影 a 由 X_A、Y_A 确定,在 V 面上的投影 a' 由 X_A、Z_A 确定,在 W 面上的投影 a'' 由 Y_A、Z_A 确定。

根据以上描述,可得点在三面投影图中的投影规律:

(1) 点的投影连线垂直于相应的投影轴,即 $a'a \perp OX$ 、$a'a'' \perp OZ$ 、$aa_{YH} \perp OY_H$ 、$a''a_{YW} \perp OY_W$;

(2) 点的投影到投影轴的距离等于空间点到相应投影面的距离。

3. 特殊位置的点

空间中任何几何要素的基本组成单元都可以看成是点,也就是说,它们是按不同规律组成的点的集合。这些点在空间中可能具有一些特殊位置,因此,研究特殊位置点的投影也是研究其他特殊几何要素投影的基础。

1) 投影面上的点

若空间点在三投影面体系的某一投影面上,则该点的一个投影与空间点本身重合,而该点在另外两个投影面上的投影则在相应投影轴上,如图 2-8(a) 所示。

2) 投影轴上的点

投影轴是投影面的交线,若点在投影轴上,则点必定同时在两个投影面上,此时,该点的两个投影与空间点本身重合,点的另一个投影在原点,如图 2-8(b) 所示。

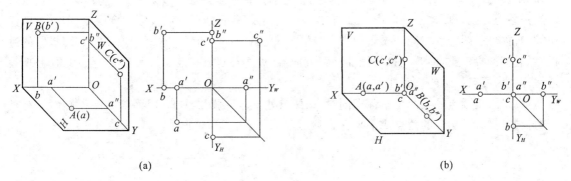

(a)　　　　　　　　　　　(b)

图 2-8　特殊点的投影

2.2.3　两点之间的相互位置关系

1. 一般点的相对位置

点是构成空间几何要素的最基本的单元,空间几何要素是若干个点的集合,因此,需要研究不同位置点之间的投影关系。空间点的投影分别表示出点距离各投影面之间的距离,两点在各投影面内的投影可以描述它们沿上下、左右、前后三个方向上的相对位置;反之,若知道两点之间的相互位置关系,并且知道其中一个点的投影,则可唯一地确定另一个点的投影。

已知空间两点 A、B,借助三面投影图对其相对位置进行判断,如图 2-9 所示。

(1) 判断其上下关系。

(2) 判断其前后关系。

(3) 判断其左右关系。

在判别两点之间的相互位置关系的过程中,需要将各个投影面能反映的位置关系及判断方法弄清楚。在 V 面内,两点的投影反映出它们之间的上下和左右关系;在 H 面内,两点的投影反映出其前后和左右关系,并且 OY_H 轴向下表示向前;在 W 面内,两点的投影反映出其前后和上下

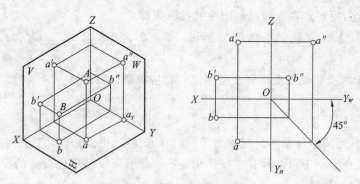

图 2-9   两点的相对位置

关系,并且 OY_W 轴向右表示向前。

2. 重影点

当空间两点的某两个坐标相同时,则该两点将处于同一投射线上,因此,它们在由两个相同坐标确定的投影面上的投影具有重叠的特点,该重叠的投影称为对该投影面的重影点,如图 2-10 所示。在图 2-10 中,各点坐标有部分是相同的: $Z_B = Z_C = Z_D$, $Y_A = Y_C = Y_D$。根据点在直角坐标系与三投影面体系的对应关系,在 V 面、H 面及 W 面分别形成投影重合的点,即在点坐标相等的情况下,两个点在同一投影面内的投影重叠在一起。例如,从点 B 和点 C 向 V 面投影的过程中,它们的投影重合,若从投影线往 V 面方向看,只能看到点 C 而不能直接看到点 B,这种现象通常称之为两点投影的重影性。

重影性:当两点的某两个坐标相同时,该两点处于同一投影线上,因而对某一投影面具有重合的投影。具有重影性的两点或多点称为重影点。

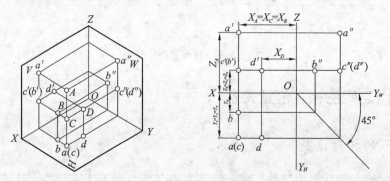

图 2-10   重影点的投影

在处理多重影点的投影时,需要注意两个问题:重影点的可见性判别和表示。两重影点的可见性的判别方法是利用重影点中不等的坐标参数进行判别,即坐标大的可见,坐标小的不可见。在对重影点可见性的判别完成后,为了区别起见,规定重影点中不可见的点的投影写在圆括号中,如图 2-10 所示。

2.3   直线的投影

点是组成空间几何要素最基本的单元,空间中任一直线都可由直线上的两点来确定其在投影体系中的位置和方向,如图 2-11 所示。根据"两点确定一条直线"的数学理论和点的投影规律,在求作直线的三面投影图时,可分别作出直线两端点的三面投影,然后将点的同面投影连接起来即可得到直线在该投影面的投影。

按直线与投影面之间的关系,将直线分为一般位置直线、与其中一投影面垂直的直线及与一投影面平行而与其他投影面倾斜的直线三类,即一般直线、投影面垂直直线和投影面平行线。直线与投影面之间的关系及其投影规律也是需要引起注意的。直线上所有的点在向投影面作投影时都是重影点,也就是说直线在该投影面上的投影积聚为一点,这种性质称为积聚性。而且当直线与一投影面垂直时,可以应用几何证明的方式证明该直线平行于另外两投影面,此时该直线在另外两个投影面的投影能反映出其实际长度,这种性质称为实形性。当直线与任一投影面平行而不与其他投影面垂直时,该直线的投影只在与其平行的投影面内获得实形性。一般直线不具有积聚性和实形性,其三面投影只能按其端点的三面投影连接,这种性质称为类似性。

2.3.1　直线对投影面的相对位置及其投影特性

1. 一般位置直线

三投影面体系建立后,空间中的直线相对于各投影面的关系决定了直线的位置,若直线与任一投影面之间均不存在平行或垂直关系,则为一般位置直线。直线与水平投影面 H、正面投影面 V 和侧面投影面 W 的倾角分别定义为 α、β、γ,如图 2-11 所示。对于一般位置直线而言,这三个倾角中任一个均不能等于 0° 或 90°。

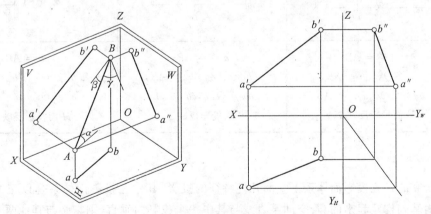

图 2-11　直线的投影

一般位置直线的投影不能反映空间直线的实长,其投影的获取是根据其端点的三面投影连接而成,直线投影与投影轴的倾角也不能反映出空间直线与投影面的倾角。

2. 投影面平行线

当空间直线与三个投影面的倾角 α、β、γ 中只有一个角度等于 0°,而其他两个角度均不为 90° 时,则直线为投影面平行线。根据角度的定义,可将投影面的平行线分为如下几类:平行于 V 投影面而倾斜于 H、W 投影面的直线称为正平线;平行于 H 投影面而倾斜于 V、W 两个投影面的直线称为水平线;平行于 W 投影面而倾斜于 H、V 投影面的直线称为侧平线。

投影面平行线的投影具有如下特性:

(1) 投影面平行线在平行的投影面上的投影为该直线的实际长度，即具有实长性，该面上的投影与两投影轴的倾角分别反映了该直线对另外两个投影面的实际倾角；

(2) 投影面平行线在另外两个投影面上的投影分别平行于相应的投影轴，该投影不能反映直线实长且均短于空间直线的实长。

表 2-1 分别列出了正平线、水平线和侧平线的投影及其投影特性。

表 2-1　投影面平行线的投影特性

名称	正平线（$AB /\!/ V$ 面）	侧平线（$AB /\!/ W$ 面）	水平线（$AB /\!/ H$ 面）
直观图			
投影图			
投影特性	$a'b' = AB$ $ab /\!/ OX, ab < AB$, $a''b'' /\!/ OZ, a''b'' < AB$ V 面投影反映 α、γ	$a''b'' = AB$ $a'b' /\!/ OZ, a'b' < AB$, $ab /\!/ OY_H, ab < AB$ W 面投影反映 α、β	$ab = AB$ $a'b' /\!/ OX, a'b' < AB$, $a''b'' /\!/ OY_W, a''b'' < AB$ H 面投影反映 β、γ

3. 投影面垂直线

本书研究的是三投影面体系下空间几何特征的投影，其中三投影面体系是以三个相互垂直的投影面为基础构建起来的。若空间某直线与其中一个投影面垂直，则它必与其他两个投影面平行。因此，投影面垂直线其实蕴含了以下两层含义：① 与一个投影面垂直；② 与另外两个投影面平行。

按照投影面可将投影面垂直线分为三类：① 垂直于 V 面的直线称为正垂线；② 垂直于 H 面的直线称为铅垂线；③ 垂直于 W 面的直线称为侧垂线。

根据直线的"垂直于一个投影面即与另外两个投影面都平行的直线"的性质，以及积聚性、实形性等特点，可将投影面垂直线的投影规律总结如下：

(1) 在与直线垂直的投影面上该直线的投影积聚为一点，表现出积聚性的特点；

(2) 在另外两个投影面上该直线的投影分别垂直于投影轴，并且反映该直线的实长；

(3) 投影面垂直线与各投影面的倾角分别为 $0°$ 或 $90°$。

表 2-2 分别列出了正垂线、铅垂线和侧垂线的投影及其投影特性。

表 2-2 投影面垂直线的投影特性

名称	正垂线（AB ⊥ V 面）	铅垂线（AB ⊥ H 面）	侧垂线（AB ⊥ W 面）
直观图	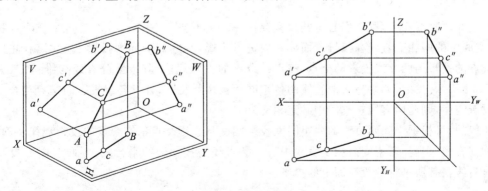		
投影图			
投影特性	$a'(b')$ 重影成一点 $ab \perp OX, a''b'' \perp OZ$ $ab = a''b'' = AB$ $\alpha = \gamma = 0°, \beta = 90°$	$a(b)$ 重影成一点 $a'b' \perp OX, a''b'' \perp OY_W$ $a'b' = a''b'' = AB$ $\alpha = 90°, \beta = \gamma = 0°$	$a''(b'')$ 重影成一点 $ab \perp OZ, a'b' \perp OY_H$ $ab = a'b' = AB$ $\alpha = \beta = 0°, \gamma = 90°$

2.3.2 直线上的点

直线是空间上满足一定条件的点的集合。在三投影面体系中，直线的投影实质上是组成该直线的所有点在各投影面上投影的集合。另一方面，只要直线不与投影面垂直，则点分直线的比例与其投影在各投影面分直线投影的比例保持一致，如图 2-12 所示。

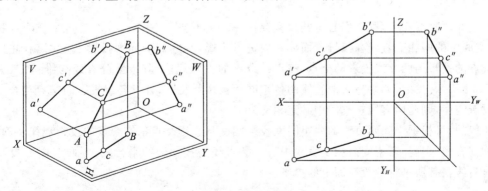

图 2-12 直线上的点

因此，可对直线及其上的点的投影特性总结如下：

（1）点在直线上，则点的各个投影必定在该直线的同面投影上，反之点的各个投影在直线的同面投影上，则该点一定在直线上；

（2）点分割线段成定比，则分割线段的各个同面投影之比等于其线段之比，即该点分直线具有定比性。

2.3.3 两直线的相对位置

空间两直线的相对位置关系有三种情况：平行、相交、交叉。在这三种关系中，若两直线平行或相交，则它们属于同一平面上的两条直线；若两直线在空间中交叉，则它们必定是两条异面直线。

1. 两直线平行

若空间两直线相互平行，则两直线必定共面，并且它们在同一投影面上的投影也必定平行，如图 2-13 所示。反之，若两直线在三投影面体系中的同一投影面上的投影均相互平行，则两直线在空间中必定也是相互平行的。这是判断空间两直线是否相互平行的充要条件。

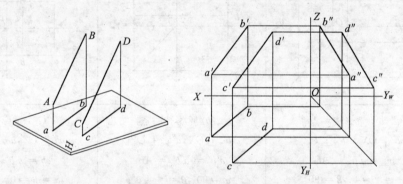

图 2-13　两平行直线的投影

若空间两直线平行，则它们之间的实际长度之比与它们同面投影长度之比相等。

对于一般位置直线，根据两直线的任意两组同面投影相互平行即可确定空间两直线平行。但当两直线平行于同一投影面时，则必须看在该投影面上的投影是否平行，才能确定其在空间中是否平行。

2. 两直线相交

若空间两直线相交，则它们必定共面且存在一个公共点——交点，该点同属于两直线上的点。对空间中的两相交直线在三投影面体系内进行投影，则它们的同面投影必定相交，并且两直线的交点的投影为两直线投影的交点，该点符合点的投影规律，其投影分直线均维持定比特性，如图 2-14 所示。反之，如果空间两直线的各组同面投影都相交，并且各组投影的交点符合空间中点的投影规律，则此两直线在空间中必定相交。

一般的，可根据空间两直线的两组同面投影相交且投影交点都符合点的投影规律，来确定它们是相交直线。但是，若空间两相交直线中有一条直线为投影面的平行线，则两组同面投影中必须包含直线在其所平行的投影面上的投影。

3. 两直线交叉

若空间两直线既不满足平行条件又不满足相交条件，则称两直线交叉，如图 2-15 所示。两交叉直线必定是异面直线。

两交叉直线在进行投影时满足以下投影特性：空间中的交叉直线在进行投影时，它们在一个

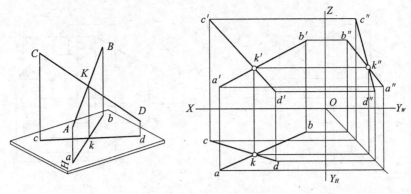

图 2-14　两相交直线的投影

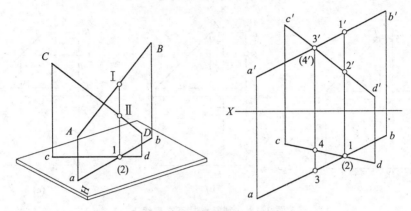

图 2-15　两交叉直线投影

或两个投影面内的投影有可能会相互平行,但绝不会出现三组同面投影都相互平行的情况;同样,空间中交叉直线的投影中,它们的投影极有可能是相交的,但各投影的交点必定不符合同一点的投影规律。如图 2-16 所示,直线 MN 和直线 SP 的两面投影在投影面 V 和投影面 H 上的投影都平行,但是在投影面 W 上不平行;直线 MN 和直线 KL 是交叉直线,在三面投影上都有交点,但交点不符合同一点的投影规律。

　　对于一般位置直线,只需两组同面投影就可判断其是否为交叉直线。如果其中有一直线为投影面平行线,则一定要检查直线在三个投影面上的投影交点是否符合同一点的投影规律。

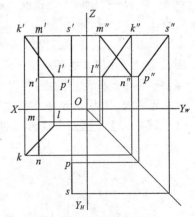

图 2-16　交叉直线的投影

　　【例 2-1】　已知空间两直线 AB、CD 的三面投影图如图 2-17(a) 所示,判断它们的相对位置。

　　从图 2-17(a) 中可知如下信息:空间两直线 AB、CD 的三面投影图的同面投影均相交;直线 AB 为一条侧平线,直线 CD 为一般位置直线;三个同面投影中的交点不符合点的投影规律,如图 2-17(b) 所示。因此,空间直线 AB、CD 之间的相互位置为交叉。

　　【例 2-2】　已知直线 AB 和点 K,判断点 K 是否在直线 AB 上,如图 2-18 所示。

　　(1) 方法一:定比法。根据直线上点的投影特性可知,各投影面上点分对应投影直线保持定比性特点。图 2-18(a) 中,直线 AB 为侧平线。以水平面投影上点 a 为一端点,以正面投影 a'b' 的长度在水平投影面上作辅助线 ab';并根据点 K 和直线 AB 的正面投影关系在辅助线 ab' 上找到

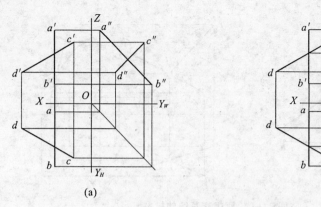

(a)　　　　　　　　　　　　　　　(b)

图 2-17　判断两直线的相对位置

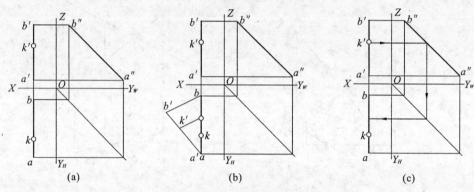

(a)　　　　　　　　(b)　　　　　　　　(c)

图 2-18　判断点是否在直线上

点 k'；在水平投影面上连接 bb'，过点 k' 做直线 bb' 的平行线与直线 AB 的水平投影相交，该交点与点 K 的水平投影不重合，则可知点 K 不在直线 AB 上，如图 2-18(b) 所示。

（2）方法二：作第三投影。直线是满足一定条件的点的集合，要判断点的投影是否在直线上，则只需分别作出直线和点的三面投影。假定点 K 在直线 AB 上，由点 K 的正面投影在直线 AB 的侧面投影上找到对应的点，并以此为基础，作出点 K 的水平投影，结果该投影与点 K 的实际水平投影不重合。因此点 K 不在直线 AB 上，如图 2-18(c) 所示。

【例 2-3】　已知直线 AB，过点 C 作水平线与直线 AB 相交，如图 2-19 所示。

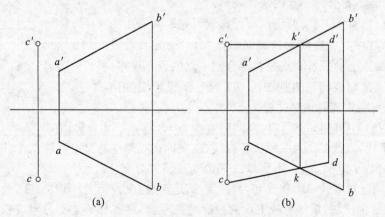

(a)　　　　　　　　　　　　　　(b)

图 2-19　求过点与直线的相交线

根据水平线的投影特性，由过点 C 的正投影 c' 在正投影面上作投影轴的平行线 $c'd'$ 即为所求水平线，直线 $c'd'$ 交直线 AB 的正投影 $a'b'$ 于点 k'，点 k' 为直线 AB 上的点，由直线上点的投影规律在水平投影面内作出点 k，连接点 c、k，并延长至点 d，直线 cd 即为所求的水平线的水平投影，如图 2-19(b) 所示。

【例 2-4】　已知直线 AB，作直线 AB 平行于 CD，且分别与 EF、GH 交于 A、B 点，如图 2-20 所示。

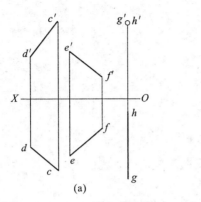
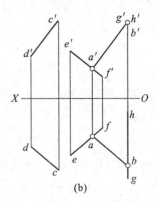

(a)　　　　　　　　(b)

图 2-20　求直线的平行线

该题的解题关键在于确定直线 CD 的位置，从投影图中可知，直线 EF 和 GH 处于交叉关系，而要求直线 CD 分别与它们交于点 A 和点 B，则直线 AB 为直线 EF、GH 的公共交线。从 2-20(a) 可知，直线 DC、EF 为一般位置直线，直线 GH 为正垂线，则点 B 的正面投影必定是直线 GH 端点的重影点。已知两条平行直线 CD 和直线 AB 的端点 B，应用平行直线的投影特性，则可作出直线 AB，如图 2-20(b) 所示。

2.3.4　线段的实长及其对投影面的倾角

在三类直线中，投影面垂线和投影面平行线的三面投影图中，总可以找到能反映直线长度的投影，即至少有一个投影能反映直线实长。但是对于一般直线而言，在任何一个投影面上的投影都只具有类似性。为了根据直线的三面投影求取一般直线的实长，常用的方法是直角三角形法，如图 2-21 所示。

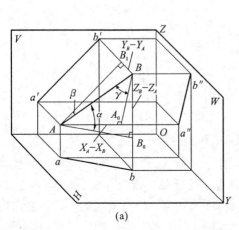
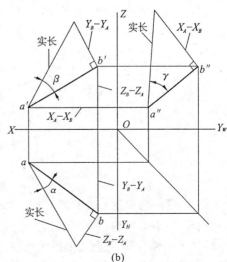

(a)　　　　　　　　(b)

图 2-21　直线实长的求法

在平面 $AabB$ 内,作 AB_0 // ab,与 Bb 交于 B_0,得直角三角形 $\triangle ABB_0$。在这个直角三角形中,有 $AB_0 = ab$;$BB_0 = Bb - B_0b$(即直线 AB 两端点与 H 面的距离差);斜边 AB 即为实长;AB 与 AB_0 的夹角,就是直线 AB 对 H 面的倾角 α。这种求作一般位置直线的实长和倾角的方法,就称为直角三角形法。因此,空间直线的实长可以利用任意两个投影面内的投影进行求取,类似地,空间直线与各投影面的倾角亦可求出,如图 2-22 所示。

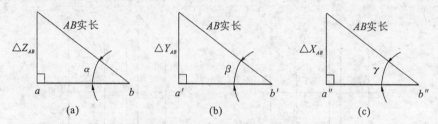

图 2-22 直角三角形法求实长

图 2-22 分别描述了利用直角三角形法求取一般位置直线的实长及其与投影面的倾角,现将其规律总结如下:

(1)用直角三角形法求一般位置直线的实长及对 H 面的倾角 α,可用 ab 及 $\triangle Z_{AB}$ 求得;

(2)用直角三角形法求一般位置直线的实长及对 V 面的倾角 β,可用 $a'b'$ 及 $\triangle Y_{AB}$ 求得;

(3)用直角三角形法求一般位置直线的实长及对 W 面的倾角 γ,可用 $a''b''$ 及 $\triangle X_{AB}$ 求得。

因此,在运用直角三角形法求一般位置直线的实长时,只要已知该直线在两个投影面上的投影,即可求出其他要素。

2.3.5 一边平行于投影面的直角投影

一边平行于投影面的直角首先是两条处于相交位置的直线,而且它们处于正交位置。为了快速求取这种特殊类型的两相交直线的投影,现引入下列定理。

直角投影定理:若两直线垂直相交,并且其中一条直线平行于某一投影面,则此两直线在该投影面上的投影必定相互垂直。反之,如果相交两直线在某一投影面上的投影相互垂直,并且其中一条直线为该投影面的平行线,则此两直线在空间中也必定相互垂直。

利用直角投影定理作一边平行于投影面的直角投影,如图 2-23 所示。直角投影定理可用于求解空间中已知点到已知直线之间的距离,如图 2-24 所示。

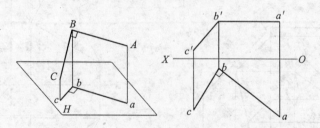

图 2-23 一边平行于投影面的直角投影

【例 2-5】 已知正平线 BC 和点 A 的两面投影,如图 2-24 所示,求点 A 到正平线 BC 的距离。

分析 该题是求解已知点到已知直线的距离,其解题关键是找出点到直线的垂线。由 BC 是正平线这个条件可知,点到直线的垂线在正面上的投影与正平线投影垂直。因此,可利用直角投影定理在正面投影将垂线的投影求出,然后利用点的投影规律,在水平面内找出垂线。最后利用直角三角形法即可求出垂线实长,即点 A 到正平线 BC 的距离。

作图步骤:

(1) 在正面投影面内,过 a' 作直线 $a'd'$ 垂直交直线 $b'c'$ 于点 d';

(2) 利用点的两面投影规律,由点 d' 的正面投影在水平面内求得其水平投影点 d;

(3) 在水平投影内,运用直角三角形法即可求 AD_0 的实长,即点 A 到正平线 BC 的距离。

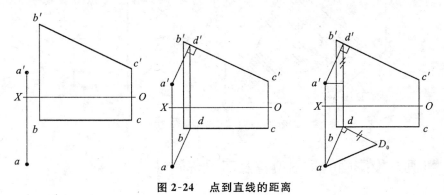

图 2-24　点到直线的距离

2.4　平面的投影

2.4.1　平面的表示方法

1. 几何元素表示法

在空间中一个平面的表示方法可利用以下几何学定理确定:

(1) 不在同一直线上的三点确定一个平面;

(2) 一直线和直线外一点确定一个平面;

(3) 相交两直线确定一个平面;

(4) 相互平行的两直线确定一个平面。

另外,平面图形也可以确定一个平面,如图 2-25 所示。由此可知,确定一个平面位置的最基本的几何条件就是不在同一直线上的三点。

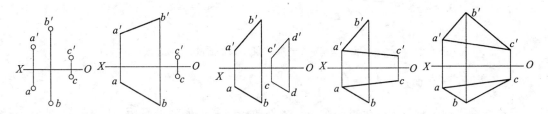

图 2-25　平面在投影图上的表示方法

2. 迹线表示法

除了在初等几何学中运用平面基本要素表达平面外,还可以利用平面与投影面的交线表示平面,即迹线表示法。平面的迹线 —— 在投影面体系中,如把平面扩大,则该平面与投影面相交而产生的交线。如平面的水平迹线 P_H 表示平面 P 与 H 面的交线,平面的正面迹线 P_V 表示平面 P 与 V 面的交线,平面的侧面迹线 P_W 表示平面 P 与 W 面的交线,如图 2-26 所示。

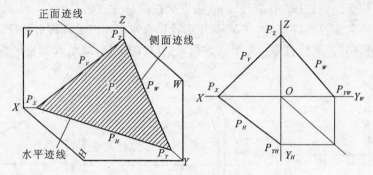

图 2-26　平面迹线表示法

2.4.2　平面与投影面的相对位置及其投影特性

根据空间中平面与三投影面之间的相互位置关系,可将平面分成三种类型:一般位置平面、投影面垂直平面和投影面平行平面。其中后面两种平面属于特殊位置平面。空间中,平面与投影面 H、V、W 倾斜,它们之间的倾角分别称为该平面与投影面的倾角,分别用 α、β、γ 表示。

1. 一般位置平面

空间中平面与任何一个投影面都不平行或垂直的平面称为一般位置平面。所以,一般位置平面是与三个投影面都倾斜的平面。

一般位置平面在三个投影面上的投影既不反映实形,也不反映与投影面的倾角,只能保持类似形,如图 2-27 所示。

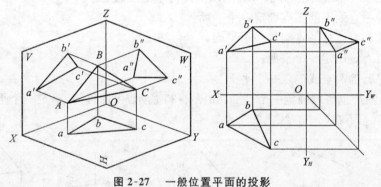

图 2-27　一般位置平面的投影

2. 投影面垂直面

投影面垂直面是垂直于一个投影面而与另外两个投影面倾斜的平面,如图 2-28 所示。投影面垂直面的名称根据其所垂直投影面的名称确定:垂直于正面 V 的平面称为正垂面;垂直于水平面 H 的平面称为铅垂面;垂直于侧面 W 的平面称为侧垂面。投影面垂直面的三面投影必有一个表现为积聚性,另两个投影表现为类似形。

表 2-3 分别列出了各投影面垂直面的投影及其投影特性。从表 2-3 中,可对投影面垂直面的投影特性归结如下。

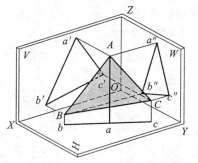
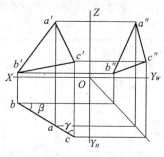

图 2-28　投影面垂直平面的投影

（1）在所垂直的投影面上的投影，投影面垂直面表现为积聚性，即投影集聚为一条直线。积聚性所形成的投影直线与投影轴的倾角分别反映该投影面垂直面与另外两个投影面的倾角。

（2）投影面垂直面在另外两个投影面上的投影均表现为类似形，不能反映投影面垂直面与投影面的倾角。

表 2-3　投影面垂直面的投影特性

名称	正垂面（ABC⊥V 面）	铅垂面（ABC⊥H 面）	侧垂面（ABC⊥W 面）
直观图			
投影图			
投影特性	正面投影有积聚性（$a'b'c'$ 重影成一直线），反映 α、γ 水平投影和侧面投影是类似形	水平投影有积聚性（abc 重影成一直线），反映 β、γ 正面投影和侧面投影是类似形	侧面投影有积聚性（$a''b''c''$ 重影成一直线）反映 α、β 水平投影和正面投影是类似形

3. 投影面平行面

在正交的三投影面体系中，若一个平面与其中一个投影面平行，则该平面必与其他两投影面垂直，这种平面称为投影面平行面。当平面与正投影面 V 平行时，则称该平面为正平面；当平面与水平投影面 H 平行时，则称该平面为水平面；当平面与侧投影面平行时，则称该平面为侧平面。投影面平行面的三面投影中既表现出积聚性，又表现出实形性。

表 2-4 列出了三种投影面平行面的投影及其投影特性。

表 2-4　投影面平行面的投影特性

名称	正平面（ABC∥V面）	侧平面（ABC∥W面）	水平面（ABC∥H面）
直观图	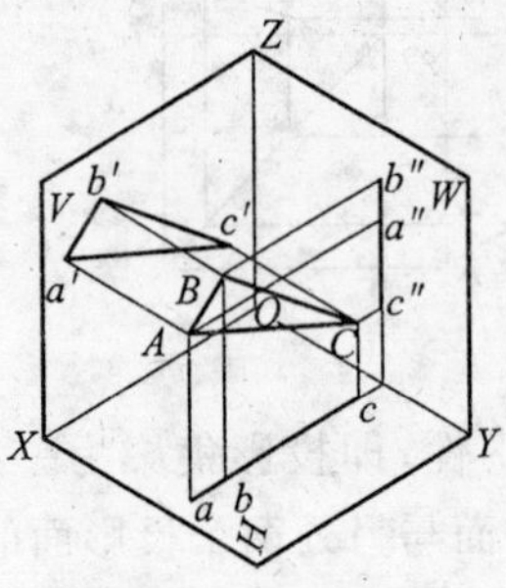	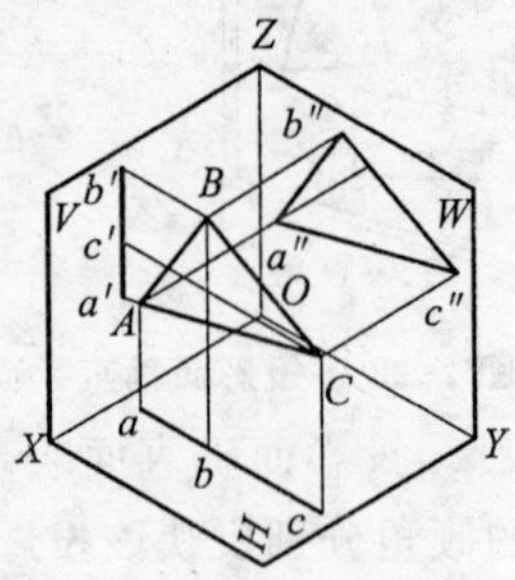	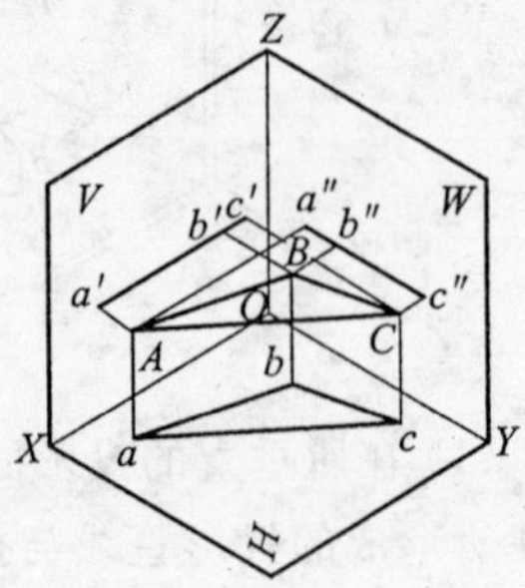
投影图	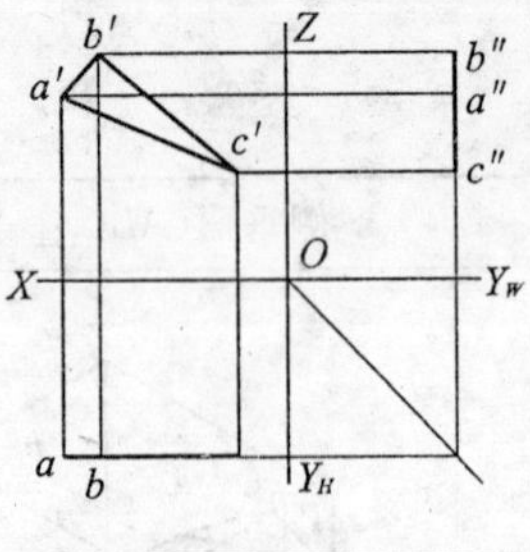	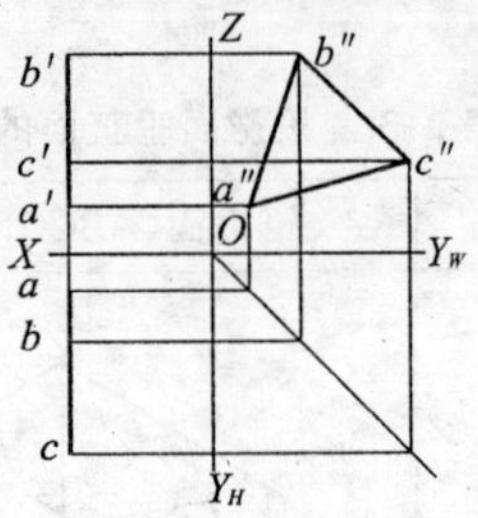	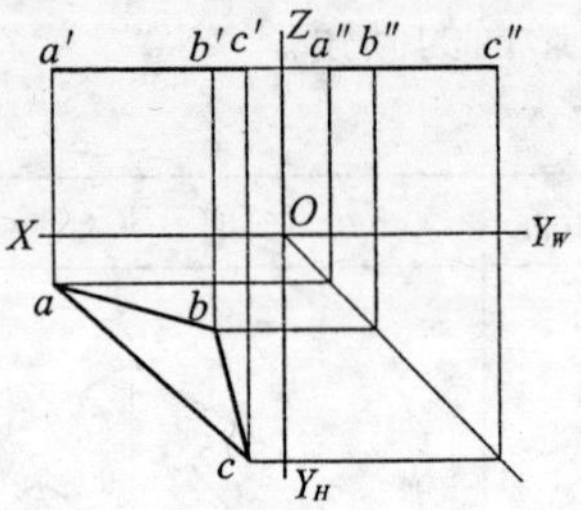
投影特性	正面投影反映实形 水平投影积聚直线且平行于 OX，侧面投影积聚直线且平行于 OZ	侧面投影反映实形 水平投影积聚直线且平行于 OY_H，正面投影积聚直线且平行于 OZ	水平投影反映实形 正面投影积聚直线且平行于 OX，侧面投影积聚直线且平行于 OY_W

2.4.3　平面上的点和直线

1. 平面上的点和直线满足的几何条件

由初等几何学可知，平面上的点和直线应满足下列几何条件：

（1）若点位于平面上的任一直线上，则该点位于此平面；

（2）一直线经过平面上两个点，则此直线一定在该平面上，或者一直线经过平面上一个点且平行于平面上另一直线，则此直线一定在该平面上。

位于平面上的直线、点的投影如图 2-29 所示。

2. 平面上取点和直线

由平面上点和直线的几何条件可知，如果点在平面内任一直线上，则此点一定在该平面上，因此在平面内取点，首先要在平面内取线。而在平面上取直线，则可借助已知直线的交线、平行线或两个端点取线。在平面投影过程中，点、直线和平面均符合投影规律。

【例 2-6】　已知 △ABC 平面内一点 K 的正面投影 k'，如图 2-30 所示，求出它的水平投影。

　　分析　通过点 K 在 △ABC 平面内任取一直线，例如取 BK，将其延长交 AC 于点 D，求出其水平投影 bd，则 k 一定在 bd 上，然后根据点分直线定比性和点的投影规律求出点 k 的水平投影。

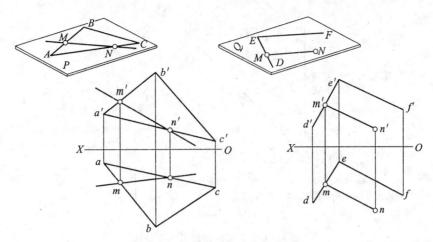

图 2-29　平面上直线和点的投影

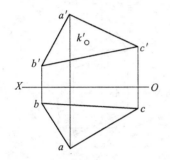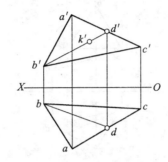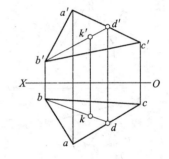

图 2-30　平面内点的两面投影

作图步骤：

(1) 连接 $b'k'$，将其延长交 $a'c'$ 于点 d'；

(2) 根据点的投影规律，在水平面内作出点 D 的投影 d；

(3) 连接 b、d 两点，根据点的两面投影规律，作出点 K 在水平面内的投影 k。

3. 平面内的特殊位置直线

平面是直线的集合，因此，在平面上存在无数条直线，其中总会有些直线是特殊位置直线，如投影面的平行线、投影面的垂直线等。

1) 平面内投影面的平行线

平面上的投影面平行线是指在平面内对投影面倾角最小（等于零）的直线。平面内的投影面平行线有平面内的水平线、平面内的正平线和平面内的侧平线三种，如图 2-31 所示。

【例 2-7】　图 2-32 所示为平面 $\triangle ABC$ 的两面投影，过点 A 在该平面上作水平线 AD；过点 C 在 $\triangle ABC$ 平面上作正平线 CE。

分析　该题的解题关键是水平线和正平线的投影性质。水平线在正面上的投影是一条与 X 轴平行的直线；而正平线在水平面的投影是一条与 X 轴平行的直线。

作图步骤：

(1) 过 a' 作 $a'd'$ 平行于 OX 轴，交 $b'c'$ 于 d'；

(2) 在 bc 上求出 d，连接 ad，则 $a'd'$ 和 ad 为水平线 AD 的两面投影；

(3) 过 c 作 ce 平行于 OX 轴，交 ab 于 e；

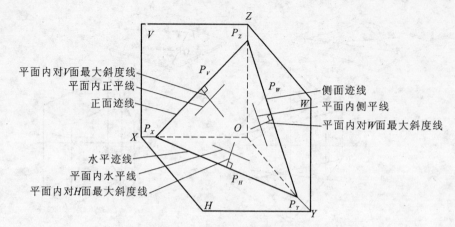

图 2-31　平面内投影面的平行线

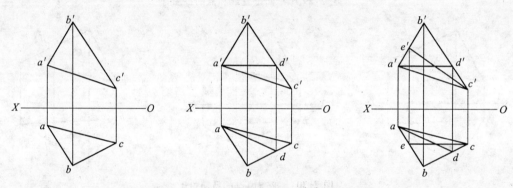

图 2-32　平面内过指定点的投影面平行线

（4）在 $a'b'$ 上求出 e'，连接 $c'e'$，则 ce 和 $c'e'$ 为正平线 CE 的两面投影。

2）平面内的投影面垂直线

平面内投影面垂直线是平面内的最大斜度线，如图 2-31 所示。平面内投影面垂直线也有三种：平面内对 H 面的最大斜度线 —— 垂直于平面内水平线的直线；平面内对 V 面的最大斜度线 —— 垂直于平面内正平线的直线；平面内对 W 面的最大斜度线 —— 垂直于平面内侧平线的直线。利用平面内投影面垂直线可以求取该平面对投影面的倾角。

【例 2-8】　如图 2-33 所示，已知平面 $\triangle ABC$，求其对 H 面的倾角。

分析　求 $\triangle ABC$ 对 H 面的倾角就是求 $\triangle ABC$ 内水平线的最大斜度线对 H 面的倾角。

作图步骤：

（1）在 $\triangle ABC$ 的正面上过点 a 作水平线 ad，交 bc 于点 d，作点 d 的正面投影，交 $b'c'$ 于点 d'；

（2）作 $\triangle ABC$ 内水平线 AD 的最大斜度线 BF 的水平投影 bf 和正面投影 $b'f'$；

（3）用直角三角形法求该最大斜度线对 H 面的倾角即为解。

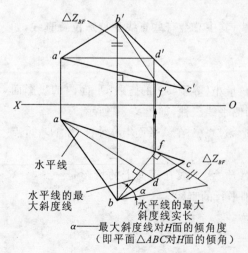

图 2-33　平面与投影面的倾角

2.4.4 直线与平面的相对位置

1. 直线与平面平行

在初等几何学中,阐述直线与平面平行的定理如下:若一直线与平面上任一直线平行,则此直线与该平面平行。在投影理论中,两直线平行则它们的同面投影始终平行。

【例 2-9】 过已知点 K,作一水平线 KM 平行于已知平面 $\triangle ABC$,如图 2-34(a) 所示。

分析 已知 KM 为水平线,则其正面投影 km 必定为水平线,但是过点 k 作的水平线有无数条,其中与已知平面 $\triangle ABC$ 平行的只有一条。因此,求 km 的水平投影就是找到与平面 $\triangle ABC$ 内直线平行的直线的水平投影。

作图步骤:

(1) 在正投影面内,分别过点 a' 和 k' 作与 OX 轴平行的直线,并且过点 a' 的水平线与 $b'c'$ 的交点为 d';

(2) 由点的两面投影规律,作出点 D 的水平投影 d,连接 a、d;

(3) 在水平面内,过点 k 作与直线 ad 平行的直线 km,并由点的两面投影规律,在正投影面内作出点 m'。

其结果如图 2-34(b) 所示。

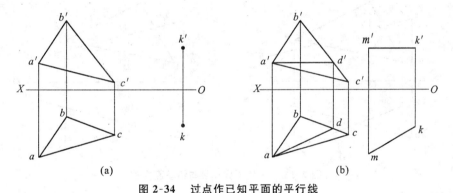

| (a) | (b) |

图 2-34 过点作已知平面的平行线

2. 直线与平面相交

在空间中,直线与平面之间的相互位置只存在平行和相交两种状况。若直线与平面不平行,则该直线必与平面相交。换句话说,只要直线与平面不平行,必定可以找到一个既在平面上又在直线上的公共点。当直线与平面在投影面上的投影具有积聚性时,公共交点是重影点,需要借助其他投影面上的投影和点的投影规律求取交点的其他投影。

1) 投影有积聚性

(1) 直线与平面相交且直线投影积聚。

【例 2-10】 求正垂线 EF 与平面 $ABCD$ 的交点 K,如图 2-35(a) 所示。

分析 正垂线在正面上的投影具有积聚性,所以正垂线 EF 与平面 $ABCD$ 的交点在正面上的投影是点 $e'(f')$ 的重影点。由此,可在正面上作出过平面 $ABCD$ 中任一顶点和交点的连线。然后根据点的投影规律作出交点。另外,根据正垂线在正面上的投影可知点 E 在平面 $ABCD$ 上方,判断其可见性。

作图步骤：

(1) 连接点 a'、$e'(f')$，并将其延长，使其交直线 $b'c'$ 于点 m'；

(2) 根据点的投影规律在直线 bc 上求出点 m，并连接点 a、m，如图 2-35(b) 所示；

(3) 连接点 e、f，该直线与直线 am 的交点即为点 K 的水平面投影；

(4) 由正面投影可知，点 E 在平面上方，根据可见性可知其结果如图 2-35(c) 所示。

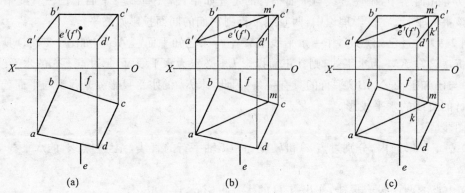

图 2-35　正垂线与平面的交点

(2) 直线与平面相交且平面投影积聚。

【例 2-11】　求一般位置直线 AB 与铅垂面 $\triangle DEF$ 的交点 K，如图 2-36(a) 所示。

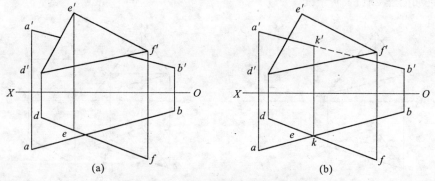

图 2-36　一般位置直线与铅垂面交点

作图步骤：

(1) 在水平投影面内，铅垂面的投影与一般位置直线的投影的交点 k 即为平面与直线的交点的水平投影；

(2) 根据点的投影规律和点的从属性特点，在正面投影中即可得到点 k'；

(3) 直线 $a'b'$ 被点 k' 分成两部分，根据水平面内的投影可知，$a'k'$ 可见，$k'b'$ 不可见。

其结果如图 2-36(b) 所示。

2) 投影无积聚性

若直线与平面相交且它们的投影均不具备积聚性时，需要利用辅助线或辅助平面方能求解。

【例 2-12】　求直线 EF 与平面 $\triangle ABC$ 的交点 K，如图 2-37(a) 所示。

分析　由于平面和直线的投影均不具有积聚性，所以需要借助过直线具有积聚性的平面求出面与面直接的交线，然后根据其在各投影面内重影点的投影规律作出另外投影面的投影，然后利用点和直线的归属确定交点的位置。

作图步骤：

(1) 过 EF 作辅助铅垂面 P_H，并求出 P_H 与 $\triangle ABC$ 的交线在水平面的投影；

(2) 作出面 P_H 与平面 $\triangle ABC$ 交线 MN 在水平面的投影 mn；

(3) 在正投影面上作出直线 MN 的投影 $m'n'$，并作出 $m'n'$ 与 $e'f'$ 的交点 k'；

(4) 由点的两面投影规律，在水平面内求出点 k；

(5) 由重影点和正面投影判断可见性，如图 2-37(b) 所示。

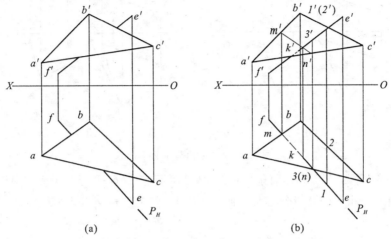

(a)   (b)

图 2-37   一般位置直线与一般平面交点

3. 直线与平面垂直

直线与平面垂直是直线与平面相交的特殊情况。在几何学中，直线与平面垂直的定理为：若空间一条直线垂直于空间一个平面上任意两相交直线，则此直线垂直于该平面；反之，如果空间一条直线垂直于空间一个平面，则此直线必垂直于该平面上的所有直线。

【例 2-13】   求点 M 到平面 $\triangle ABC$ 的距离，如图 2-38 所示。

分析   过点 M 作平面 $\triangle ABC$ 的垂线并求垂足 K，再求 MK 的实长，它即为所要求的距离。

作图步骤：

(1) 作出平面 $\triangle ABC$ 内水平线 AF 和正平线 CG 的两面投影；

(2) 过 m' 作 $m'n'$ 垂直于 $c'g'$，根据点的投影规律求出点 N 的水平投影 n，过 n 作 nm 垂直于 af，如图 2-38 所示，根据直角投影定理可知，所得到的直线 MN 同时垂直于相交的两直线 AF 和 CG，从而直线 MN 垂直于平面 $\triangle ABC$；

(3) 如图 2-38 所示，在平面 $\triangle ABC$ 上求出直线 12 与直线 MN 的交点 K，此点即为直线 MN 与平面 $\triangle ABC$ 的垂足；

(4) 根据图 2-22 所示的直角三角形法求出 MK 的实长，此实长即为点 M 到平面 $\triangle ABC$ 的距离，如图 2-38 所示。

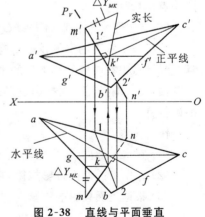

图 2-38   直线与平面垂直

2.4.5   平面与平面的相对位置

1. 平面与平面平行

两平面平行的几何条件是：若一平面内两相交直线对应平行于另一平面上的两相交直线，则这两平面相互平行。

【例 2-14】 根据已知条件,作平面 △EFG 平行于平面 △ABC,如图 2-39(a) 所示。

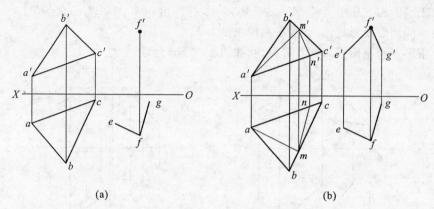

图 2-39 平面与平面平行

分析 根据两平面平行的几何条件可知,要使平面 △EFG 平行于平面 △ABC,只需在平面 △EFG 上找出两条相交的直线分别与平面 △ABC 上的两条相交直线平行即可。

作图步骤:

(1) 在 △ABC 的水平投影上作 am 平行于 ef,作 mn 平行于 gf;

(2) 在 △ABC 的正面投影上求出 a'm' 和 m'n';

(3) 作 f'e' 平行于 a'm' 和 f'g' 平行于 m'n',如图 2-39(b) 所示,此时所得到的平面 △EFG 即为要求的平面。

2. 平面与平面相交

平面与平面相交的结果是两平面有一条公共直线,该直线投影与平面投影满足投影规律。平面与平面相交且其中一个平面具有积聚性时,在积聚性投影面内的投影重影点提供了平面交线的端点信息。

【例 2-15】 求铅垂面 DEFG 与一般位置平面 △ABC 的交线 MN,如图 2-40(a) 所示。

分析 铅垂面的水平投影具有积聚性,则两平面交线的投影必定在积聚的直线范围之内,并且交线端点也在一般位置平面的水平投影上,由此可在正面投影上确定交线端点的大致范围。另一方面,交线端点的正面投影也必须在铅垂面投影之上。因此,可利用点的三面投影规律确定其准确位置。

作图步骤:

(1) 在水平面内,作出铅垂面 DEFG 与一般位置平面 △ABC 的交线 MN 的水平投影 mn;

(2) 根据点的两面投影规律,在正投影面上作出点 m'、n',连接点 m'、n';

(3) 根据正面投影的重影点,判断正面上平面边界的可见性,结果如图 2-40(b) 所示。

3. 平面与平面垂直

两平面相互垂直是两平面相交的特殊情况。相互垂直的两个平面应满足如下的几何条件:若一条直线垂直于一个平面,则包含该直线(或平行于该直线)所作的一切平面都垂直于该平面;反之,如果两平面相互垂直,则在第一个平面上任取一点向第二个平面所作的垂线必在第一个平面内。

【例 2-16】 过点 D 作一平面垂直于平面 △ABC,如图 2-41 所示。

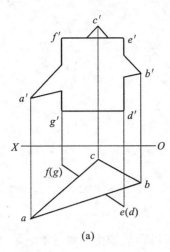
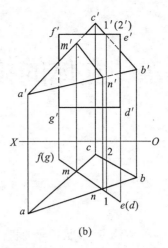

(a) (b)

图 2-40　平面与平面相交

分析　过点 D 作直线 DE 垂直于平面 $\triangle ABC$，然后作包含直线 DE 的平面。因包含一直线可作无穷多个平面，故本题有无穷多解，本例只选择了其中一种。

作图步骤：

(1) 作出平面 $\triangle ABC$ 内的水平线 NB 和正平线 AM 的两面投影，如图 2-41 所示；

(2) 过 d' 作 $d'e'$ 垂直于正平线 AM 的正面投影 $a'm'$，过 d 作 de 垂直于水平线 NB 的水平投影 nb，由直角投影定理可知，此时所得到的直线 ED 必定垂直于平面 $\triangle ABC$；

(3) 过直线 ED 作平面 EDF，此平面必定垂直于平面 $\triangle ABC$，如图 2-41 所示。

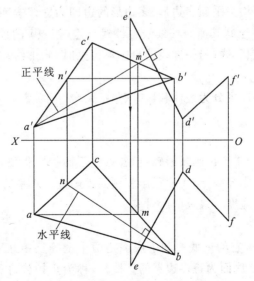

图 2-41　过点与已知平面垂直的平面

第 3 章 立体的投影

实际生产中,种类繁多、形状各异的机件,都可以看成是由一些基本立体经过切割、相交或组合而成的。而这些基本立体按其表面的性质,可分为平面立体和曲面立体两大类。表面全部由平面围成的立体称为平面立体,表面由平面和曲面或全部由曲面围成的立体称为曲面立体。

3.1　立体的投影及其表面上取点

3.1.1　平面立体

平面立体的各个表面均为平面多边形,多边形的边即为立体表面的交线(棱线),因此,绘制平面立体的投影可归结为绘制其所有棱线及各棱线交点(定点)的投影,然后判断其可见性。当轮廓线的投影可见时,画粗实线;当轮廓线的投影不可见时,画虚线;当粗实线和虚线重合时,应画粗实线。

工程上常见的平面立体可分为棱柱和棱锥(包括棱台)两类。

1. 棱柱

从本章开始,在投影图中不再画投影轴,但各点的三面投影仍要遵守正投影规律:水平投影和正面投影位于铅垂的投影连线上;正面投影和侧面投影位于水平的投影连线上;水平投影和侧面投影应保持前后方向的宽度一致及前后对应。

1) 棱柱的投影

常见的棱柱为直棱柱,它的上底面和下底面是两个全等且相互平行的多边形,各侧面为矩形,侧棱垂直于底面。上、下底面为正多边形的直棱柱,称为正棱柱。图 3-1 所示为一正六棱柱的立体图和投影图。图 3-1(a) 所示的正六棱柱,它的上、下底面均为水平面,6 个侧面中,前后两个为正平面,其余 4 个为铅垂面,6 条棱线为铅垂线。作投影图时,先画上、下底面的投影:水平投影反映实形且两投影重合;正面、侧面投影都积聚成直线段。将 6 个侧面的投影转换成 6 条棱线的投影:水平投影积聚在六边形的六个顶点上;正面、侧面投影均反映实长。在画图时注意判断各棱面和棱线的可见性。

2) 棱柱表面上点的投影

作棱柱体表面上点的投影,就是作它的多边形表面上的点的投影,即作平面上点的投影。在

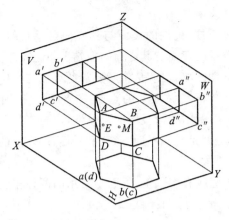

(a) 正立棱柱的立体图

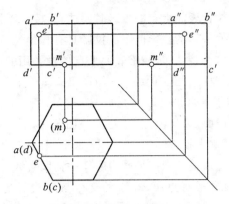

(b) 正六棱柱的投影图

图 3-1　正六棱柱的投影

作点的投影时,根据点的已知投影确定点所在的平面并分析平面的投影特性。如图 3-1(b) 所示,已知棱柱表面上点 E 的正面投影 e' 和点 M 的水平投影 m,求这两点的其他两个投影。由于 e' 可见,它必定在正六棱柱的 $ABCD$ 这个面上,其水平投影 e 必在该面积聚的投影上,根据长对正的投影规律,可作出其水平投影 e,再根据高平齐、宽相等的投影规律,由 e' 和 e 就做出点 E 的侧面投影 e'',因为点 E 所在的表面 $ABCD$ 的侧面投影可见,故 e'' 可见。由于点 M 的水平投影不可见,故它必在六棱柱的下底面上,而下底面的正面投影和侧面投影都有积聚性,因此 m' 和 m'' 必在底面的有积聚性的同面投影上。

2. 棱锥

棱锥的底面为多边形,各侧面为若干个具有公共顶点的三角形。当棱锥的底面为正多边形,各侧面是全等的等腰三角形时,称为正棱锥。

1) 棱锥的投影

图 3-2 所示为一四棱锥,锥顶为 S,其底面为四边形 $ABCD$,为一水平面,其水平投影反映实形。前后棱面为侧垂面,在侧面上的投影具有积聚性,左右棱面为正垂面,在正面上的投影具有积聚性。作图时先画出底面 $ABCD$ 的三面投影,再将棱面的投影转换成棱线的投影,即先作出锥顶的各个投影,然后将锥顶和底面四个顶点 A、B、C、D 的同面投影连接起来就得到了棱线的投影,从而也作出了四棱锥的投影。在作投影的时候要注意点或面的投影可见性的判断。

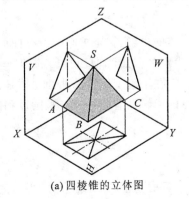

(a) 四棱锥的立体图

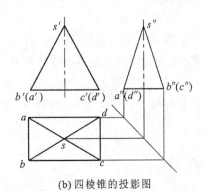

(b) 四棱锥的投影图

图 3-2　四棱锥的投影

2) 棱锥表面上点的投影

求棱锥表面上点的投影时要注意,棱锥不同于棱柱,棱柱的棱面与其底面是垂直的,其棱面在与底面平行的投影面上的投影具有积聚性,而棱锥的棱面与其底面一般情况下是不垂直的,故不具备这个特性。求棱锥表面上点的投影用的是辅助线法,也就是将所要求的点放在棱锥表面的某条能与棱线相交的线上。如图 3-3(a) 所示,已知正三棱锥上的点 E 和点 F 的正面投影为 $e'(f')$,求其水平投影 e、f。如图 3-3(a) 所示,由点 E、F 的正面投影的可见性可作出如下判断:点 E 在前棱面 SAB 上,点 F 在后棱面 SAC 上。实际上就是已知平面 SAB 和平面 SAC 上的正面投影,求其水平投影。

过平面上一点作平面内的任一辅助直线,这种直线有无数条。下面是常用的两种作法。

方法一:将点 E、F 分别放在与底边 AB、AC 平行的两条线 ED 和 FD 上,即 $ED//AB$、$FD//AC$。根据直线投影平行性可得出:$e'd'//ab$、$f'd'//ac$。再由正面投影和水平投影长对正的投影规律,就可求出点 E、F 的水平投影 e、f。其作图过程如图 3-3(b) 所示。

方法二:将点 E、F 放在过 A、B、C、S 中任意一点的一条直线上,并且此直线与棱线应相交。如图 3-3(c) 所示,将点 E 放在直线 BH 上,点 F 放在直线 CH 上。在空间中点 H 在直线 SA 上,所以 h' 在 $s'a'$ 上,h 在 sa 上。再根据点的投影规律即可求出点 E、F 的水平投影。其具体作图过程如图 3-3(c) 所示。

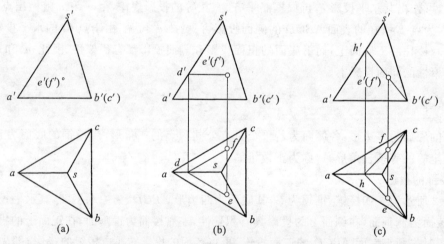

图 3-3　正三棱锥表面上点的投影

3.1.2　回转体

曲面立体由曲面或曲面和平面所组成。求曲面立体的投影,就是求它的所有曲面表面或曲面表面与平面表面的投影,也就是曲面立体的轮廓线、尖点的投影和曲面投影的转向轮廓线。转向轮廓线是曲面立体的可见部分和不可见部分的分界线。在工程上常见的曲面立体是回转体,它的曲面表面是由一母线绕定轴旋转而成的回转面。常见的回转体有圆柱、圆锥、圆球和圆环等。

1. 圆柱

1) 圆柱的投影

圆柱体是由圆柱面和上、下底面围成。圆柱面可以看成是由一直线绕与之平行的轴线旋转而成的。此动线称为母线,与母线平行的任意位置的直线称为素线,因此圆柱面上的素线都是平行于轴线的直线。

如图 3-4(a) 所示,当圆柱的轴线为铅垂线时,上、下底圆为水平面,其 H 面投影反映实形,V 面、W 面投影积聚为直线。圆柱面的 H 面投影积聚为一圆,此圆与上、下底面圆的水平投影重合,V 面和 W 面投影各为一矩形。V 面投影中矩形两边的垂直线是圆柱面上最左、最右两条素线 AA_0、CC_0 的投影,是圆柱面前后两部分的分界线,所以称为对正立投影面的转向轮廓线;W 面投影中矩形两边的垂直线是对侧面的转向轮廓线 BB_0、DD_0 的投影。圆柱的三面投影如图 3-4(b) 所示。

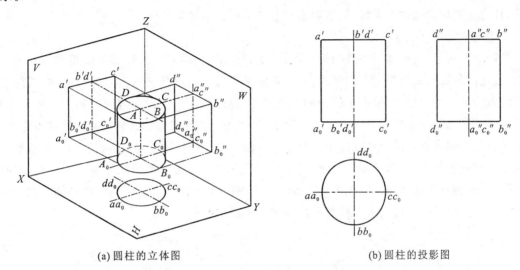

(a) 圆柱的立体图　　　　　　　　　　　　(b) 圆柱的投影图

图 3-4　圆柱体的投影

2) 圆柱表面上点的投影

如图 3-5 所示,已知圆柱面上的点 A、B 和 C 的正面投影 a'、b' 和 c',求作它们的水平投影和侧面投影。

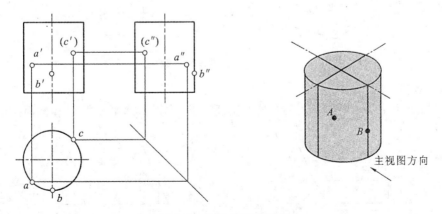

图 3-5　在圆柱表面取点

从投影图中可以看出,该圆柱的轴线为铅垂线,圆柱面的水平投影积聚为一个圆,点 A、B 和 C 的水平投影必定在该圆的圆周上。其作图过程如下。

从 a' 可见和 (c') 不可见得知,点 A 在前半圆柱面上,而点 C 在后半圆柱面上,根据长对正的投影规律,可由 a'、(c') 引铅垂的投影连线,在圆柱面的有积聚性的水平投影上作出 a 和 c。再根据高平齐、宽相等的投影规律,即可作出其侧面投影 a''、c''。由于点 A 在左半个圆柱面上,点 C 在右半个圆柱面上,所以 a'' 可见而 c'' 不可见。用同样的方法可以作出点 B 的其他两面投影,但应注意的是点 B 是一个特殊点,它刚好位于圆柱的最前方的那条素线上。求 A、B、C 三点的水平投影和侧面投影的具体作图过程如图 3-5 所示。

2. 圆锥

圆锥体由圆锥面和底面所围成,圆锥面是由一直线绕与它相交的轴线旋转而成,此动线称为母线,任意位置的母线称为素线,圆锥面上垂直于轴线的圆称为纬圆。

1) 圆锥的投影

如图 3-6 所示,圆锥体的轴线为铅垂线,底面为水平面,底面在水平面上的投影反映为实形的圆,在正面投影和侧面投影都积聚成直线。在水平投影中用点画线画出对称中心线,对称中心线的交点为轴线的水平投影,也是锥顶的水平投影。轴线的正面投影和侧面投影用点画线表示。注意回转体的轴线的投影都是用点画线表示的。圆锥面的投影只画出其转向轮廓线的投影即可。转向轮廓线在回转面上的位置取决于投射线的方向,它是相对于某一投影面而言的。圆锥面正面投影的转向轮廓线为 SA、SC,其正面投影为 $s'a'$、$s'c'$,侧面投影与轴线的侧面投影重合,不必画出。圆锥面侧面投影的转向轮廓线为 SD、SB,其正面投影为 $s'd'$、$s'b'$,正面投影与轴线的正面投影重合,不必画出。圆锥面的水平投影与底面的水平投影重合。

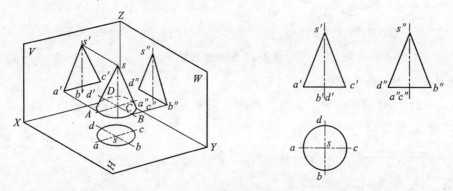

图 3-6　圆锥体的投影

2) 圆锥表面上点的投影

如图 3-7 所示,已知圆锥表面上点 M 的正面投影 m',求其水平投影 m 和侧面投影 m''。

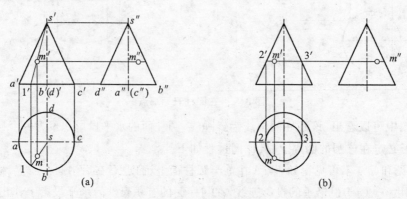

(a)　　　　　　　　　　(b)

图 3-7　在圆锥表面取点

因为圆锥面在三面投影都不具有积聚性,所以取点时必须先作辅助线,再在辅助线上取点,这与在平面内取点的作图方法类似。当圆锥的轴线垂直于某个投影面时,常用的作辅助线方法有素线法和纬圆法两种。

方法一:素线法。如图 3-7(a) 所示,过顶点 S 和 M 两点作素线 SM,并交于圆锥底圆上的 1 点,由于 m′ 可见,则直线段 S1 一定位于前半圆锥面上,1 点位于圆锥的前半个底圆上。再根据点的投影规律很容易就可以求出点 M 的水平投影 m 和侧面投影 m″,由已知条件可知点 M 位于左半个圆锥面上,故 m″ 可见。其具体作图过程如图 4-7(a) 所示。

方法二:纬圆法。如图 3-7(b) 所示,过点 M 作一纬圆,此纬圆是水平圆,在水平面上的投影反映实形,在正面和侧面上的投影具有积聚性,各为一条与圆锥底圆投影平行的直线。具体作图方法如图 3-7(b) 所示,过 m′ 作直线 2′3′(即辅助纬圆的正面投影),与圆锥的最左、最右素线的投影相交于 2′、3′,在水平投影上以点 s 为圆心、以 2′3′ 线段长为直径画一个圆(即辅助纬圆的水平投影)。根据长对正的投影规律,由 m′ 作直线与纬圆的水平投影的前半个圆相交,此交点即为 m,再根据高平齐、宽相等的投影规律,即可作出 m″。其中各个投影的可见性的判断与方法一类似。

3. 圆球

圆球由球面围成。球面可看成是由一半圆绕其直径旋转而成的。球面上垂直于直径的圆都称为纬圆。

1) 圆球的投影

如图 3-8(a) 所示,作圆球的投影实际上就是做球面的投影,球面的投影只做出转向轮廓线的投影即可。其三面投影的转向轮廓线分别为三个直径相等的最大的纬圆 A、B、C,其中 A 为正平圆,B 为水平圆,C 为侧平圆。因此,圆球的三面投影是三个大小相同的圆,并且圆的直径与圆球的直径相等,如图 3-8(b) 所示。

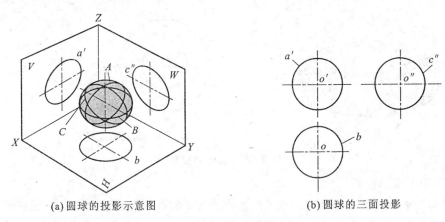

(a) 圆球的投影示意图　　　　　(b) 圆球的三面投影

图 3-8　圆球的投影

2) 圆球表面上点的投影

如图 3-9 所示,已知圆球表面上点 K 的水平投影 k,求作点 K 的正面投影和侧面投影。求圆球表面上点的投影可采用辅助纬圆法,辅助纬圆可选用水平圆、正平圆或侧平圆。

如图 3-9(a) 所示,辅助纬圆是水平圆,此圆在水平面上的投影反映实形,在其他两面上的投影分别积聚成直线段,线段的长度与水平圆的直径相等。其具体作图过程如下:过点 K 的水平投影 k 作一水平圆,再根据此圆的直径长度作出辅助圆的正面和侧面投影的两条直线,由点的投影

规律可作出 k' 和 k''。从已知条件可判断出点 K 在圆球的前半球面和左半球面,故 k' 和 k'' 都可见。如图 3-9(b) 所示,辅助纬圆是正平圆,其方法与图 3-9(a) 中类似。

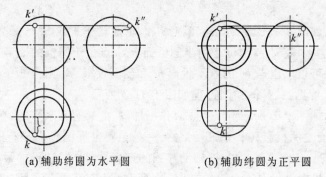

(a) 辅助纬圆为水平圆   (b) 辅助纬圆为正平圆

图 3-9   在圆球表面取点

4. 圆环

圆环由圆环面围成,圆环面是由圆绕与其共面但不通过圆心的直线旋转一周而形成的曲面。

1) 圆环的投影

图 3-10(a) 所示为圆环的轴测图,而图 3-10(b) 所示为圆环的三面投影图。它的轴线垂直于水平面。水平面上的投影呈现出三个不同大小的同心圆,最大的圆和最小的圆为轮廓线,点画线圆是圆母线中心的运动轨迹。正投影面上的投影呈现左右两个素线圆的投影,上、下两条公切线是最高、最低纬圆的投影。圆环的侧面投影与正面投影相同。

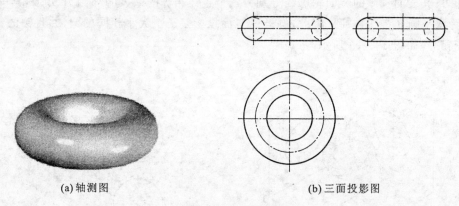

(a) 轴测图   (b) 三面投影图

图 3-10   圆环的投影

2) 圆环面上点的投影

如图 3-11 所示,已知圆环面上的点 A 的水平投影 a 和点 B 的正面投影 b',试完成两点其余的投影。

因为圆环的轴线垂直于水平面,所作垂直于轴线的一切纬圆其水平投影必然为圆环的同心圆。

环体上点 A 的作图过程:

(1) 过点 A 的水平投影 a 作圆环的同心纬圆;

(2) 求出纬圆的正面投影和侧面投影;

(3) 根据点的投影规律(长对正、宽相等),再求出点 A 的正面投影 a' 和侧面投影 a''。

圆环上点 B 的作图过程如下:

分析可知，点 B 所在的纬圆的正面投影为一水平线。其作图过程为：

（1）过点 B 的正面投影 b' 作一水平直线与圆环的正面投影的轮廓线相交；

（2）求出点 B 所在的纬圆的水平投影和侧面投影；

（3）根据点的投影规律（长对正、宽相等），再求出点 B 的水平投影 b 和侧面投影 b''。

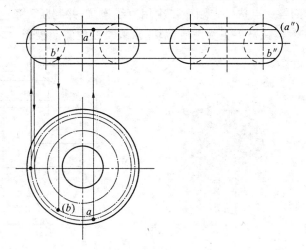

图 3-11　圆环面上点的投影

3.2　平面与立体相交

用平面截切立体，在立体表面产生的交线称为截交线。截交线围成的一个封闭的平面图形为截断面。图 3-12 所示为平面与立体表面相交的情况，其中图 3-12(a) 所示为平面与平面立体相交，图 3-12(b) 所示为平面与曲面立体相交形成的零件。

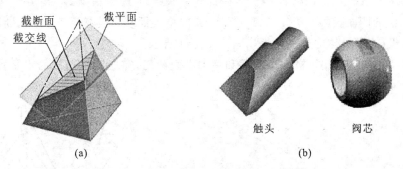

图 3-12　截交线基本概念的立体图示例

求平面与立体相交得到的切割体的投影，其关键是求截交线的投影。截交线的形状与基本体的表面性质及截平面相对基本体的位置有关，但截交线都具有以下基本性质：任何基本体的截交线都是一个封闭的平面图形，截交线上的点是截平面和立体表面的共有点。因此，求截交线投影的实质就是求出截平面与立体表面的一系列共有点，然后按一定顺序依次连接各点即可。

3.2.1　平面与平面立体相交

平面立体的截交线是截平面和平面立体表面的共有线，由于平面立体的所有表面都是平面，故截交线实质就是由直线组成的平面多边形,该多边形的边是截平面与平面立体表面的交线,多边形的顶点是截平面与平面体棱线的交点。

求截交线的方法:

(1) 求出平面立体表面各棱线与截平面的交点;

(2) 将同一平面上的各交点按一定顺序依次用直线连接,并判断每条直线的可见性。

【例 3-1】 已知正六棱柱被一正垂面所截切,求截交线的侧面投影,如图 3-13(a) 所示。

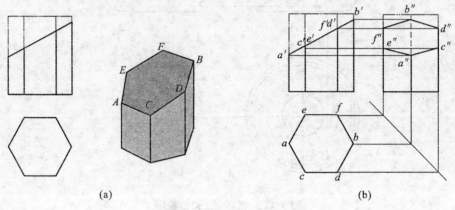

(a)   (b)

图 3-13   平面与正六棱柱截交

分析   截平面与六棱柱的 6 个侧棱面相交,截交线为六边形,其 6 个顶点是截平面与六棱柱的 6 条棱线的交点。因为截平面是正垂面,所以截交线的正面投影积聚成一条直线,其水平投影与六棱柱的水平投影的六边形重合,其侧面投影为断面的类似形。

其作图过程如下。

在六棱柱正面投影上依次标出截平面与 6 条棱线的交点 A、B、C、D、E、F 的正面投影 a'、b'、c'、d'、e'、f' 和水平投影 a、b、c、d、e、f。根据在直线上取点的方法,由 a'、b'、c'、d'、e'、f' 和 a、b、c、d、e、f,求出相应的侧面投影 a''、b''、c''、d''、e''、f''。依次将同面投影连接起来,并判断其可见性,即可得截交线的投影。其具体的作图过程如图 3-11(b) 所示。

【例 3-2】 已知正三棱锥被一正垂面和一水平面截切,完成其截切后的水平投影和侧面投影,如图 3-14(a) 所示。

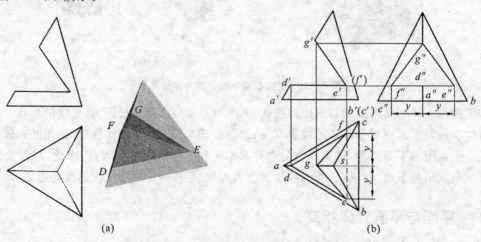

(a)   (b)

图 3-14   三棱锥被正垂面和水平面截切

分析　三棱锥被水平面截切,其正面投影和侧面投影具有积聚性,设想该截平面扩大,使其与三棱锥全部侧面完整相交,则此时截交线为一与底面平行的三角形,由于另外一个截平面的存在,使此截断面实际上不完全,应为三角形 *DEF*。正垂面截切三棱锥时与棱锥交于点 *G*、*F*、*E*,其中点 *G* 位于棱锥的棱线上,点 *E*、*F* 已求出,*EF* 的连线也是水平面和正垂面的交线。

　　其作图过程如下。

　　作出完整三棱锥的侧面投影。作水平截切面与三棱锥的截交线 *DEF*,其中直线 *DE*、*DF* 分别与棱锥的底边平行。再作出正垂面与三棱锥相交时的截交线 *GEF*,但应注意的是,直线 *EF* 为两截平面的交线,其水平投影是不可见的虚线。其具体作图过程如图 3-14(b) 所示。

3.2.2　平面与回转体相交

　　平面与回转体相交时,截交线是截平面与回转体表面的共有线。因此,求截交线的过程可归结为求出截平面和回转体表面的若干共有点,然后依次光滑地连接成平面曲线或平面多边形,并判断线的可见性。为了确切地表示截交线,必须求出其上的某些特殊点,如回转体转向轮廓线上的点,以及截交线的最高点、最低点、最左点、最右点、最前点和最后点等。

1. 平面与圆柱相交

　　根据截平面与圆柱体的相对位置不同,截交线有三种不同的情况,如表 3-1 所示。

表 3-1　平面与圆柱的交线

截平面的位置	垂直于轴线	倾斜于轴线	平行于轴线
截交线	圆	椭圆	矩形
立体图	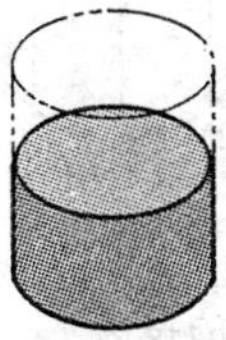	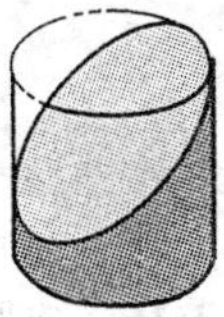	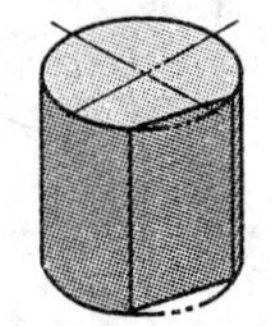
投影图	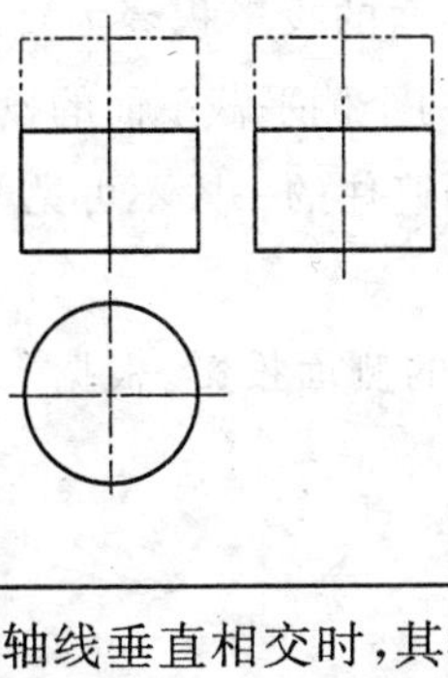	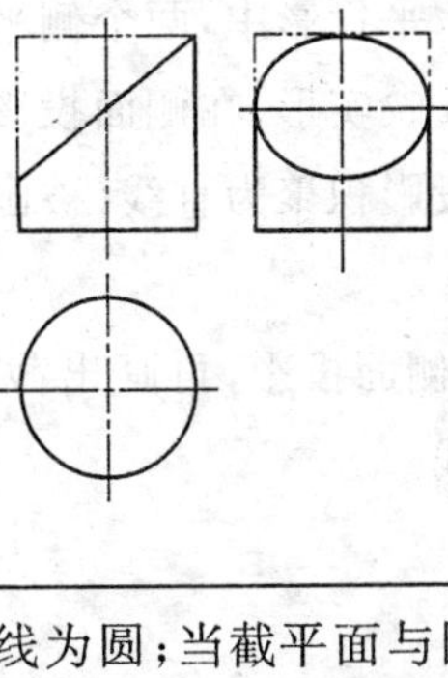	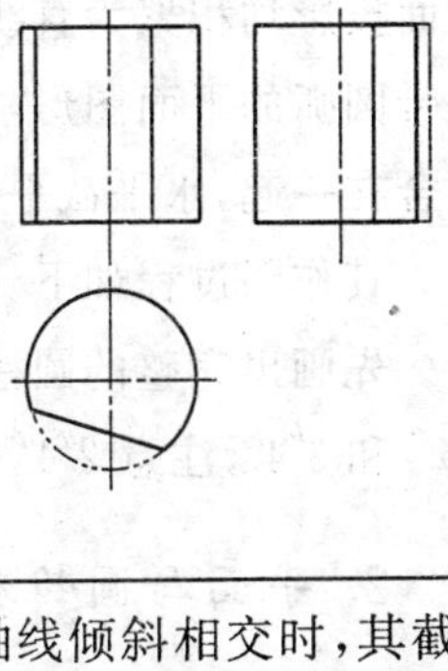

　　当截平面与圆柱轴线垂直相交时,其截交线为圆;当截平面与圆柱轴线倾斜相交时,其截交线是椭圆。若截平面为正垂面,该椭圆的正面投影积聚为一条直线;水平投影重影于圆柱面的投影上;而侧面投影,在一般情况下仍是椭圆(当 $\alpha = 45°$ 时为圆),但不反映实形。作图时,可按在圆

柱面上取点的方法,先找出椭圆长、短轴的端点(点 A、B、C、D),然后再作一些中间点(如点 E、F),并把它们光滑地连接起来即可。其作图过程如图 3-15 所示。

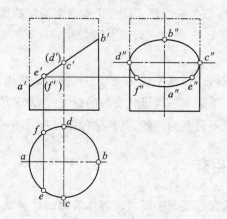

图 3-15　平面与圆柱相交

【例 3-3】　已知轴线铅垂放置的圆柱被一水平面和两个侧平面所截,求截后的圆柱的侧面投影,如图 3-16 所示。

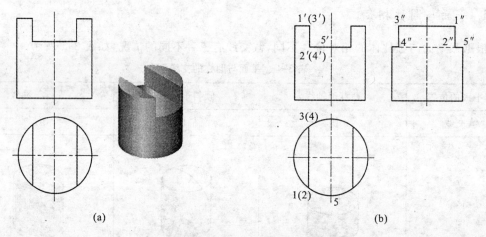

(a)　　　　　　　　　　(b)

图 3-16　求圆柱上开一方形槽的投影

分析　从已知条件可知,圆柱是由一个水平面和两个侧平面截切的。在正面投影中,三个截平面投影均积聚为直线;在水平投影中,两个侧平截平面的投影积聚为直线,水平截平面的投影为带圆弧的平面图形,并且反映实形;在侧面投影中,两个侧平截平面的投影为矩形,反映实形且重合在一起,水平截平面的投影积聚为直线(被圆柱面遮住的一段不可见,应画成虚线)。

其作图过程如下。

先画出完整的圆柱体的侧面投影,再画出截交线的侧面投影。根据 12、$1'2'$ 和 34、$3'4'$ 求出 $1''2''$ 和 $3''4''$,注意 $2''4''$ 是虚线。

2. 平面与圆锥相交

平面与圆锥相交时,根据截平面与圆锥轴线位置的不同,所得到的截交线有 5 种情形,如表 3-2 所示。

表 3-2　平面与圆锥的交线

截平面的位置	过锥顶	垂直于轴线	倾斜于轴线 $\theta > \alpha$	倾斜于轴线 $\theta = \alpha$	倾斜或平行于轴线 $\theta < \alpha$ 或 $\theta = 0$
截交线	三角形	圆	椭圆	抛物线＋直线	双曲线＋直线
立体图					
投影图					

【例 3-4】　已知圆锥被侧平面所截,求截交线的侧面投影。

分析　由于截平面为侧平面与圆锥的轴线平行,所以截交线是双曲线,其水平投影和正面投影都具有积聚性,侧面投影反映实形。截平面与圆锥底面的截交线是正垂线,它的水平投影与截平面具有积聚性的水平投影重合,它的正面投影积聚成一点。

其作图过程如下。

首先找特殊点,离锥顶最近的点 Ⅰ 为双曲线的顶点,最远的点 Ⅱ、Ⅲ 为最低点,已知空间点 Ⅰ 的正面投影 1′ 在圆锥正面投影的转向轮廓线上,可利用点的投影规律,求得其水平投影 1 和侧面投影 1″,双曲线的最低点 Ⅱ、Ⅲ 在圆锥底圆上,已知其水平投影 2、3 和正面投影 2′、3′ 就可作出侧面投影 2″、3″。在最高点和最低点之间再找一些中间点,如图 3-17(a) 所示的 Ⅳ 点和 Ⅴ 点,利用纬圆法求出此两点的三面投影,依次连接 Ⅰ、Ⅱ、Ⅲ、Ⅳ、Ⅴ 各点的同面投影即可。其具体作图过程如图 3-17(b) 所示。

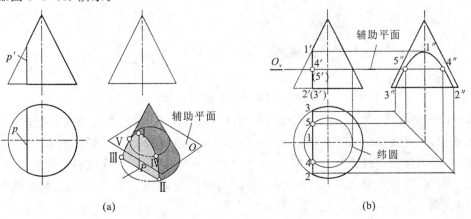

(a)　　　　　　　　　　　　(b)

图 3-17　平面与圆锥相交

3. 平面与圆球相交

平面与圆球相交时,截交线总是圆,但根据截平面与投影面的相对位置不同,截交线的投影有所不同,如表 3-3 所示。

表 3-3　平面与圆球的交线

截平面的位置	与 V 面平行	与 H 面平行	与 V 面垂直
立体图			
投影图			

【例 3-5】　如图 3-18(a) 所示,半球被一水平面和两个侧平面所截,完成被截后圆球的水平投影和侧面投影。

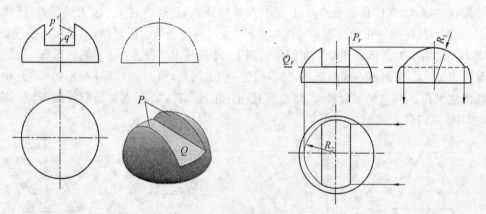

图 3-18　平面与圆球相交

分析　半圆球被水平面截切,所得的截交线为水平圆,该圆的正面投影和侧面投影都积聚成一条直线,该直线的长度等于所截水平圆的直径,其水平投影反映该圆实形。半球被两侧平面截切,所得的两截交线为重合的侧平圆,该圆的正面投影和水平面投影都积聚成一条直线,该直线的长度等于所截水平圆的直径,其侧面投影反映该圆实形。其具体作图过程如图 3-18(b) 所示。

3.3　两回转体表面相交

两立体相交即相贯,其表面交线称为相贯线。两立体相贯一般有 3 种形式:平面立体与平面立体相贯、平面立体与回转体相贯、回转体与回转体相贯。在工程上,常见的是回转体与回转体表面的相贯线。另外,在回转体上穿孔而形成的孔口交线、孔与孔的孔壁交线,实际上也可看做相贯线,如图 3-19 所示。本节主要讨论回转体与回转体相交时的相贯线。

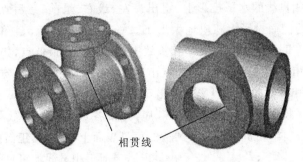

图 3-19　相贯线的立体图示例

3.3.1　相贯线的几何性质

两回转体的相贯线有以下性质。

(1) 表面性:相贯线一定位于两相交回转体的表面(内表面、外表面)上。

(2) 封闭性:相贯线一般是封闭的空间(或平面)曲线,特殊情况下可能是不封闭的。

(3) 共有性:相贯线是两相交立体表面的共有点的集合。求相贯线的实质是要求两立体表面一系列的共有点,判别其可见性后依次光滑连接。

在求相贯线上的点,与求曲面立体的截交线一样,在可能的情况下,先作出相贯线上的一些特殊点,即能够确定相贯线的投影范围和走向的点,如回转体的转向轮廓线上的点,相贯线在其对称平面上的点,以及最高、最低、最左、最右、最前、最后的点等,然后按需要再作一些一般点,从而较准确地作出相贯线的投影,并判断其可见性。

3.3.2　相贯线的求法

求相贯线常采用的方法:表面取点法和辅助平面法。

1. 表面取点法

两回转体相交,如果其中有一个是轴线垂直于投影面的圆柱,则相贯线在该投影面上的投影,就重合于圆柱面的有积聚性的投影上。于是求圆柱和另一回转体的相贯线投影的问题,可以看做是已知另一回转体表面上的线的一个投影求其他投影的问题,也就可以在相贯线上取一些点,按已知曲面立体表面上的点的一个投影,求其他投影的方法,即表面取点法,作出相贯线的投影。

【例 3-6】　如图 3-20 所示,求作两正交(正交是指两轴线垂直相交)圆柱的相贯线的投影。

分析　如图 3-20(a)所示,两圆柱的轴线垂直相交,有共同的前后对称面和左右对称面,小圆柱全部穿进大圆柱。因此,相贯线是一条封闭的空间曲线,并且前后对称和左右对称。

由于小圆柱面的水平投影积聚为圆,相贯线的水平投影便重合于其上;同理,大圆柱面的侧面投影积聚为圆,相贯线的侧面投影也就重合于小圆柱穿进处的一段圆弧上,并且其左半和右半相贯线的侧面投影相互重合。于是问题就可归结为已知相贯线的水平投影和侧面投影,求作它的正面投影。因此,可采用在圆柱面上取点的方法,作出相贯线上的一些特殊点和一般点的投影,再顺序光滑连接成相贯线的投影。

其作图的方法步骤如下。

(1) 作特殊点。在相贯线的水平投影上,定出最左、最右、最前、最后点 Ⅰ、Ⅱ、Ⅲ、Ⅳ 的投影 1、2、3、4,再在相贯线的侧面投影上相应地做出 1″、2″、3″、4″。由 1、2、3、4 和 1″、2″、3″、4″ 作出 1′、2′、3′、4′。可以看出:Ⅰ、Ⅱ 和 Ⅲ、Ⅳ 分别是相贯线上的最高点和最低点,如图 3-20(b) 所示。

(2) 作一般点。在相贯线的侧面投影上,定出左右、前后对称的四个点 Ⅴ、Ⅵ、Ⅶ、Ⅷ 的投影 5″、6″、7″、8″,由此可在相贯线的水平投影上作出 5、6、7、8。由 5、6、7、8 和 5″、6″、7″、8″ 即可作出 5′、6′、7′、8′。按相贯线水平投影所显示的各点的顺序,连接各点的正面投影,即得相贯线的正面投影。对于正面投影而言,前半相贯线在两个圆柱的可见表面上,所以其正面投影 1′、5′、3′、6′、2′ 为可见,而后半相贯线的投影 1′、7′、4′、8′、2′ 为不可见,与前半相贯线的可见投影相重合。其具体作图过程如图 3-20(c) 和(d) 所示。

在求两正交圆柱的相贯线时,如果其直径相差较大且对相贯线的精度要求不高,则可以用一种近似画法。作图方法:

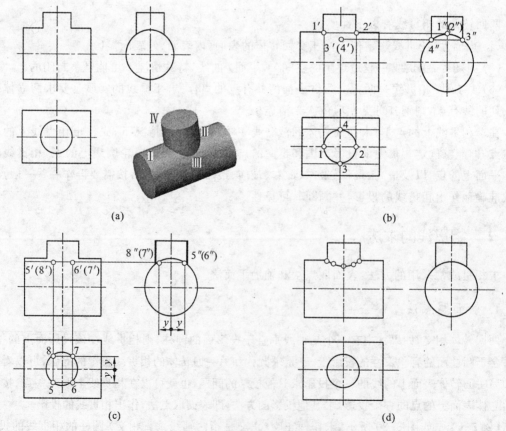

图 3-20　求正交两圆柱的相贯线

以 a' 为圆心、以相贯两圆柱中较大圆柱的半径 R 为半径作圆弧与小圆柱的轴线的正面投影相交于 o',如图 3-21(a) 所示;以 o' 为圆心、以 R 为半径作一段圆弧代替相贯线,如图 3-21(b) 所示。

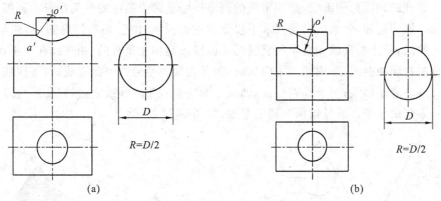

(a)　　　　　　　　　　　　　　　　(b)

图 3-21　相贯线的近似画法

轴线垂直相交的圆柱是物体上较常见的,它们的相贯线有 3 种基本形式,如图 3-22 所示。

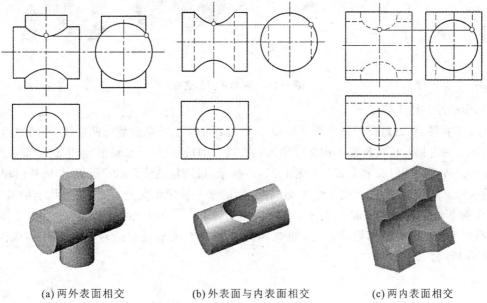

(a) 两外表面相交　　　　(b) 外表面与内表面相交　　　　(c) 两内表面相交

图 3-22　两圆柱相交的三种形式

从图 3-22 中可以看出,虽然它们的形式不同,但相贯线的形状和求法是完全一样的。

2. 辅助平面法

求作两曲面立体的相贯线时,假想用辅助平面截切两相贯体,则得到两组截交线,其交点是两个相贯体表面和辅助平面的共有点(三面共点),即为相贯线上的点。如图 3-23 所示,当假想用辅助平面 P 截圆柱和圆锥时,得到了截交线 1 与截交线 2,它们的交点 A、B 就是所要求的相贯线上的点。辅助平面法就是用辅助平面来求相贯线的方法。值得注意的是:为了方便地求出相贯线上的点,辅助平面应选择一些特殊面,也就是说,辅助平面截两相交的回转体时,截交线是容易求出的线。如图 3-23 所示,平面截圆柱产生的截交线 1 为两条素线,平面截圆锥产生的截交线 2 为垂直于轴

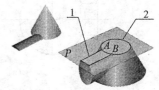

图 3-23　辅助平面法作图原理

线的圆。

【例 3-7】 求两轴线垂直相交的圆柱和圆锥的相贯线,如图 3-24 所示。

分析 圆柱的轴线为侧垂线,故相贯线的侧面投影重影于圆柱的侧面投影的圆周上,此时相贯线的侧面投影为已知,要求的只是其水平投影和正面投影。由已知条件可知,圆柱与圆锥相交时前后是对称的,前半相贯线和后半相贯线的正面投影是相互重合的,相贯线在水平面上的投影是前后对称的封闭的曲线。采用辅助平面法时,为了能较方便地作出截交线,对于圆柱而言,辅助平面应平行或垂直于轴线;对于圆锥而言,辅助平面应垂直于轴线或通过锥顶。综合以上情况,我们可选择一系列的水平面或过锥顶的辅助平面,如图 3-24 所示。

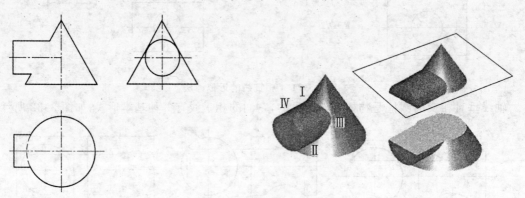

图 3-24　辅助平面的选择

其作图的方法步骤如下。

(1)求特殊点。通过圆锥顶作正平面 Q,与圆柱面相交于最高和最低两素线,与圆锥面相交于最左素线,在它们的正面投影的相交处作出相贯线上的最高点 Ⅰ 和最低点 Ⅱ 的正面投影 $1'$ 和 $2'$。由 $1'$、$2'$ 分别作出 1、2 和 $1''$、$2''$,如图 3-25(a)所示。过圆柱轴线作水平面 P,与圆柱面相交于最前、最后两素线,与圆锥面相交于水平面,在它们的水平投影相交处,作出相贯线上的最前点 Ⅲ 和最后点 Ⅳ 的水平投影 3 和 4。由 3、4 分别作出 $3'$、$4'$($3'$、$4'$ 相互重合)和 $3''$、$4''$。由于 3 和 4 就是圆柱面水平投影转向轮廓线的端点,也就确定了圆柱面水平投影的转向轮廓线的范围,如图 3-25(b)所示。

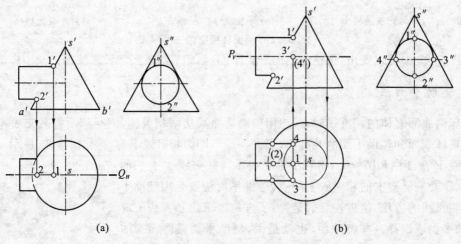

(a)　　　　　　　　　(b)

图 3-25　求特殊点 Ⅰ、Ⅱ、Ⅲ、Ⅳ

（2）求一般点。在点 Ⅰ 与点 Ⅲ、Ⅳ 之间的适当位置作一辅助水平面 P_1，它与圆锥面交于一水平圆，与圆柱面交于两条素线，两者交于 Ⅴ、Ⅵ 两点，可由其侧面投影 $5''$、$6''$ 求出水平投影 5、6，最后确定正面投影 $5'$、$6'$。同样的方法可求出点 Ⅶ、Ⅷ 的三面投影。将所求的各点的同面投影用光滑的曲线连接起来，并判断其可见性。其具体的作图方法如图 3-26 所示。

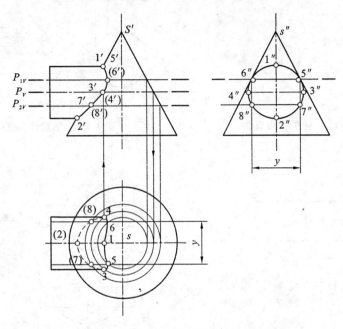

图 3-26　求一般点 Ⅴ、Ⅵ、Ⅶ、Ⅷ 并连线

3.3.3　相贯线的特殊情况

在一般情况下，两回转体的相贯线是空间曲线，但在一些特殊情况下，也可能是平面曲线或直线。以下是相贯线的几种特殊情况：

（1）两个同轴回转体的相贯线，是垂直于轴线的圆，如图 3-27 所示；

（2）两个轴线相互平行的圆柱面相交，相贯线是两条平行于轴线的直线，如图 3-28 所示；

（3）两共锥顶的锥面相交，相贯线是过锥顶的一对相交直线，如图 3-29 所示；

（4）具有公共内切球的两回转体相交，相贯线为两相交椭圆，如图 3-30 所示。

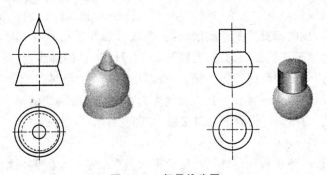

图 3-27　相贯线为圆

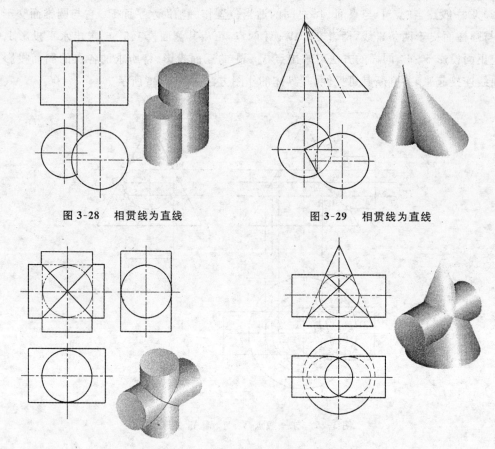

图 3-28 相贯线为直线   图 3-29 相贯线为直线

图 3-30 相贯线为两相交的椭圆

3.3.4 组合相贯线

三个或三个以上的立体相交时形成的交线称为组合相贯线。工程上时常会遇到具有组合相贯线的零件。组合相贯线的每段相贯线分别是两个立体表面的交线,而两段相贯线的交点一定是三个立体表面的共有的点。求组合相贯线,实际上也就是分别求出立体两两相交时的交线。

【例 3-8】 如图 3-31(a) 所示,完成组合相贯线的正面投影及侧面投影。

分析 由图 3-31(a) 可知,组合相贯体前后对称,圆柱 A 和半球 B 是同轴的回转体,它们外表面相交形成的相贯线是垂直于它们轴线的半个圆;圆柱 A 和圆柱 C 的轴线垂直相交且直径不等,它们外表面相交形成的相贯线是空间的曲线;半球 B 和圆柱孔 D 是同轴的回转体,它们相交形成的孔口交线为垂直于它们轴线的圆;圆柱孔 D 和圆柱孔 E 的轴线垂直相交且它们的直径相等,它们是具有公共内切球的两回转体,它们内表面相交形成的相贯线为两个椭圆;圆柱孔 E 和半球 B 是同轴的回转体相交,所得到的孔口交线为垂直于它们的轴线的半个圆;圆柱孔 E 和圆柱 C 的轴线垂直相交,它们相交所得到的孔口交线为空间曲线。

其作图过程如下。

由上面的分析可知,圆柱 A 和半球 B 相交所得的相贯线是一个同侧投影面平行的半圆,它的侧面投影与圆柱 A 的侧面投影重合,其正面投影是一条过 a' 点的铅垂线,线的长度同圆柱 A 的半径相等,如图 3-31(c) 所示;圆柱 A 和圆柱 C 相交所得的相贯线是一段空间曲线,此曲线前后对称,它的侧面投影与圆柱 A 的侧面投影重合,其水平面上的投影与圆柱 C 的水平投影重合,其正面投影是一条曲线,它的作图过程如图 3-31(c) 所示;半球 B 和圆柱孔 D 所形成的孔口交线是一个水平圆,它的水平投影与圆柱孔 D 的水平投影重合,它的正面投影和侧面投影都是一条直线,如图 3-31(c) 所示;圆柱孔 D 和圆柱孔 E 相交得到的交线是两个椭圆,它们与正立投影面垂直,在正立投影面上的投影为两条相交的细虚线,如图 3-31(c) 所示,它们在水平面上的投影与圆柱孔 D 的水平投影重合,在侧立投影面上的投影与圆柱孔 E 的侧面投影重合;圆柱孔 E 同半球 B 和圆柱 C 的孔口交线的求法与圆柱 A 同半球 B 和圆柱 C 相交时交线的求法是相同的,此处就不再叙述了,其作图过程如图 3-31(c) 所示。

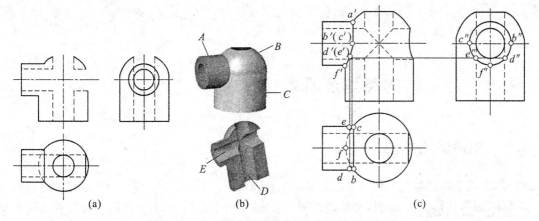

图 3-31 完成组合相贯线的正面投影和侧面投影

第 4 章　组合体的视图及尺寸标注

■ 4.1　组合体的类型及基本特性

4.1.1　组合体的类型

由两个以上的基本几何体组成的较复杂的物体称为组合体。在实践中,机器的零部件更接近于组合体,而任何组合体总可以分解成若干个基本几何形体,因此,只要掌握分解组合体的方法,组合体投影图也就迎刃而解了。

$$简单立体 \xrightarrow[\text{挖切}]{\text{叠加}} 组合体$$

组合体可分为叠加型、切割型和综合型三类。

1. 叠加型

由几个简单形体叠加而形成的组合体称为叠加型组合体。图 4-1 所示的组合体可以看成是叠加而成的组合体。

图 4-1　叠加型组合体

2. 切割型

一个基本体被切去某些部分后形成的组合体称为切割型组合体。图 4-2 所示的组合体即为由平面立体切割、回转体切割所产生的切割型组合体。

3. 综合型

既有"叠加",又有"切割"而形成的组合体称为综合型组合体,它是组合体最常见的组合形式,如图 4-3 所示的立体。

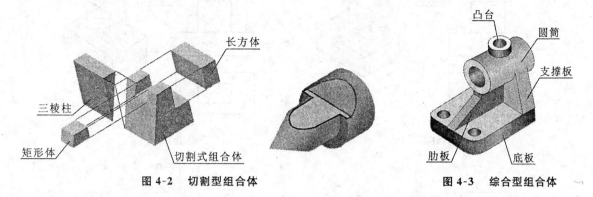

图 4-2 切割型组合体

图 4-3 综合型组合体

4.1.2 组合体相邻表面的连接方式及投影特性

1. 组合体相邻表面的连接方式

由基本几何形体组成的组合体,常见有下列 3 种相邻表面之间的连接方式,如图 4-4 所示。

(1) 表面平齐或不平齐。

(2) 表面相切。

(3) 表面相交。

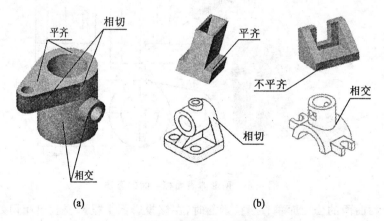

(a)　　　　　　　　　(b)

图 4-4 组合体相邻表面之间的连接方式

2. 组合体相邻表面不同连接方式的画法

1) 两相邻表面不平齐和平齐的画法

两基本体连接时,同方向的两个表面会出现不平齐或平齐两种连接方式,如图 4-5 所示。

不平齐视图的特点:两基本体投影中间有线隔开。

平齐视图的特点:两基本体投影中间没有线隔开。

2) 两形体相邻表面相切时的画法

当两基本体的相邻表面相切时,如图 4-6 所示,在相切处两表面是光滑过渡的,故该处不应该画出分界线的投影。

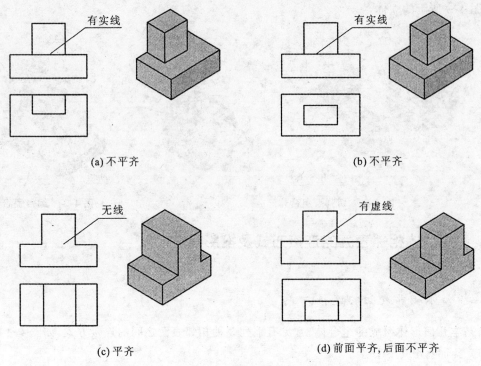

(a) 不平齐   (b) 不平齐

(c) 平齐   (d) 前面平齐, 后面不平齐

图 4-5 两平面形体表面平齐和不平齐的画法

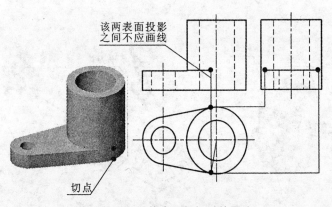

图 4-6 两形体表面相切时的画法

画图时,当两曲面的公切面垂直于投影面时,在该投影面上投影要画出相切处的转向投影轮廓线,否则不应画出公切面的投影,如图 4-7 所示。

3) 两形体相交时的画法

如果两基本体的表面彼此相交,表面交线是它们的表面分界线,如图 4-8 所示,则图上必须画出它们交线的投影。

4) 两形体相切与相交的比较和画图步骤

如图 4-9 所示,连接两个圆筒的连接板与小圆筒相切,与大圆筒相交。相切时不画分界线,相交时要画相交线,一定要弄清组合体相邻表面的连接方式,才能不多线、不漏线。

其作图步骤如下:

(1) 分析是"相切"还是"相交";

(2) 找出切点、交点;

（3）画出交线及所有轮廓线的投影。

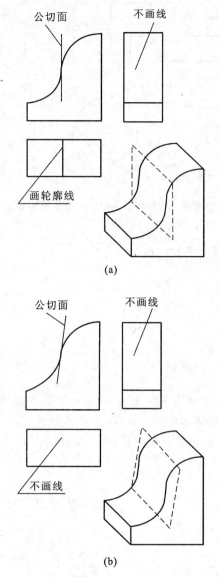

(a)

(b)

图 4-7　当两曲面的公切面垂直于投影面时的画法

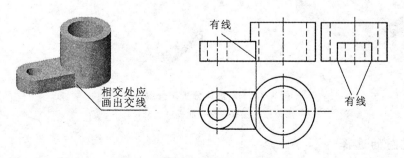

图 4-8　两形体表面相交时的画法

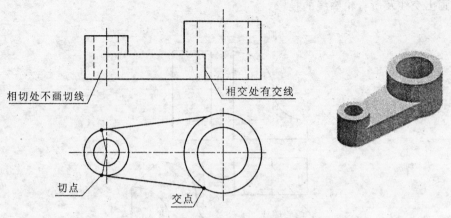

相切处不画切线   相交处有交线

切点

交点

图 4-9   两形体表面相切与相交时的比较

4.2   组合体三视图的画法

4.2.1   叠加型组合体

1. 形体分析法 —— 化繁为简

假想将一个复杂的组合体分解为若干个基本体,先弄清各部分的形状、相对位置、组合方式及表面连接关系,再综合考虑整体形状的方法,称为形体分析法。

如图 4-10 所示的轴承座,可以将其分解为 5 个基本体:底板 1;支承板 2;肋板 3;套筒 4;凸台 5。

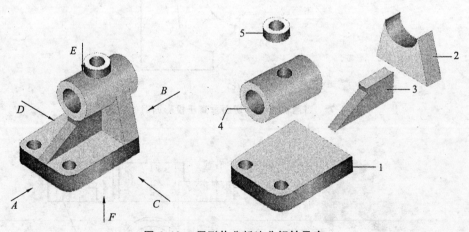

图 4-10   用形体分析法分解轴承座
1— 底板;2— 支撑板;3— 肋板;4— 套筒;5— 凸台

2. 主视图的选择

主视图是三视图中最重要的视图,主视图的选择恰当与否,直接影响组合体视图表达的清晰性。所谓选择主视图,也就是怎样放置所表达的物体和用怎样的投影方向来作为主视图的投影方向的问题。

选择主视图的原则如下。

(1) 自然放置:组合体应按自然位置放置,即保持组合体自然稳定的位置。

(2) 反映特征:主视图应较多地反映出组合体的结构形状特征,即把反映组合体的各基本立体和它们之间相对位置关系最多的方向作为主视图的投影方向。

(3) 可见性好:在主视图中应尽量较少产生虚线,即在选择组合体的安放位置和投影方向时,要同时考虑各视图中,不可见的部分应尽量少,以减少各视图中的虚线。

图 4-11 所示的是轴承座 6 个不同方向投影的对比,A 作为主视图的方向最好,它最能反映轴承座 5 大部分的相对位置及形状。

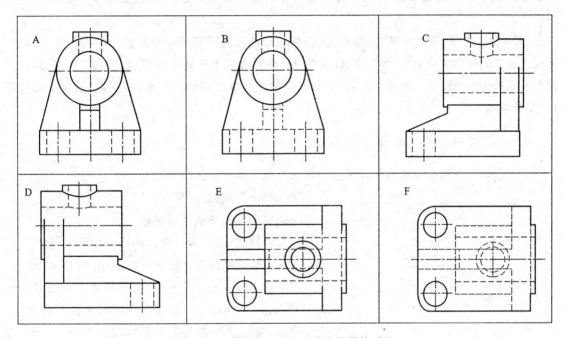

图 4-11　轴承座 6 个不同方向投影的对比

3. 画叠加型组合体三视图的方法和步骤

正确的画图方法和步骤是保证绘图质量和提高绘图效率的关键。因此,画组合体三视图时要注意以下几个方面的问题。

(1) 在画组合体三视图时,应分清组合体上各基本体形状的主次,先画其主要部分,后画其次要部分。

(2) 要严格按照投影关系,将三个视图配合起来,逐个画出各基本体的三视图,切忌画完一个视图,再画另一个视图。

(3) 在画每一个基本形体时,要先画反映该基本形体形状特性的视图,后画其他视图。

主视图确定之后,其他视图也就随之确定,具体作图步骤如下。

(1) 选比例、定图幅。画图时,应遵照国标,尽量选用 1∶1 的比例,这样可以从图上直接看出物体的真实大小。选定比例后,由物体的长、宽、高尺寸,计算三个视图所占的面积,并在视图之间留出标注尺寸的位置和适当的间距。根据计算的结果,选用恰当的标准图幅。

（2）布图（布置图面）。布图是指确定各视图在图纸上的位置。布图前先把图纸的边框和标题的边框画出来。各视图的位置要匀称，并注意两视图之间要留出适当的距离，用于标注尺寸。大致确定各视图的位置后，画出作图基准线（基准线一般为对称中心线、轴线及确定主要表面的基准线）。基准线也是画图时测量尺寸的基准，每个视图应画出与相应坐标轴对应的两个方向的基准线。

（3）画底稿。根据以上形体分析的结果，逐步画出它们的三视图。画图时，要先用细实线轻而清晰地画出各视图的底稿，画底稿的顺序为：① 先画主要形体，后画次要形体；② 先画外形轮廓，后画内部细节；③ 先画可见部分，后画不可见部分。对称中心线和轴线可用细点画线直接画出，不可见部分的虚线也可直接画出。

（4）标注尺寸。画完底稿后，可标注出组合体的定形尺寸和定位尺寸。后面会详述标注尺寸的方法。

（5）检查、描深、完成全图。底稿画完后，按照形体及画图顺序和投影规律等进行逐个检查，不仅组合体的整体要符合"三等"规律，组成组合体的各基本形体也应符合"三等"规律。纠正错误和补充遗漏（不能多线、漏线）。检查无误后，再按照标准线型的要求加深、描粗，最后填写标题栏，完成全图。

4. 叠加型组合体三视图画法举例

下面以画轴承座三视图为例详细说明叠加型组合体的三视图画法。

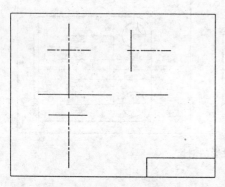

（1）选择比例，确定图幅。

（2）固定图纸画图框及标题栏。

（3）布置视图位置，定基准，如图 4-12 所示。

（4）逐个画出各基本体的三视图，如图 4-13 所示。

（5）整理、加深。底稿画完后，按照形体及画图顺序和投影规律等逐个进行检查，不仅组合体的整体要符合"三等"规律，组成组合体的各基本形体也应符合"三等"规律。纠正错误和补充遗漏（不能多线、漏线）。检查无误后，再按照标准线型要求加深、描粗，最后填写标题栏，完成全图。

图 4-12　布置视图位置，定基准

4.2.2　切割型组合体

1. 线面分析法

把组合体分解为若干线、面，并确定它们之间的相对位置、平面的形状及它们与投影面的相对位置的方法称为线面分析法。

对于切割型组合体，画图时所采用的方法是先找出形状最接近的基本体或简单体，然后再逐块切割，利用线面分析法去解决难点。

图 4-14 所示的组合体可以看做是由长方体经过四次切割而成。图中平面 P 是画图的难点，通过分析可知，平面 P 是一个正垂面，其投影特性为：在正投影面上的投影为一条直线，在水平投

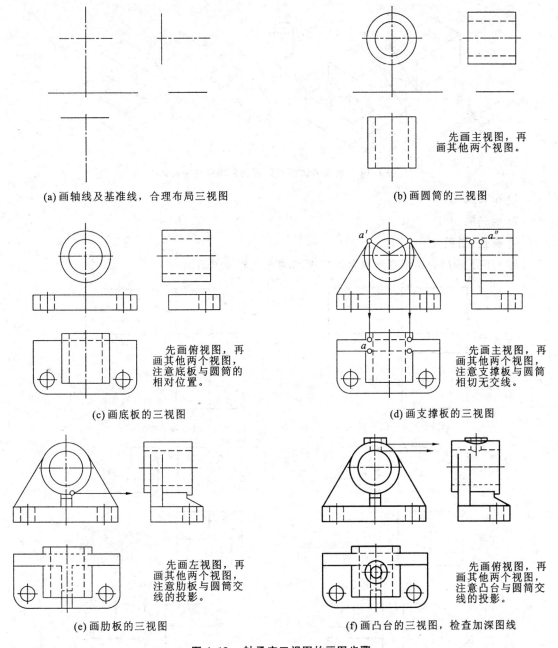

(a) 画轴线及基准线，合理布局三视图

(b) 画圆筒的三视图

先画主视图，再画其他两个视图。

(c) 画底板的三视图

先画俯视图，再画其他两个视图，注意底板与圆筒的相对位置。

(d) 画支撑板的三视图

先画主视图，再画其他两个视图，注意支撑板与圆筒相切无交线。

(e) 画肋板的三视图

先画左视图，再画其他两个视图，注意肋板与圆筒交线的投影。

(f) 画凸台的三视图，检查加深图线

先画俯视图，再画其他两个视图，注意凸台与圆筒交线的投影。

图 4-13　轴承座三视图的画图步骤

影面和侧投影面上的投影具有类似性，为多边形。

2. 选择主视图

选择图 4-14 所示的大面朝下放置此组合体，选择 A 向为主视图的投影方向，因为 A 向投射的主视图最能反映该组合体的形状特征。

3. 画切割型组合体三视图的方法和步骤

（1）分析想象出切割前的基本体形状。

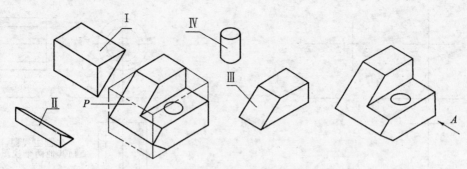

图 4-14   由长方体经过四次切割而成的组合体

（2）布置视图。

（3）画底稿。

（4）检查，描粗。

图 4-15 所示即为画切割型组合体三视图的方法和步骤示例。

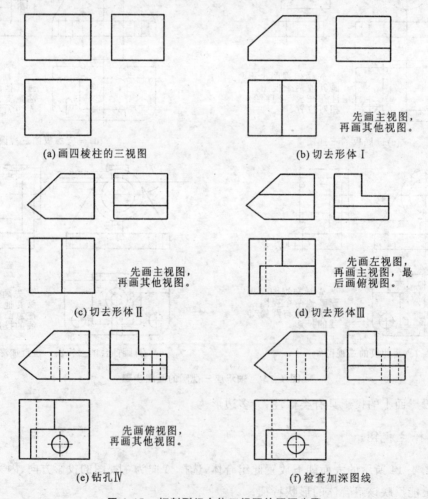

(a) 画四棱柱的三视图

(b) 切去形体Ⅰ

先画主视图，
再画其他视图。

(c) 切去形体Ⅱ

先画主视图，
再画其他视图。

(d) 切去形体Ⅲ

先画左视图，
再画主视图，最
后画俯视图。

(e) 钻孔Ⅳ

先画俯视图，
再画其他视图。

(f) 检查加深图线

图 4-15   切割型组合体三视图的画图步骤

4.3 读组合体视图

根据视图想象出组合体空间形状的全过程称为读图。绘图是由"物"到"图",而读图是由"图"到"物",如图 4-16 所示。这两方面的训练都是为了培养和提高制图时的空间想象能力和构思能力,并且它们是相辅相成、不可分割的。

(a) 空间物体   (b) 三视图

图 4-16 读图与画图的关系

4.3.1 读图的基本要领

1. 将三视图联系起来分析立体的形状

读图时,应根据投影规律,从正面投影入手,将各投影联系起来看,不能孤立地只看一面或两面投影。

如图 4-17 所示,4 个组合体都是由矩形块切割而成的。图 4-17(a) 和 (b) 所示物体的主、左两面视图相同,图 4-17(c) 和 (d) 所示物体的主、左两面视图也相同,故必须把三个视图联系起来看,才能确定物体的空间形状。

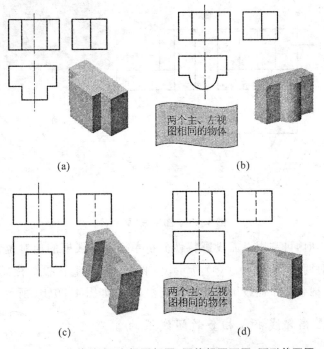

(a)   两个主、左视图相同的物体   (b)

(c)   两个主、左视图相同的物体   (d)

图 4-17 物体的主、左视图相同,因俯视图不同,而形状不同

2. 明确视图中每条线、每个线框所代表的含义

(1) 图中线条可能代表以下 3 种含义,如图 4-18 所示:① 代表两表面的交线的投影;② 积聚成线的面的投影;③ 转向轮廓线的投影。

(2) 图中线框的含义:一般情况下,一个线框表示一个平面或曲面的投影,但也有可能是形

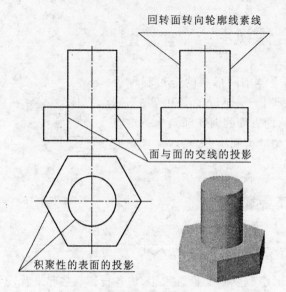

图 4-18　图中线条的含义

体上的一个空洞或凸台的投影,如图 4-19 所示。

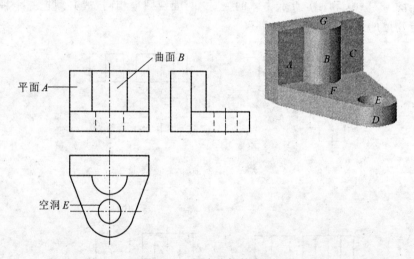

图 4-19　图中线框的含义

线框表示一个面时,可利用平面投影特性分析单个封闭线框的相对位置。① 投影面的平行面投影特征为一框对两线,如图 4-20(a) 所示;② 投影面的垂直面投影特征为一线对两框,如图 4-20(b) 所示;③ 一般位置平面投影特征为三框相对应,如图 4-20(b) 所示。

3. 明确视图上相邻线框或相套封闭线框的含义

(1) 两个相邻线框有以下两种含义:

① 表示同一方向两个不平齐面的投影;② 表示两个相交平面的投影。只有分析其余投影,才能判断它们之间的相对位置关系,如图 4-21 所示。

在主视图上,相邻两个线框表示不平齐的两个平面时,相对位置有前后之分,如图 4-22(a) 所示。在俯视图上,相邻两个线框表示不平齐的两个平面时,相邻两平面的相对位置有上下之分,

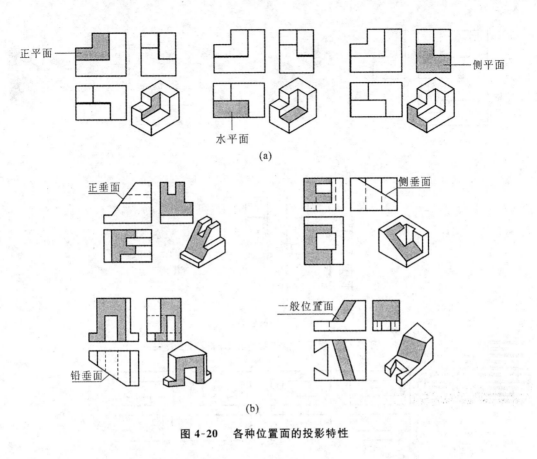

图 4-20　各种位置面的投影特性

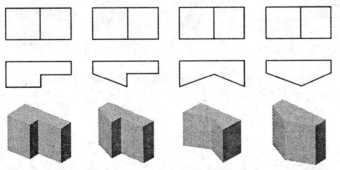

图 4-21　相邻两个线框,表示两个不平齐或相交的平面的投影

如图 4-22(b)所示。在左视图上,相邻两个线框表示不平齐的两个平面时,相邻两平面的相对位置有左右之分,如图 4-22(c)所示。

(2) 视图上相套两封闭线框里面的小线框是凹孔或凸台,如图 4-23 所示。

4. 利用轮廓线的可见性来判断形体间的相对位置

图 4-24 所示即为利用轮廓线的可见性来判定形体间的相对位置的 n 种情况的示例。

5. 注意反映形体之间连接关系的图线

根据视图上反映形体之间连接关系的图线,可以判断形体之间的表面连接关系,如图 4-25 所示。

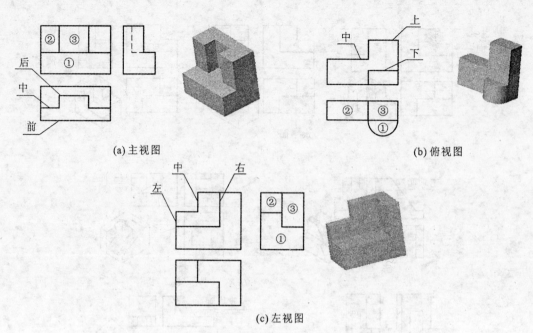

(a) 主视图　　　　　　　　　　　　　(b) 俯视图

(c) 左视图

图 4-22　视图中相邻两个线框的相对位置关系

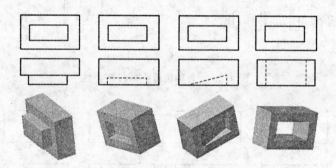

图4-23　视图上相套两封闭线框里面的小线框是凹孔或凸台

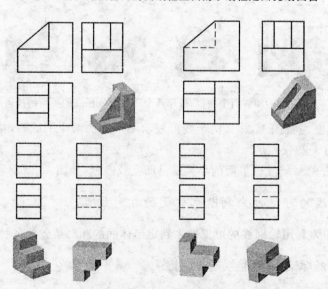

图 4-24　利用轮廓线的可见性来判断形体间的相对位置

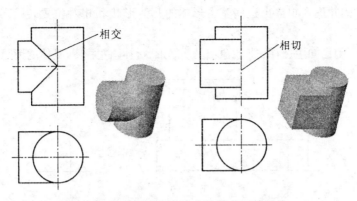

图 4-25　注意反映形体之间连接关系的图线

6. 从反映形状和位置特征最明显的视图入手看图

1）形状特征视图

最能反映物体形状特征的那个视图称为形状特征视图。看图时要善于抓住形状特征视图，从形状特征视图入手看图，如图 4-26 所示。

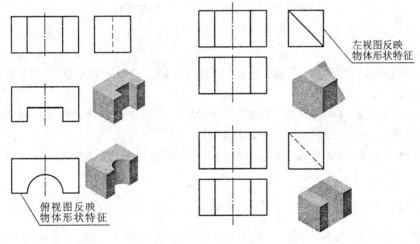

图 4-26　形状特征视图

2）位置特征视图

最能反映物体位置特征的那个视图称为位置特征视图。看图时要善于抓住位置特征视图，从位置特征视图入手看图，如图 4-27 所示。

4.3.2　读组合体视图的基本方法

1. 形体分析法读组合体的方法和步骤

形体分析法是读图的最基本方法，形体分析的出发点是"体"，形体在视图中一般以封闭线框的形式出现，因此一般从最能反映形体特征的主视图入手，按照三视图的投影规律，分线框将组合体分解

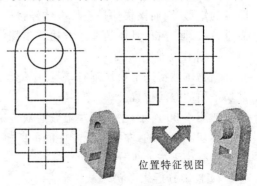

图 4-27　位置特征视图

成若干个基本形体并逐个想象出这些基本形体的几何形状和相对位置,从而综合想象出组合体完整的形状。

如图 4-28 所示,已知主、俯视图,想象出其空间形状,补画左视图。具体的读图方法和步骤如下。

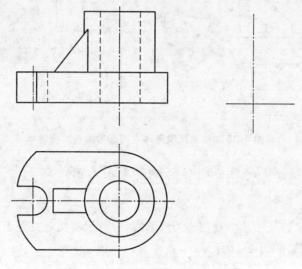

图 4-28　已知主、俯视图,补画左视图

(1) 分线框。将主、俯视图对应起来分析,可将主视图划分成三个主要的封闭线框 1′、2′ 和 3′,如图 4-29(a) 所示。

(2) 对投影。根据投影关系(借助三角板、分规等制图工具),可以在俯视图上找出对应的线框 1、2 和 3,如图 4-29(a) 所示。

(3) 想形体。根据各线框的投影想出形状,想形状时要抓住最能反映形体特征的视图识别形体,三个线框的形状如图 4-29(b)、(c) 和 (d) 所示。

(4) 综合想象整体形状。考虑各形体之间的相对位置及组合方式,想象出组合体的整体结构形状,如图 4-29(e) 所示。

2. 线面分析法读组合体的方法和步骤

体都是由面围成的,线面分析法就是运用投影规律,分清物体上线、面的空间位置,再通过对这些线、面的投影分析想象出其形状,进而综合想象出物体的整体形状,此种方法常用于切割体的看图。

如图 4-30 所示,首先对物体进行形体分析:由于主、俯视图为缺了角的矩形,左视图为带有凹槽的矩形,因而该物体是由长方体经过切割和挖槽而形成的。但具体的切割与挖槽的位置,则需进行线、面分析。具体的读图方法和步骤如下。

1) 抓住特征分析面

当物体被特殊平面切割时,视图上能够较明显地反映出切口的位置特征,以此为依据,分析被切平面的空间位置。

如图 4-30 所示,主视图左上方的缺角是用正垂面切割出来的,俯视图左端的前、后缺角是用铅垂面切割出来的,左视图上方中间的凹槽是通过侧平面和水平面切割出来的,三个视图右上方的斜线有待于进一步分析。

2) 投影分析想形状

对于特殊位置平面,可以从投影具有积聚性的视图入手,利用三等关系,在其他视图中找出

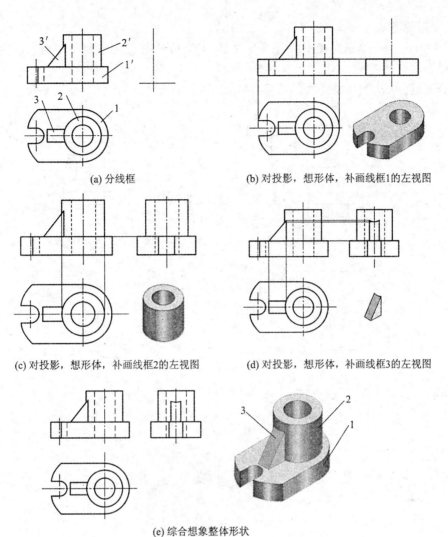

(a) 分线框

(b) 对投影,想形体,补画线框1的左视图

(c) 对投影,想形体,补画线框2的左视图

(d) 对投影,想形体,补画线框3的左视图

(e) 综合想象整体形状

图 4-29　采用形体分析法读组合体的方法和步骤

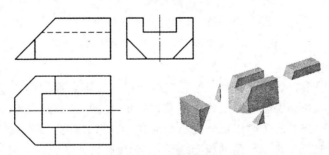

图 4-30　切割体的三视图

对应的投影,想象出被切平面的几何形状。而对一般位置平面,可进行点、线的投影分析。

如图 4-31(a) 所示,从主视图的斜线 s'(正垂面的积聚性投影)入手,在俯视图及左视图中分别找出对应的多边形投影,可知,平面 S 是垂直于正面而倾斜于水平面和侧面的多边形。

如图 4-31(b) 所示,从俯视图的斜线 t(铅垂面的积聚性投影)入手,在主视图及左视图中分别找出对应的多边形投影,可知,平面 T 是垂直于水平面而倾斜于正面和侧面的三边形。

如图 4-31(c) 所示,从左视图的直线 u'' 入手,其对应的 U 面的正面投影为一条直线,水平投影为反映实形的矩形。

如图 4-31(d) 所示,从左视图的直线 v'' 入手,其对应的 V 面的正面投影为反映实形的四边形,水平投影为一条直线。

由以上分析可知,S 面是正垂面,T 面是铅垂面,U 面是水平面,V 面是正平面。

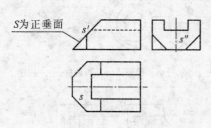

(a) 正垂面 S 在三视图中的表示

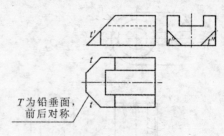

(b) 铅垂面 T 在三视图中的表示

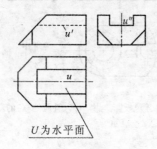

(c) 水平面 U 在三视图中的表示

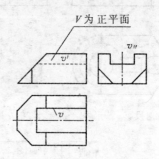

(d) 正平面 V 在三视图中的表示

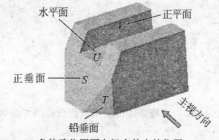

(e) 各特殊位置面在组合体中的位置

图 4-31　线面分析法读组合体的方法和步骤

3) 综合起来想整体

分析完各面的空间位置及几何形状之后,还应通过三视图对面与面之间的相对位置及其他细节作进一步的分析,进而综合想象出物体的完整形状,如图 4-31(e) 所示。

通过以上的分析可知,看图时以形体分析法为主,分析物体的大致形状与结构,以线面分析法为辅,用其来分析视图中难以看懂的线与线框,二者应有机地结合在一起使用。

4.3.3　综合应用

1. 叠加型组合体

叠加型组合体的分析方法和步骤如下。

(1) 先根据两视图,想象其空间形状。

（2）画组合体三视图时，先画主要形体，后画次要形体，最后画细节部分。

（3）注意各形体之间的表面位置关系：表面是否平齐、相交、相切，并正确画出表面。

【**例 4-1**】　如图 4-32(a)所示，根据已知组合体的主、俯视图，画出其左视图。

（1）形体分析。主视图可以分为 4 个线框，根据投影关系在俯视图上找出它们对应的投影，可以初步判断该物体是由 4 个部分组成的。下部 Ⅰ 是底板，其上开有两个通孔；上部 Ⅱ 是一个圆筒；在底板与圆筒之间有一块支撑板 Ⅲ，它的斜面与圆筒的外圆柱面相切，它的后表面与底板的后表面平齐；在底板与圆筒之间还有一个肋板 Ⅳ。根据以上分析，想象出该物体的形状，如图 4-32(f)所示。

（2）画出各部分在左视图的投影。根据上面的分析及想象出的形状，按照各部分的相对位置，依次画出底板、圆筒、支撑板、肋板在左视图中的投影，作图步骤如图 4-32(b)、(c)、(d)、(e)所示。

（3）进行检查、描深，完成左视图。

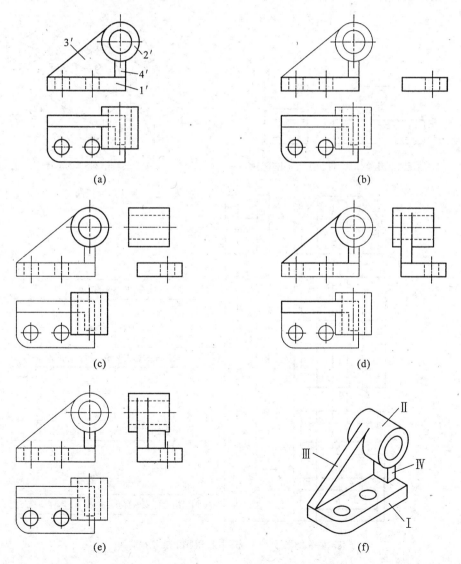

图 4-32　叠加型组合体中已知两个视图画第三视图的方法和步骤

2. 切割型组合体

切割型组合体的分析方法和步骤如下：

(1) 先用细实线画出未切割前完整立体的投影；

(2) 分析切平面的位置、形状及投影特点，画切平面投影；

(3) 去掉切去的线条，加粗剩余的图形。

【例 4-2】 如图 4-33(a) 所示，根据已知的组合体的主、左视图，画出其俯视图。

(1) 初步判断主体形状。该组合体被多个平面切割，但从 3 个视图的最大线框来看，基本都是矩形，据此可判断该组合体的主体应是长方体。

(2) 确定切割面的形状和位置，想象出该组合体的形状，如图 4-33(b) 所示。

(3) 画出该组合体的俯视图，如图 4-33(c) 所示。

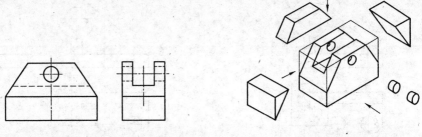

(a) 根据已知的组合体主、左视图，画出其俯视图　　　(b) 想象出该物体的形状

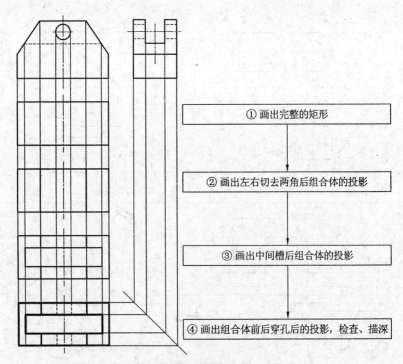

(c) 切割型组合体已知两个视图画第三视图的方法和步骤

图 4-33 已知组合体的主、左视图，画出其俯视图的方法

4.4　组合体的尺寸标注

4.4.1　尺寸标注的基本要求

组合体的视图只能表示其形状,如果想表示其大小,还应标注出尺寸。在图样上标注尺寸是表达物体的重要手段。掌握好在组合体三视图上标注尺寸的方法,可为今后在零件图上标注尺寸打下良好的基础。

标注尺寸的基本要求如下。

(1)标注正确。尺寸标注时应严格遵守相关的国家标准的规定,同时尺寸的数值及单位也必须正确。

(2)尺寸完整。要求标注出能完全确定形体各部分形状大小及相对位置的尺寸,不得遗漏,也不得重复。

(3)布置清晰。尺寸应标注在最能反映物体特征的位置上,并且排列整齐,便于读图和理解。

(4)标注合理。尺寸标注应满足工程设计和制造工艺的要求。

4.4.2　基本立体的尺寸标注

基本立体的尺寸标注如图 4-34(a) 和(b) 所示,它是组合体尺寸的基础。基本立体上所标注的尺寸如果是用于确定各形体形状大小的尺寸,则称为定形尺寸。

图 4-34(a) 所示为常见平面立体的尺寸标注示例。

图 4-34(b) 所示为常见曲面立体的尺寸标注示例。

4.4.3　组合体的尺寸组成

1. 定形尺寸

确定组合体各组成部分大小的尺寸,称为定形尺寸。

图 4-35 所示为一个由长方体和圆柱体叠加而成的组合体,用形体分析法将组合体分解为长方体和圆柱体两部分。直径 10 和长度 100 两个尺寸确定了圆柱体的大小,长 380、宽 210 和高 90三个尺寸确定了长方体的大小。因此,这些尺寸为组合体的定形尺寸。

2. 定位尺寸

确定组合体各组成部分之间相对位置的尺寸,称为定位尺寸。

如图 4-36 所示,当圆柱体和长方体进行叠加时,由尺寸 160 和 80 确定了圆柱体的圆心相对于长方体的位置,因此称其为定位尺寸。

在标注定位尺寸时必须要有一个参照,这个参照称为定位尺寸的基准,如标注定位尺寸 160时,选用的是长方体的左端面为参照,当标注定位尺寸 80 时,选用了长方体的后端面为参照。在标注定位尺寸时应注意以下几点。

(1)基准:标注定位尺寸的起点。标注定位尺寸前,必须选好尺寸基准,由于组合体具有长、宽、高三个方向,因此每个方向至少应有一个尺寸基准。

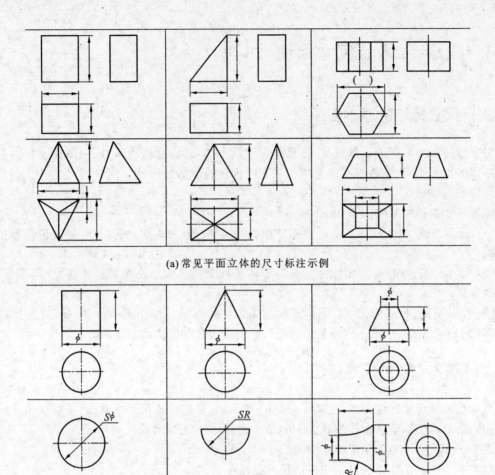

(a) 常见平面立体的尺寸标注示例

(b) 常见曲面立体的尺寸标注示例

图 4-34　基本立体的尺寸标注

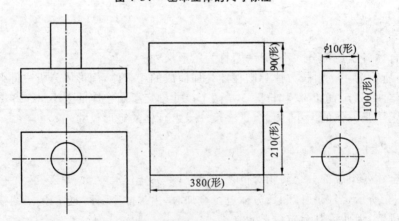

图 4-35　由长方体和圆柱体叠加而成的组合体的定形尺寸

（2）基准的组成：长度方向基准、宽度方向基准和高度方向基准。

　　基准的确定应体现组合体的结构特点，一般可以选择组合体的对称平面、底面、重要端面及回转体的轴线等，同时还应考虑测量的方便，如图 4-37 所示。

（3）一些常见形体的定位尺寸，如图 4-38 所示。

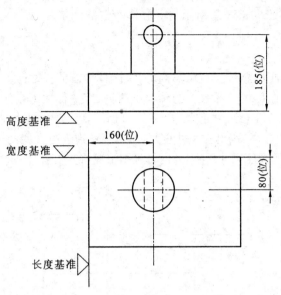

图 4-36　由长方体和圆柱体叠加而成的组合体的定位尺寸

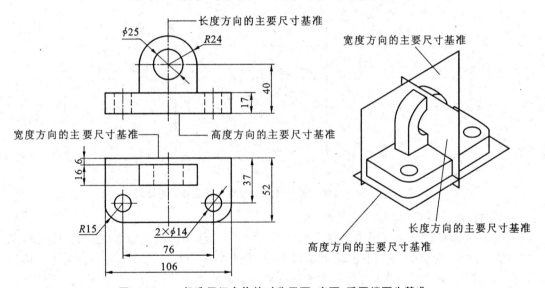

图 4-37　一般选用组合体的对称平面、底面、重要端面为基准

图 4-38(a) 所示为一组孔的定位尺寸,注意圆孔不能用回转体轮廓线来定位;图 4-38(b) 所

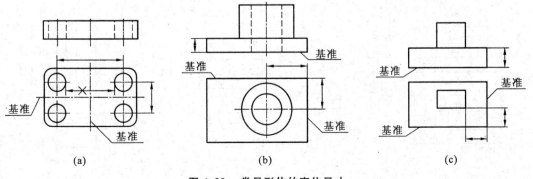

图 4-38　常见形体的定位尺寸

示为圆柱体的定位尺寸;图 4-38(c)所示为立方体的定位尺寸。

3. 总体尺寸

确定组合体外形大小的总长、总宽、总高的尺寸,称为总体尺寸。

为了能知道组合体的大小,在标注组合体尺寸时,一定要标注组合体的总体尺寸。在标注总体尺寸时,总体尺寸有时会与定位尺寸重合,如图 4-39 所示,组合体的总长和总宽同时也是底板的定形尺寸,在标注组合体的总高后,出现尺寸重复,这时可考虑省略某些定形尺寸。图 4-39 所示的总高与圆筒的高度和底板的高度尺寸重复,此时可根据情况将此二者之一省略,以免出现多余尺寸。

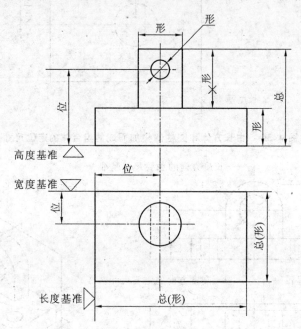

图 4-39 由长方体和圆柱体叠加而成的组合体的总体尺寸

不单独标注总体尺寸的情况如下所述。

如图 4-40(a)所示,对于具有圆弧面的结构,通常只标注中心线的位置尺寸,而不标注总体尺寸。图 4-40(b)所示的总高可由 32 和 R14 确定,此时就不再标注总高 46。当标注了总体尺寸后,有时可能会出现尺寸重复,这时可考虑省略某些定形尺寸。如图 4-40(c)所示,总高 46 和定形尺寸 10、36 重复,此时可根据情况将此三者之一省略。

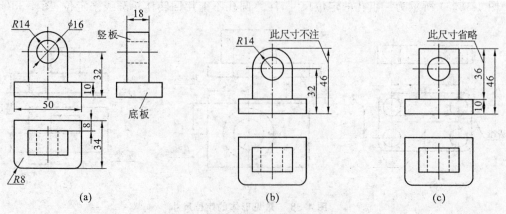

图 4-40 不单独标注总体尺寸的情况

4.4.4　具有截交线或相贯线的组合体的尺寸标注

1. 切割体的尺寸标注

如图 4-41 所示,切割体的尺寸标注方法和步骤如下。

(1) 标注完整立体的大小尺寸,即定形尺寸;

(2) 在截平面有积聚的那个投影面中标注截平面的位置尺寸,即定位尺寸;

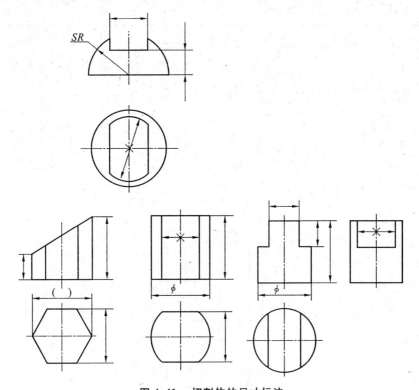

图 4-41　切割体的尺寸标注

(3) 注意:不要对切割中产生的截交线标注尺寸。

图 4-42 所示为一些常见切割体的尺寸标注示例。

2. 具有相贯线的组合体的尺寸标注

如图 4-43 所示,具有相贯线的组合体的尺寸标注方法和步骤如下。

(1) 分别标注两立体的大小尺寸,即定形尺寸;

(2) 标注两立体的相对位置尺寸,即定位尺寸;

(3) 注意:不要对产生的相贯线标注尺寸。

4.4.5　标注组合体尺寸时的注意事项

为了便于读图和理解,尺寸应标注在最能反映物体特征的视图上,并且排列整齐。为了保证尺寸标注的清晰,在标注尺寸时应注意以下几点。

(1) 尺寸应尽量标注在视图外面,以免尺寸线、尺寸数字与视图的轮廓线相交,如图 4-44 所示。

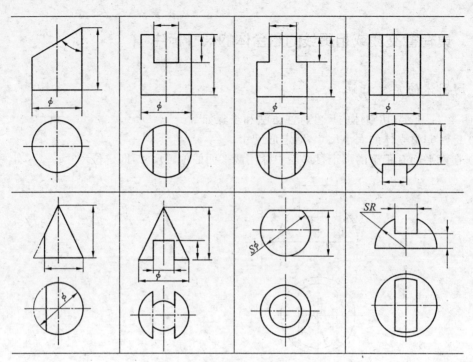

图 4-42　常见切割体的尺寸标注示例

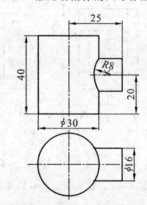

图 4-43　具有相贯线的组合体的尺寸标注

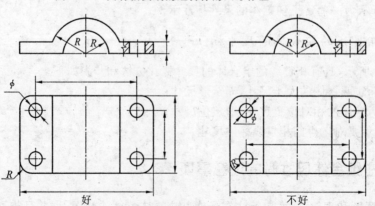

图 4-44　尺寸应尽量标注在视图外面

（2）同心圆柱的直径尺寸,最好标注在投影为非圆的视图上,如图 4-45 所示。

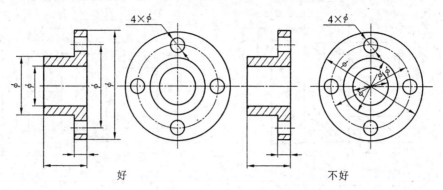

图 4-45　同心圆柱的直径尺寸,最好标注在投影为非圆的视图上

（3）半径尺寸必须标注在投影为圆弧的图形上,并且尺寸线应通过圆心,如图 4-46 所示。

（4）相互平行的尺寸,应按大小顺序排列,小尺寸在内,大尺寸在外,如图 4-47 所示。

（5）内形尺寸与外形尺寸最好分别标注在视图的两侧,如图 4-48 所示。

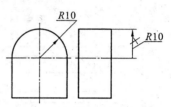

图 4-46　半径尺寸必须标注在投影为圆弧的图形上

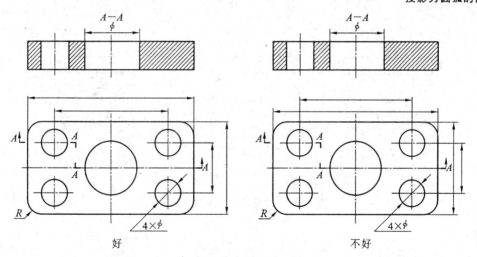

图 4-47　相互平行的尺寸,应按大小顺序排列(小尺寸在内,大尺寸在外)

4.4.6　常见底板的尺寸标注示例

图 4-49 所示是常见底板的尺寸标注示例。

4.4.7　组合体尺寸标注的方法和步骤举例

图 4-50 所示为轴承座立体图,下面以轴承座为例详细讲解组合体尺寸标注的方法和步骤。

1) 形体分析

可以将轴承座分解为 5 个基本体:底板 1,支撑板 2,肋板 3,套筒 4,凸台 5。如图 4-50 所示。

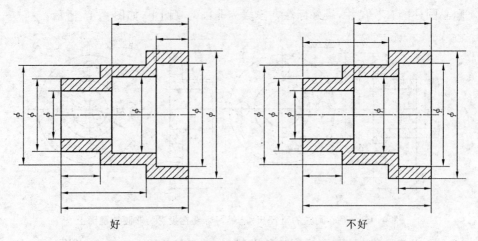

图 4-48 内形尺寸与外形尺寸最好分别标注在视图的两侧

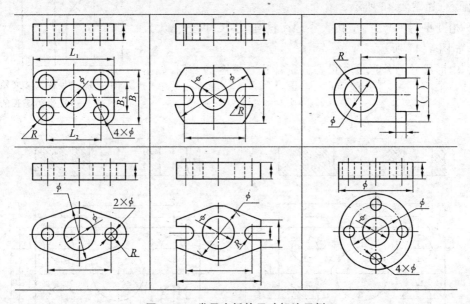

图 4-49 常见底板的尺寸标注示例

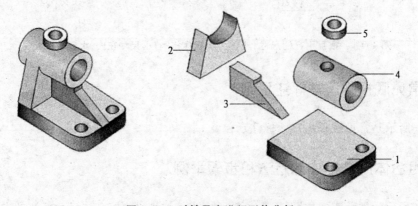

图 4-50 对轴承座进行形体分析

2）确定尺寸基准

根据轴承座的结构特点,选择轴承座的左右对称面为长度方向的基准,底板的后端面为宽度方向的基准,底板的底面为高度方向的基准,如图 4-51 所示。

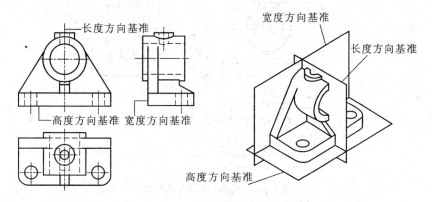

图 4-51　轴承座基准的确定

3）标注定形尺寸

逐个标注各基体形体的定形、定位尺寸,如图 4-52 所示。

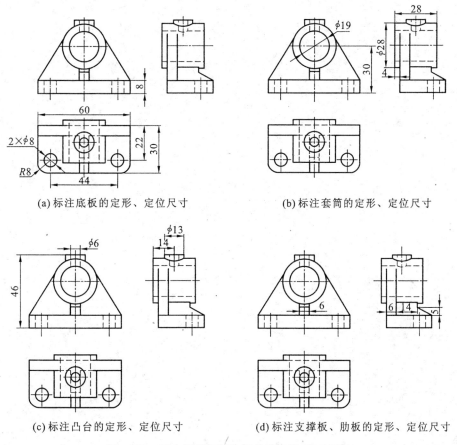

(a) 标注底板的定形、定位尺寸　　(b) 标注套筒的定形、定位尺寸

(c) 标注凸台的定形、定位尺寸　　(d) 标注支撑板、肋板的定形、定位尺寸

图 4-52　逐个标注各基体形体的定形、定位尺寸

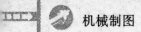

4) 检查、协调总体尺寸, 如图 4-53 所示。

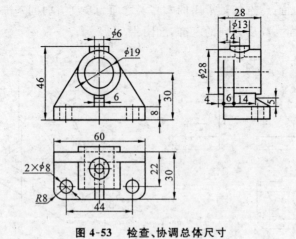

图 4-53　检查、协调总体尺寸

第5章 轴测投影图

轴测投影图（简称轴测图）是一种单面投影图，单面投影就可以将组合体长、宽、高三个方向的形状大致表达出来，富有立体感，直观性强，是生产中的一种辅助图样，常用来说明产品的结构和使用方法等。

▓ 5.1 轴测投影图的基本知识

5.1.1 轴测图的形成及特点

将物体连同其参考直角坐标系，沿不平行于任一坐标面的方向，用平行投影法将其投射到单一投影面上所得到的图形称为轴测图。它能同时反映出物体长、宽、高三个方向的尺度，富有立体感，但不能反映物体的真实形状和大小，度量性差。如图 5-1 所示。

轴测图的形成一般有两种方式：一种是改变物体相对于投影面的位置，而投影方向仍垂直于投影面，所得的轴测图称为正轴测图，如图 5-2(a) 所示；另一种是改变投影方向使其倾斜于投影面，而不改变物体对投影面的相对位置，所得的投影图为斜轴测图，如图 5-2(b) 所示。

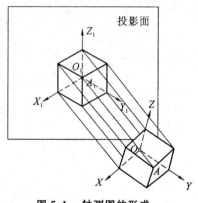

图 5-1　轴测图的形成

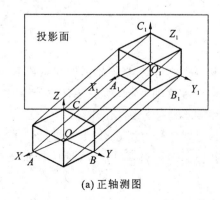

(a) 正轴测图

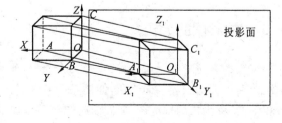

(b) 斜轴测图

图 5-2　正轴测图与斜轴测图

轴测图与之前学习过的工程图的不同点在于：轴测图是单面投影图，只用一面投影就可以表示出物体长、宽、高三个方向的大致形状，不可见的线条不画，所以立体感非常强，其缺点在于不能反映物体的实形，并且绘图复杂；之前学到的工程图样是多面正投影图，表达一个物体要用到满足投影规律的三面投影，但它能反映物体的实形，度量性好，绘制图样简单，其缺点在于立体感差，读图困难，需要专门的学习才能读懂。三视图与轴测图的比较如图 5-3 所示。

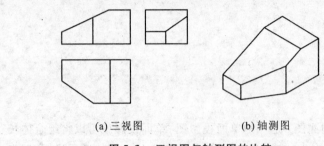

(a) 三视图   (b) 轴测图

图 5-3   三视图与轴测图的比较

5.1.2   轴测图的轴间角与轴向伸缩系数

如图 5-4 所示，坐标轴 OX、OY、OZ 在轴测投影面上的投影 O_1X_1、O_1Y_1、O_1Z_1 称为轴测投影轴，简称轴测轴。每两根轴测轴之间的夹角 $\angle X_1O_1Y_1$、$\angle X_1O_1Z_1$、$\angle Y_1O_1Z_1$ 称为轴间角。直角坐标轴上单位长度的轴测投影长度与其对应的直角坐标轴上单位长度的比值，称为轴向伸缩系数，X、Y、Z 方向的轴向伸缩系数分别用 p、q、r 表示。

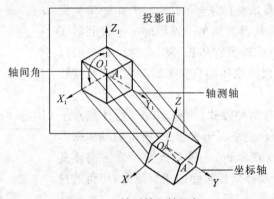

图 5-4   轴测轴和轴间角

5.1.3   轴测图的分类

根据投影方向的不同，轴测图可分为两类：正轴测图和斜轴测图。根据轴向伸缩系数不同，每类轴测图又可分为三类：3 个轴向伸缩系数均相等的，称为等测轴测图；其中只有两个轴向伸缩系数相等的，称为二测轴测图；3 个轴向伸缩系数均不相等的，称为三测轴测图。

将以上两种分类方法相结合，可以得到六种轴测图，分别简称为正等测、正二测、正三测和斜等测、斜二测、斜三测。工程上使用得较多的是正等测和斜二测，本章只介绍这两种轴测图的画法。

5.1.4　轴测图的投影特性

轴测图是采用平行投影法获得的,因此它具有平行投影法的以下特性:

(1) 物体上互相平行的线段,在轴测图上仍互相平行;

(2) 物体上同一直线上的两线段之比,等于轴测图上的线段之比;

(3) 物体上平行轴测投影面的直线和平面,在轴测图上反映实长和实形。

由上述可知,画轴测图必须先确定轴间角和轴向伸缩系数,然后才能沿着平行于轴测轴的方向画物体上平行于相应坐标轴的各线段,并分别按相应的轴向伸缩系数测量其尺寸,这就是"轴测"的由来。

5.2　正等轴测图的画法

5.2.1　正等轴测图的轴间角和轴向伸缩系数

在正投影情况下,当 $p=q=r$ 时,3 个坐标轴与轴测投影面的倾角都相等,均为 $35°16'$。由几何关系可以证明,其轴间角均为 $120°$,3 个轴向伸缩系数均为 $p=q=r=\cos 35°16' \approx 0.82$。

在实际画图时,为了作图方便,一般将 O_1Z_1 轴取为铅垂位置,各轴向伸缩系数采用简化系数 $p=q=r=1$。这样,沿各轴向的长度均被放大 $1/0.82 \approx 1.22$ 倍,轴测图也就比实际物体大,但对形状没有影响。图 5-5 给出了正等测轴测图的画法和各方向的简化后的轴向伸缩系数。

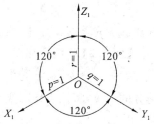

图 5-5　正等测的轴间角和
轴向伸缩系数

5.2.2　平面立体的正等测画法

画平面立体正等测图的方法有坐标法、切割法和叠加法。

平面立体的正等测图的一般作图步骤如下。

(1) 选定坐标原点位置。坐标原点位置的选择,应以作图简便为原则,一般选择物体的某个顶点或对称中心为原点,或者把原点定在对称面上或主要轮廓线上。

(2) 画轴测轴,根据轴间角画出三根轴测轴。

(3) 按物体上点的坐标作点、线的轴测图。最后擦去多余的作图线,描深,完成作图。

1. 坐标法

使用坐标法时,先在视图上选定一个合适的直角坐标系 $OXYZ$ 作为度量基准,然后根据物体上每一点的坐标,定出它的轴测投影。

【例 5-1】　画出正六棱柱的正等测图。

如图 5-6 所示,首先进行形体分析,将直角坐标系原点 O 放在六棱柱顶面的中心位置,并且确定坐标轴;再作轴测轴,并在其上采用坐标量取的方法,得到顶面各点的轴测投影;接着从顶面

1_1、2_1、3_1、6_1 点沿 Z 向向下量取 h 高度,得到底面上的对应点;分别连接各点,用粗实线画出物体的可见轮廓,擦去不可见部分,得到六棱柱的轴测投影。

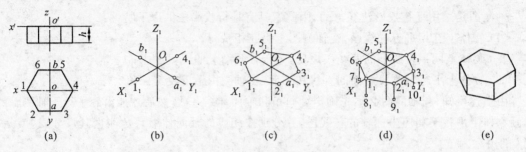

图 5-6 坐标法画正等测图

在轴测图中,为了使画出的图形更为明显,通常不画出物体的不可见轮廓,例 5-1 中的坐标系原点放在正六棱柱顶面有利于沿 Z 轴方向从上向下量取棱柱的高度 h,避免画出多余的作图线,使作图简化。

2. 切割法

切割法又称方箱法,适用于画出由长方体切割而成的轴测图,它是以坐标法为基础,先用坐标法画出完整的长方体,然后再按形体分析的方法逐块切去多余的部分。

【例 5-2】 画出如图 5-7(a) 所示垫块的三视图的正等测图。

如图 5-7 所示,首先根据尺寸画出完整的长方体;再用切割法分别切去左上角的三棱柱、左前方的三棱柱;擦去作图线,描深可见部分即得垫块的正等测图。

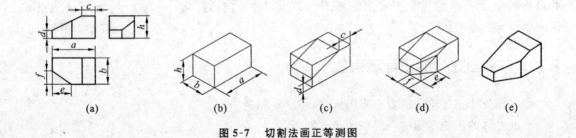

图 5-7 切割法画正等测图

3. 叠加法

叠加法是先将物体分成几个简单的组成部分,再将各部分的轴测图按照它们之间的相对位置叠加起来,并画出各表面之间的连接关系,最终得到物体轴测图的方法。

【例 5-3】 画出如图 5-8(a) 所示三视图的正等测图。

如图 5-8 所示,先用形体分析法将物体分解为底板 Ⅰ、竖板 Ⅱ 和筋板 Ⅲ 三个部分;再分别画出各部分的轴测投影图,擦去作图线,描深后即得物体的正等测图。

切割法和叠加法都是根据形体分析法得来的,在绘制复杂零件的轴测图时,常常是综合在一起使用的,即根据物体形状特征,决定物体上某些部分用叠加法画出,其他部分用切割法画出。

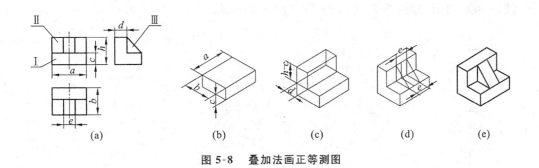

图 5-8　叠加法画正等测图

5.2.3　回转体的正等测画法

1. 平行于坐标面的圆的正等测图画法

常见的回转体有圆柱、圆锥、圆球、圆台等。在作回转体的轴测图时,首先要解决圆的轴测图的画法问题。圆的正等测图是椭圆,三个坐标面或其平行面上的圆的正等测图是大小相等、形状相同的椭圆,只是长短轴方向不同,如图 5-9 所示。

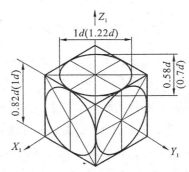

图 5-9　平行于坐标面的圆的正等测投影

在实际作图时,一般不要求准确地画出椭圆曲线,经常采用"菱形法"进行近似作图,椭圆用四段圆弧连接而成。下面以水平面上圆的正等测图为例,说明"菱形法"近似作椭圆的方法。如图 5-10 所示,其作图过程如下。

(1) 通过圆心 O 作坐标轴 OX 和 OY,再作圆的外切正方形,切点为 1、2、3、4,如图 5-10(a) 所示。

(2) 作轴测轴 O_1X_1、O_1Y_1,从点 O_1 沿轴向量得切点 1_1、2_1、3_1、4_1,过这四点作轴测轴的平行线,得到菱形,并作菱形的对角线,如图 5-10(b) 所示。

(3) 过 1_1、2_1、3_1、4_1 各点作菱形各边的垂线,在菱形的对角线上得到四个交点 O_2、O_3、O_4、O_5,这四个点就是代替椭圆弧的四段圆弧的中心,如图 5-10(c) 所示。

(4) 分别以 O_2、O_3 为圆心、以 O_21_1、O_33_1 为半径画圆弧 1_12_1、3_14_1;再以 O_4、O_5 为圆心、以 O_41_1、O_52_1 为半径画圆弧 2_13_1、1_14_1,即得近似椭圆,如图 5-10(d) 所示。

(5) 描深四段圆弧,完成全图,如图 5-10(e) 所示。

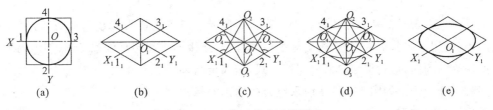

图 5-10　菱形法求近似椭圆

【例 5-4】 画出如图 5-11(a) 所示圆柱的正等测图。

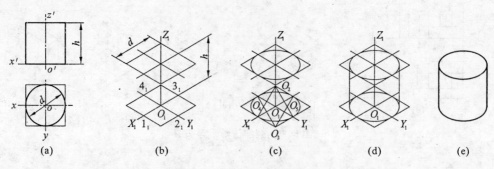

图 5-11 作圆柱的正等测图

如图 5-11 所示,先在给出的视图上定出坐标轴、原点的位置,并作圆的外切正方形;再画轴测轴及圆外切正方形的正等测图的菱形,用菱形法画出顶面和底面上椭圆;然后作两椭圆的公切线;最后擦去多余的作图线,描深后即完成全图。

2. 圆角的正等测图画法

在产品设计上,经常会遇到由 1/4 圆柱面形成的圆角轮廓,画图时就需画出由 1/4 圆周组成的圆弧,这些圆弧在轴测图上正好是近似椭圆的四段圆弧中的一段。因此,这些圆角的画法可由菱形法画椭圆演变而来。

如图 5-12 所示,根据已知圆角半径 R,找出切点 1、2、3、4,过切点作切线的垂线,两垂线的交点即为圆心。以此圆心到切点的距离为半径画圆弧,即得圆角的正等轴测图。顶面画好后,采用移心法将 O_1、O_2 向下移动 h,即得下底面两圆弧的圆心 O_3、O_4。画弧后描深即完成全图。

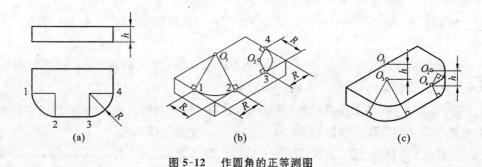

图 5-12 作圆角的正等测图

5.2.4 组合体正等测图的画法

组合体是由若干个基本形体以叠加、切割、相切或相贯等连接形式组合而成的。因此在画正等测时,应先用形体分析法,分析组合体的组成部分、连接形式和相对位置,然后逐个画出各组成部分的正等轴测图,最后按照它们的连接形式,完成全图。

【例 5-5】 画出如图 5-13(a) 所示组合体的正等测图。

其作图过程如图 5-13(b)、(c)、(d)、(e)、(f) 所示,在此不再详述。

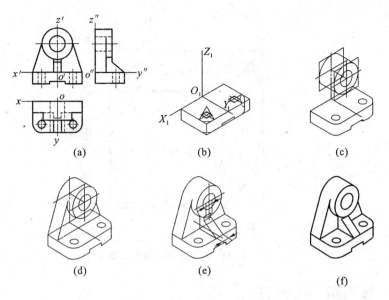

图 5-13 作组合体的正等测图

5.3 斜二等轴测图的画法

由于空间坐标轴与轴测投影面的相对位置可以不同,投影方向对轴测投影面倾斜角度也可以不同,所以斜轴测投影可以有许多种。最常采用的斜轴测图是使物体的 XOZ 坐标面平行于轴测投影面,称为正面斜轴测图。通常将斜二测图作为一种正面斜轴测图来绘制。

5.3.1 斜二测的轴间角和轴向伸缩系数

在斜二测图中,轴测轴 X_1 和 Z_1 仍为水平方向和铅垂方向,即轴间角 $\angle X_1 O_1 Z_1 = 90°$,物体上平行于坐标 XOZ 的平面图形都能反映实形,轴向伸缩系数 $p = r = 2q = 1$。为了作图简便,并使斜二测图的立体感强,通常取轴间角 $\angle X_1 O_1 Y_1 = \angle Y_1 O_1 Z_1 = 135°$。图 5-14 给出了斜二测图轴测轴的画法和各轴向伸缩系数。

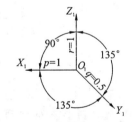

图 5-14 斜二测图的轴间角
和轴向伸缩系数

5.3.2 平行于坐标面的圆的斜二测画法

平行于 $X_1 O_1 Z_1$ 面上的圆的斜二测投影还是圆,大小不变。平行于 $X_1 O_1 Y_1$ 和 $Z_1 O_1 Y_1$ 面上的圆的斜二测投影都是椭圆,并且形状相同,它们的长轴与圆所在坐标面上的一根轴测轴成 $7°9'20''$(可近似为 $7°$)的夹角。根据理论计算,椭圆长轴长度为 $1.06d$,短轴长度为 $0.33d$,如图 5-15 所示。由于此时椭圆作图较繁,所以当物体的某两个方向有圆时,一般不用斜二测图,而采用正等测图。

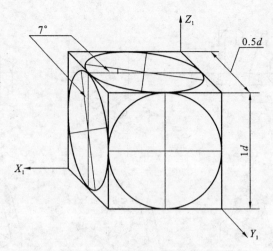

图 5-15 平行于坐标面的圆的斜二测投影

5.3.3 组合体的斜二测画法

由于斜二测图能如实表达物体正面的形状,因而它适合于表达某一方向的复杂形状或只有一个方向有圆的物体。

【例 5-6】 画出如图 5-16(a) 所示轴套的斜二测图。

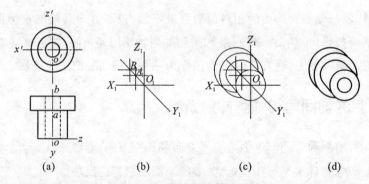

图 5-16 作轴套的斜二测图

轴套上平行于 XOZ 面的图形都是同心圆,而其他面的图形则很简单,所以采用斜二测图。作图时,先进行形体分析,确定坐标轴;再作轴测轴,并在 Y_1 轴上根据 $q = 0.5$ 定出各个圆的圆心位置 O_1、A_1、B_1;然后画出各个端面圆的投影、通孔的投影,并作圆的公切线;最后擦去多余的作图线,描深,完成全图,如图 5-16 所示。

第 6 章 机件的常用表达方法

在生产实际中,当机件的形状和结构比较复杂时,如果仍用前面所讲的两视图或三视图,就难以把它们的内外形状准确、完整、清晰地表达出来。为了满足这些要求,GB/T 4458.1—2002《机械制图 图样画法 视图》、GB/T 4458.6—2002《机械制图 图样画法 剖视图和断面图》、GB/T 17453—2005《技术制图 图样画法 剖面区域的表示法》及 GB/T 16675.1—1996《技术制图 简化表示法 第一部分:图样画法》等国家标准规定了各种画法:视图、剖视图、断面图、局部放大图、简化画法和其他规定画法的规范。本章着重介绍一些机件的常用表达方法。

6.1 视图

6.1.1 基本视图

对于形状比较复杂的机件,用两个或三个视图不能完整、清楚地表达它们的内外形状时,可根据国标规定,在原有三个投影面的基础上,再增设三个投影面,组成一个正六面体,如图 6-1(a)所示,这六个投影面称为基本投影面。机件向基本投影面投射所得的视图,称为基本视图。除了前面已介绍的三个视图以外,还包括由右向左投射所得的右视图,由下向上投射所得的仰视图,由后向前投射所得的后视图。将投影面按图 6-1(a)展开成同一个平面后,基本视图的配置关系如图 6-1(b)所示。此时,六个基本视图是按投影关系配置的,一律不标注视图的名称。

在表达一个机件时,不一定需要将六个视图都画出来,而是根据机件的结构特点,选择适当的视图。图 6-2 是一个管道法兰的视图,选定比较能够全面反映两通管各部分主要形状特征和相对位置的视图作为主视图。如果用主、俯、左三个视图表达这个管道法兰,则由于两通管前后、上下的形状一样,俯视图和主视图相同,重复表达,并且左视图中虚线较多,影响图形的清晰程度和增加标注尺寸的难度。如果去掉俯视图,增加一个右视图,就能完整地和比较清晰地表达这个管道法兰。

国标中对于基本视图的相关规定:绘制机件的图样时,应首先考虑看图是否方便,应根据机件的结构特点,选用适当的表达方法,在完整、清晰地表达机件各部分形状的前提下,力求制图简便;视图一般只画机件的可见部分,必要时才画出其不可见部分。根据上述规定,在图 6-2 中采用三个视图,并在主视图中用虚线画出了显示管道法兰的内腔结构以及各个孔的不可见投影。由于将三个视图对照联系起来阅读,已能清晰、完整地表达出这个管道法兰的各部分的结构和形状,

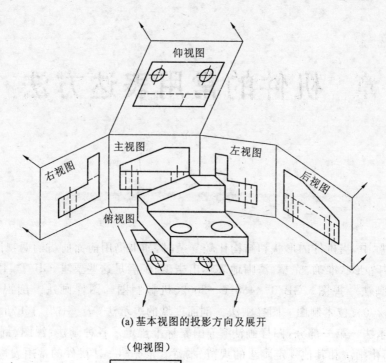

(a) 基本视图的投影方向及展开

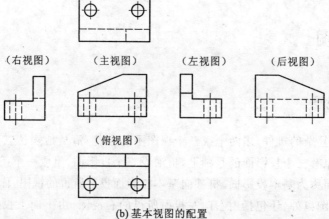

（仰视图）

（右视图）　（主视图）　（左视图）　（后视图）

（俯视图）

(b) 基本视图的配置

图 6-1　六个基本视图

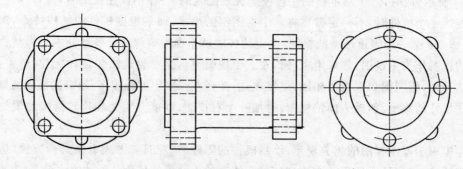

图 6-2　管道法兰的基本视图

所以其他两个视图中的不可见投影都应省略，不再画出虚线。

6.1.2　向视图

向视图是可以自由配置的视图。若不能按图 6-1(b) 的方式配置视图时,则可采用如图 6-3 所示的方法配置视图,同时在视图上方用大写的拉丁字母标注视图的名称,在相应的视图附近用箭头指明投射方向,并标注同样的字母。按以上方式配置的视图称为向视图。

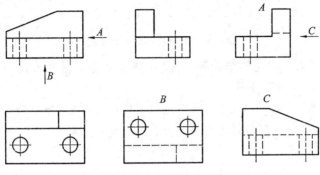

图 6-3　向视图及其标注

6.1.3　局部视图

将机件的某一部分向基本投影面投射,所得的视图称为局部视图,如图 6-4(b) 中所示的"A"和"B"视图。

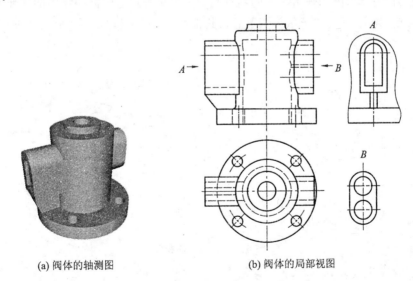

(a) 阀体的轴测图　　　　　(b) 阀体的局部视图

图 6-4　阀体的轴测图及局部视图

画局部视图时应注意以下几点。

(1) 一般情况下,应在局部视图的上方用大写拉丁字母标注视图的名称,并在相应的视图附近用箭头指明投射方向,标注同样的字母;当局部视图按投影关系配置,中间又没有其他图形隔开时,可省略标注,如图 6-4(b) 中的 A 向局部视图可以省略标注。

(2) 局部视图的断裂边界通常用波浪线或双折线表示。

(3) 局部视图的特殊画法:对称机件只画 1/2 或 1/4 部分,并在对称中心线的两端画出两条与其垂直的平行细实线,如图 6-5 所示。

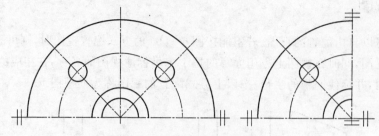

图6-5　对称机件视图的画法

（4）当局部视图所表示的局部结构是完整的,并且其外轮廓线又封闭时,波浪线可省略不画,如图 6-4(b) 中的 *B* 向局部视图。

用波浪线作为断裂边界线时,波浪线不应超过机件的轮廓线,并且应画在机件的实体上,不可画在机件的中空处,也不能同机件的轮廓线重合。

6.1.4　斜视图

如图 6-6(a) 所示,由于压板的耳板是倾斜的,所以它的俯视图和左视图都不能够反映其真形,从而表达得不够清楚,画图又较困难,读图也不方便。为了清晰地表达压板的倾斜结构,可以在它的右面增加一个平行于倾斜结构的正垂面作为新投影面,然后将倾斜结构按垂直于新投影面的方向 *A* 作投影,就可得到反映它的真形的视图。机件向不平行于任何基本投影面的平面投射所得的视图称为斜视图。因为画出压板的斜视图只是为了表达它的倾斜结构的局部形状,所以画出了它的真形后,就可以用波浪线断开,不画其他部分的视图,成为一个局部的斜视图,如图 6-6(b) 所示。

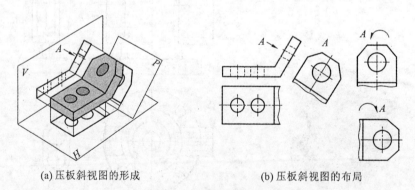

(a) 压板斜视图的形成　　　　　　　　(b) 压板斜视图的布局

图6-6　压板的斜视图

画斜视图时应注意以下几点。

（1）必须在视图的上方用大写拉丁字母标注视图的名称,在相应的视图附近用箭头指明投射方向,并标注上同样的字母,如图 6-6(b) 中的"*A*"。

（2）斜视图一般按投影关系配置,必要时也可平移至其他适当的位置。

（3）在不致引起误解时,允许将图形旋转,标注形式为"×⌒",箭头方向与旋转方向一致,字母写在箭头一端,如图 6-6(b) 中的"*A*⌒"。

（4）当已画出需要表达的某一倾斜结构真形的斜视图后,则通常用波浪线或双折线断开,而不画出其他视图中已表达清楚的部分,如图 6-6(b) 所示。

6.2 剖视图

6.2.1 剖视图的概念和基本画法

当视图中存在虚线与虚线、虚线与实线重叠而难以用视图表达机件的不可见部分的形状时，以及当视图中虚线过多，影响到清晰读图和标注尺寸时（如图 6-7(a) 所示的主视图），常常用剖视图来表达。为了清楚地表达机件的内部形状，在机械制图中常采用剖视，即假想用剖切面剖开机件，将位于观察者和剖切面之间的部分移去，而将剩余的部分向投影面投射，得到机件内部形状的投影，这种视图称为剖视图。例如，在图 6-7(b) 和(c) 中假想用机件的平行于正面的对称平面为剖切面切开机件后，移去观察者和剖切面之间的 1/2 部分，将留下的 1/2 部分向正面投影面投射，就得到如图 6-7(d) 所示的处于主视图位置上的剖视图。

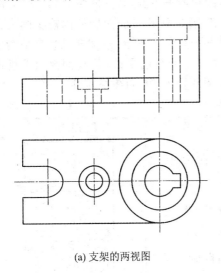

(a) 支架的两视图

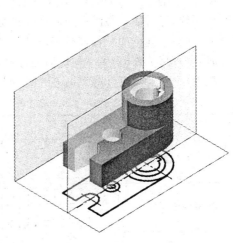

(b) 假想用平面剖切支架

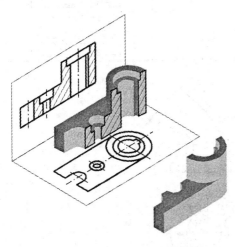

(c) 将支架的剩余部分进行投影

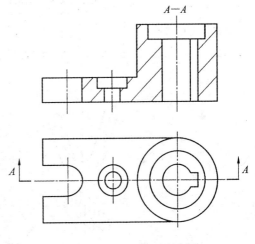

(d) 将支架的主视图画成剖视图

图 6-7 剖视的概念

下面以支架的剖视图为例,说明画剖视图的步骤。

(1)确定剖切面的位置。如图 6-7(b)所示,选取平行于正面的对称面为剖切面。

(2)画剖视图。如图 6-7(c)所示,将剖开的支架移去前半部分,并将剖切面截切支架所得断面及其剩余部分向 V 面投射,画出如图 6-7(d)所示的剖视图。画图时应注意:画这个支架时,可先画出俯视图,再由俯视图按投影关系画出剖视图;有些表达内部形状的图线,如支架右边键槽与圆柱面的交线、大圆柱孔与小圆柱孔的交线等,不要遗漏;由于剖视图是假想剖开机件后画出的,因此,当机件的一个视图画成剖视后,其他视图不受影响,仍应完整地画出。

(3)画剖面符号。如图 6-7(d)所示,在剖切面截切支架所得的断面上画剖面符号。采用表 6-1 中所规定的剖面符号。金属材料的剖面符号用与主要轮廓线或剖面区域的对称线成 45°角、间隔均匀的细实线画出,向左或向右倾斜均可,通常称为剖面线;但在同一金属零件的零件图中,剖视图、断面图的剖面线方向和间隔必须一致。当图形中的主要轮廓线与水平方向成 45°角时,该图形的剖面线应画成与水平方向成 30°或 60°角的平行线,其倾斜的方向仍与其他图形的剖面线一致,如图 6-8 所示。

(4)画剖切符号、投影方向,并标注字母和剖视图的名称。一般应在剖视图的上方用大写拉丁字母(水平书写)标注出剖视图的名称"×—×";在相应的视图上用剖切符号(线宽 1~1.5d 的断开粗实线,尽可能不与图形的轮廓线相交)表示剖切位置。在剖切符号的起始处用箭头画出投影方向,并标出同样的字母×,如图 6-7(d)所示。当剖视图按投影关系配置,中间又没有其他图形隔开时,可省略箭头;当单一剖切面通过机件的对称平面或基本对称的平面,并且剖视图按投影关系配置,中间又没有其他图形隔开时,可省略标注。如在图 6-7(d)中,可省略标注。

表 6-1　部分剖面符号

材 料 名 称	剖 面 符 号	材 料 名 称	剖 面 符 号
金属材料		玻璃等透明材料	
线圈绕组元件		木材纵剖面	
非金属材料		木材横剖面	
转子变压器等		钢筋混凝土	

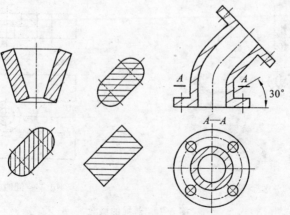

图 6-8　机件的主要轮廓成 45°时剖面线的画法

6.2.2　剖视图的种类

按照剖切面剖开机件的程度的不同,剖视图可分为全剖视图、半剖视图和局部剖视图。

1. 全剖视图

用剖切平面完全地剖开机件所得的剖视图,称为全剖视图。图 6-9(a) 是底座的两视图,从图

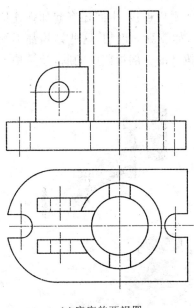

(a) 底座的两视图

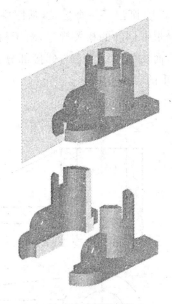

(b) 完全地剖开底座

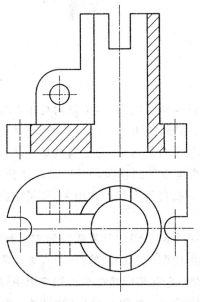

(c) 将底座的主视图画成全剖视图

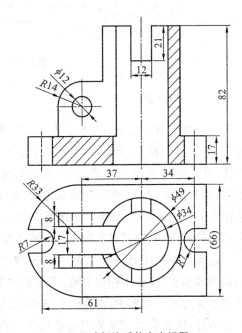

(d) 尺寸标注后的底座视图

图 6-9　全剖视图的画法示例

中可看出它的外形比较简单,内形比较复杂,且前后对称,上下和左右都不对称。如图 6-9(b) 所示,假想用一个剖切平面沿底座的前后对称面将它完全剖开,移去前半部分,向正立投影面作投影,即得出底座的全剖视图,如图 6-9(c) 所示。在图 6-9(d) 所示的底座图中,清楚地标注了尺寸。为了便于读图,有关的外形和内形尺寸应尽可能分别集中标注在相近的地方;由于标注了尺寸之后,ϕ12 的孔深还没有表达清楚,所以在图 6-9(c) 的俯视图中还应用虚线画出转向轮廓线。

由于剖切平面与底座的对称平面重合,并且视图按投影关系配置,中间又没有其他图形隔开,因此,在图 6-9(c) 和(d) 中可以不标注剖切位置和剖视图的名称。

图 6-10 画出了一个拨叉,从图中可见,拨叉的左右端用水平板连接,中间还有起加强连接作用的肋。根据国标的相关规定,对于机件的肋、轮辐及薄壁等,如按纵向剖切,这些结构都不画剖面符号,而用粗实线将它与邻接部分分开。在图 6-10 所示的拨叉的全剖视图中的肋,就是按上述规定画出的。

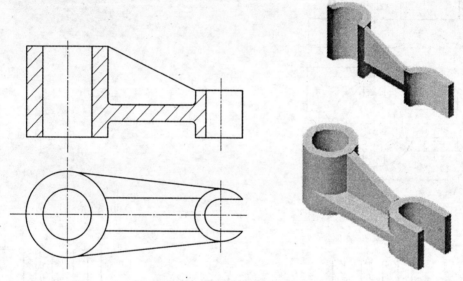

图 6-10　剖视图中肋板的画法

2. 半剖视图

当机件具有对称面时,在垂直于对称平面的投影面上投影所得的图形,可以对称中心线为界,一半画成剖视图,另一半画成视图,这种剖视图称为半剖视图。如图 6-11(a) 所示为支架的两视图,从图中可知,该零件的内、外形状都比较复杂,但前后和左右都对称。为了清楚地表达这个支架,可用图 6-11(b) 所示的剖切方法,将主视图和俯视图都画成半剖视图,如图 6-11(c) 所示。从图 6-11(c) 中可知,如果主视图采用全剖视图,则顶板下的凸台就不能表达出来;如果俯视图采用全剖视图,则顶板及其四个小孔也不能表达出来。

在画半剖视图时必须注意:在半剖视图中,半个视图和半个剖视图的分界线应画成点画线,不能画成粗实线。由于图形对称,零件的内部形状已在半个剖视图中表示清楚,所以在表达零件外部形状的半个视图中,虚线应省略不画。但是,如果零件的某些内部形状在半个剖视图中没有表达清楚,则在表达零件外部形状的半个视图中,应该用虚线画出,如图 6-11(c) 中顶板上的圆柱孔、底板上的圆柱孔,都用虚线画出。

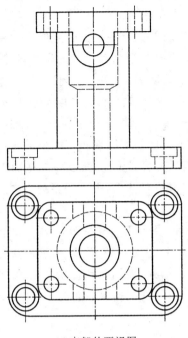

(a) 支架的两视图

(b) 半剖后的支架模型

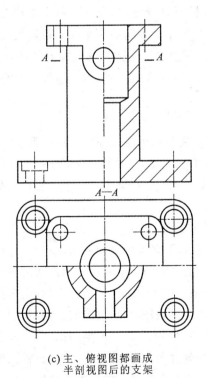

(c) 主、俯视图都画成
半剖视图后的支架

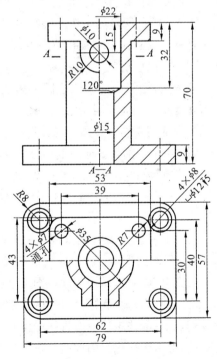

(d) 标注尺寸后的支架

图 6-11　半剖视图的画法示例

　　如图 6-11(c) 所示,用前后对称平面剖切后所得的半剖视图,可省略标注;而用水平面剖切后所得的半剖视图,因为剖切面不是支架的对称平面,所以必须在这个半剖视图的上方标出剖视图的名称"A—A",并在另一个图形中用带字母 A 的剖切符号表示剖切位置,但由于图形按投影关系配置,中间又没有其他图形隔开,便可省略表示投影方向的箭头。

如图 6-11(d) 所示,在支架的半剖视图中清晰完整地标注了尺寸。在主视图位置的半剖视图中,由于支架中部的孔在外形视图上省略不画,因此,$\phi15$、$\phi22$、钻孔锥顶角 120°等的尺寸线,一端画出箭头,指到尺寸界线,而另一端只要略超出对称中心线,不画箭头。在 A—A 剖视图中,顶板上四个圆柱孔的中心线之间的尺寸 30、顶板的宽度 43 及圆柱体的外径尺寸 $\phi35$ 等的尺寸线也属这种情况。由于在 A—A 剖视图中,注明了支架顶板上四个圆柱孔是通孔,底板上四个圆柱孔是具有沉孔(沉孔的尺寸也已标明)的圆柱孔,所以在主视图中就不必如图 6-11(c)那样画出这些孔的虚线,但是仍要画出这些孔的轴线。

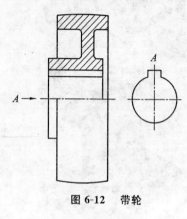

图 6-12 带轮

当机件的形状接近于对称,并且不对称部分已另有图形清楚表达时,也可以画成半剖视图。如图 6-12 所示,由于带轮的上下不对称部分只是在轴孔的键槽处,而轴孔和键槽已由 A 向局部视图表达清楚,所以也可以将主视图画成半剖视图。

3. 局部剖视图

用剖切平面局部地剖开机件所得的视图,称为局部剖视图。

图 6-13(a) 所示为箱体的两视图。根据对箱体的形体分析可以看出,其顶部有一个矩形孔,底部是一块具有四个安装孔的底板,左下面有一个轴承孔。从箱体所表达的两个视图可以发现,其上下、左右、前后都不对称。为了使箱体的内部和外部都能表达清楚,它的两视图既不宜用全剖视图来表达,也不能用半剖视图来表达,而以局部剖开这个箱体的视图来表达为宜,图 6-13(c)所示就是箱体的局部剖视图。

画局部剖视图时必须注意以下几点。

(1) 当单一剖切平面的剖切位置明显时,可以省略局部剖视图的标注,如图 6-13(c) 所示。

(2) 局部剖视图用波浪线分界,波浪线不应与图样上的其他图线重合,当被剖切结构为回转体时,允许将该结构的中心线作为局部剖视与视图的分界线,如图 6-14 所示主视图中右边的局部剖视。

(3) 在一个视图中,局部剖视的数量不宜过多,以免使图形过于破碎。

(4) 局部剖视是一种比较灵活的表达方法,当在剖视图中既不宜采用全剖视图,也不宜采用半剖视图时,则可采用局部剖视图表达。例如在图 6-11(d) 的主视图的半个表达外部形状的视图中,若把顶板、底板上的孔用局部剖视图表达,就显得比较清楚。又如图 6-15 所示的手柄,由于两侧都是实心杆,并拟保留主视图中的过渡线,因而就不宜采用全剖视图;同时,中间的方孔虽然左右对称,但由于在主视图中对称中心线与孔壁交线的投影相重合,也不宜采用半剖视图,因而在主视图中采用局部剖视图,就既能保留左侧的过渡线,又能将这条孔壁交线表达出来,显得清晰明了。在图 6-16 所示的三个机件中,虽然前后、左右都对称,但由于主视图的正中都分别有外壁或内壁的交线存在,因此主视图不宜画成半剖视图,而应画成局部剖视图,并尽可能地把形体的内壁或外壁的交线清晰地显示出来。

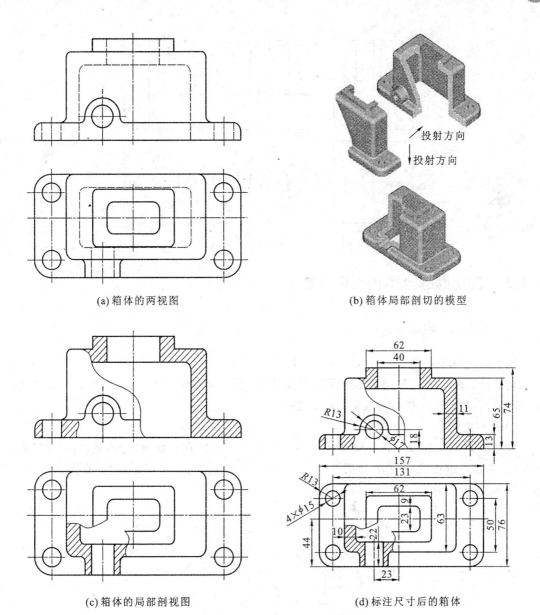

(a) 箱体的两视图

(b) 箱体局部剖切的模型

(c) 箱体的局部剖视图

(d) 标注尺寸后的箱体

图 6-13　局部剖视图的画法示例

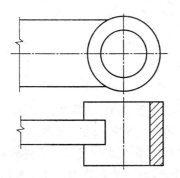

图 6-14　中心线作为局部剖视与视图的分界线

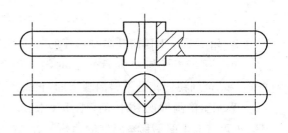

图 6-15　手柄的局部剖视图

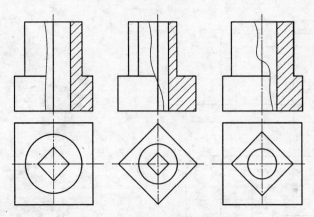

图 6-16　用局部剖视代替半剖视

6.2.3　剖切面的分类和剖切方法

1. 用单一剖切面剖切

1) 用平行于某一基本投影面的平面剖切

前面所讲的全剖视图、半剖视图和局部剖视图,都是用平行于某一基本投影面的剖切平面剖开机件后所得出的,这些都是最常用的剖视图。

2) 用柱面剖切

按 GB/T4458.6—2002《机械制图　图样画法　剖视图和断面图》中的规定:采用柱面剖切机件时,剖视图应按展开绘制。如图 6-17 所示,A—A 剖视图即是用柱面剖切,在图名后需加"展开"二字。

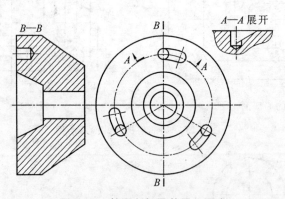

图 6-17　柱面剖切及其展开画法

3) 用不平行于任何基本投影面的剖切平面剖切

用不平行于任何基本投影面的剖切平面剖开机件的方法又称为斜剖。如图 6-18 中的"A—A"全剖视图就是用斜剖画出的,它表达了弯管及其顶部的凸缘、凸台与通孔。

采用斜剖画剖视图时,剖视图可如图 6-18 那样,按投影关系配置在与剖切符号相对应的位置;也可将剖视图平移至图纸的适当位置;在不致引起误解时,还允许将图形旋转,但旋转后的标注形式应为"X—X⌒"或"⌒X—X"。例如在图 6-18 中,可将"A—A"剖视图改用"⌒A—A"剖视图来表达。

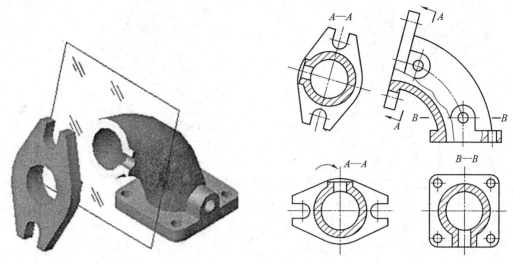

图 6-18　斜剖的画法示例

2. 用几个相交的剖切平面剖切

用几个相交的剖切平面(交线垂直于某一基本投影面)剖开机件的方法又称为旋转剖或复合剖。如图 6-19(b) 所示,为了将摇杆的结构和各种孔的形状都表达清楚,就采用了旋转剖的方法:先假想用图中剖切符号所表示的、交线垂直于正面的两个平面剖开摇杆,将处于观察者与剖切平面之间的部分移去,并将被倾斜的剖切平面剖开的结构及有关部分旋转到与选定的基本投影面(在图 6-19(b) 中是水平投影面) 平行,然后再进行投射,便得到图中"A—A"全剖视图。

画旋转剖时,应如图 6-19(b) 中所示,画出剖切符号,在剖切符号的起始和转折处标注字母"X",在剖切符号两端画出表示剖切后的投射方向的箭头,并在剖视图上方注明剖视图的名称"X—X";但当转折处的位置有限而又不引起误解时,允许省略标注转折处的字母。

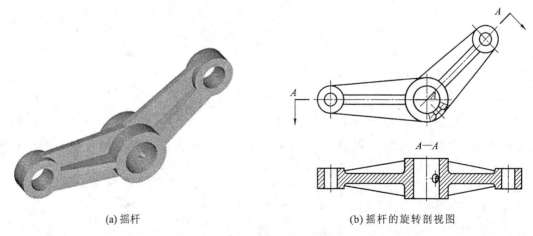

(a) 摇杆　　　　　　　　　　(b) 摇杆的旋转剖视图

图 6-19　旋转剖的画法示例

用旋转剖画剖视图时,在剖切平面后的其他结构,一般仍按原来的位置投影,例如在图 6-19(b) 中的油孔,就是按原来位置投影画出的。当剖切后产生不完整要素时,应将此部分按不剖绘制,如图 6-20 所示,中间的摇臂就按不剖绘制。

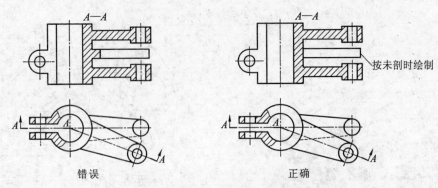

图 6-20　剖切后如产生不完整要素则按不剖绘制

复合剖的剖切符号的画法和标注,与旋转剖相同。在图 6-21 中,用复合剖按主视图中的剖切符号画出了 A—A 全剖视图。复合剖通常可用展开画法绘制,当用展开画法时,图名应标注"×—×展开",如图 6-21 标注的"A—A 展开"。

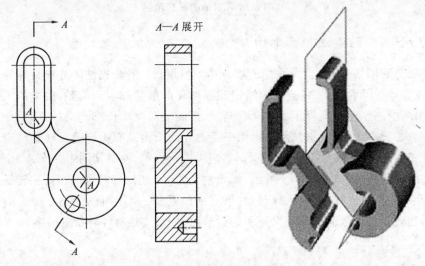

图 6-21　复合剖的展开画法

3. 用几个平行的剖切面剖切

用几个平行的剖切平面剖开机件的方法又称为阶梯剖。

如图 6-22(a)所示,用两个平行平面以阶梯剖的方法剖开支架,将处在观察者与剖切平面之间的部分移去,再向侧立投影面投射,就能清楚地表达出上底板的凹槽、圆柱孔和下部的各种孔的结构,于是就可画出如图 6-22(b)所示的 A—A 全剖视图。在图 6-22(b)的主视图中,标注了阶梯剖的剖切符号,其标注方法与旋转剖的标注方法相同,但由于剖视图是按投影关系配置,中间又没有其他图形隔开,所以在图中省略了剖切符号中的箭头。

用阶梯剖画出的剖视图,不应画出剖切平面转折处的界线,如图 6-22(c)所示。剖切平面的转折处也不应与图中的轮廓线重合,如图 6-22 所示。在图形内不应出现不完整的要素,仅当两个要素在图形上具有公共对称的中心线或轴线时,才可以出现不完整要素。这时,应各画一半,并以对称中心线或轴线为界,如图 6-23 所示。

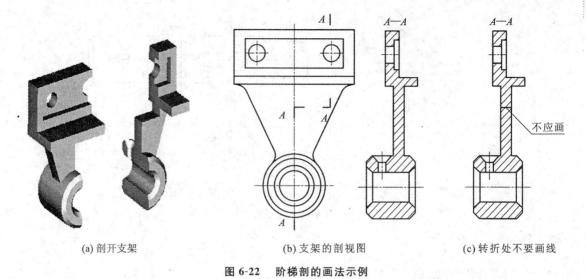

(a) 剖开支架　　　　　　　　　(b) 支架的剖视图　　　　　　　　(c) 转折处不要画线

图 6-22　阶梯剖的画法示例

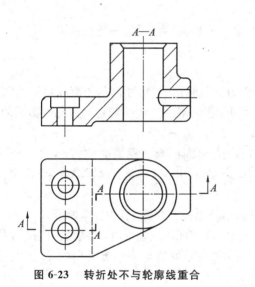

图 6-23　转折处不与轮廓线重合

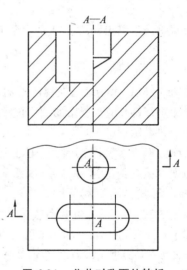

图 6-24　公共对称面处转折

6.3　断面图

6.3.1　基本概念

　　假想用剖切平面将机件的某处切断,仅画出断面的图形,称为断面图,简称断面。

　　图 6-25(a) 所示的是一根轴的轴测图。在图 6-25(b) 的主视图中,画出了表示各段直径不相同的轴和键槽的投影,键槽和孔的深度未知。假想在键槽处用一个垂直于轴的剖切平面将轴切断,画出它的断面图,就可以清晰地表达键槽的深度,也方便标注尺寸。在断面图上要画出剖面符号,如图 6-25(b) 所示。

　　断面图与剖视图的区别是:断面图只画出机件的断面形状,而剖视图则将机件处在观察者和剖切平面之间的部分移去后,除了断面形状以外,还要画出机件剩下部分的投影。断面图是面的

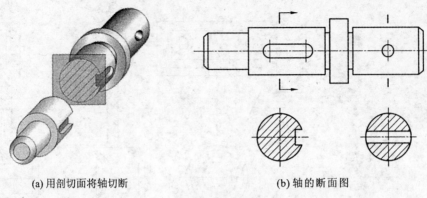

(a) 用剖切面将轴切断　　　　　　　(b) 轴的断面图

图 6-25　断面图

投影,剖视图是体的投影。

6.3.2　断面图的种类

断面图分为移出断面图和重合断面图两种,也可简称为移出断面和重合断面。

1. 移出断面

如图 6-25(b) 所示,画在视图外的断面图,称为移出断面。移出断面的轮廓线用粗实线绘制,应尽量配置在剖切符号或剖切平面迹线的延长线上。剖切平面迹线是剖切平面与投影面的交线,用细点画线表示。

断面图形为对称图形时,也可如图 6-26(a) 所示,将断面画在视图的中断处。必要时可将移出断面配置在其他适当的位置,如图 6-26(b)、(c)、(d) 所示。在不会引起误解时,允许将图形旋转,其标注形式见图 6-26(e)。

如图 6-26(f) 所示,由两个或多个相交平面剖切得出的移出断面,中间应断开。

如图 6-26(d) 所示,当剖切平面通过回转面形成的孔或凹坑的轴线时,这些结构应按剖视绘制。

如图 6-26(e) 所示,当剖切平面通过非圆孔时,将会导致出现完全分开的两个剖面,这些结构应按剖视绘制。

如图 6-26(c) 所示,移出断面一般应用剖切符号表示剖切位置,用箭头表示投射方向,并标注上字母,在断面图上方应用同样的字母标注出相应的名称"$X—X$"。如图 6-25(b) 所示,配置在剖切符号延长线上的不对称移出剖面,可省略字母。如图 6-26(b) 和(d) 所示,不配置在剖切符号延长线上的对称移出断面,以及按投影关系配置的不对称移出断面,可省略箭头。如图 6-25(b)、图 6-26(a) 和 (f) 所示,剖切平面迹线上的对称移出断面和配置在视图中断处的移出断面,都不必标注。

2. 重合断面

在不影响图形清晰性的条件下,断面也可以按投影关系画在视图中。画在视图内的断面称为重合断面,重合断面的轮廓线用细实线绘制。当视图中的轮廓线与重合断面的图形重叠时,视图中的轮廓线仍应连续画出,不可间断。

如图 6-27(a) 所示支架的肋、图 6-27(b) 所示的吊钩都是对称的重合断面,不必标注。如图 6-27(c) 所示的配置在剖切符号上的不对称重合断面,不必标注字母,可在剖切符号处画出表示投影方向的箭头,也可省略标注。

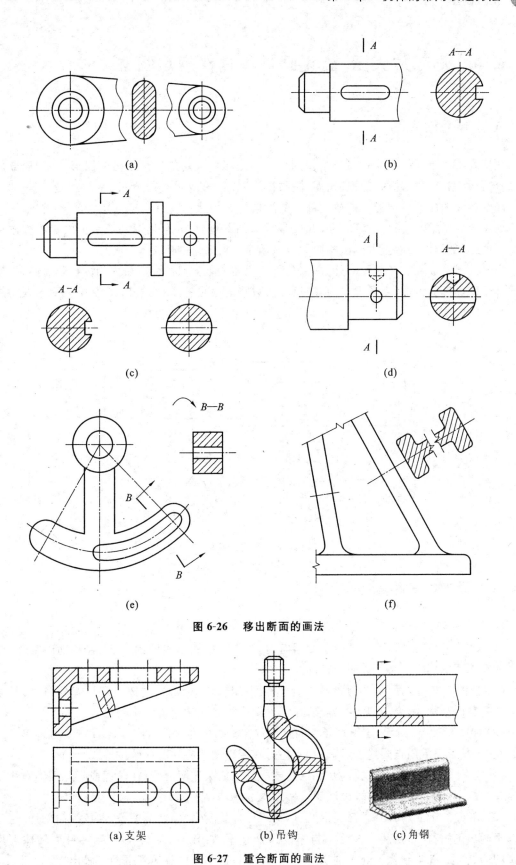

图 6-26　移出断面的画法

(a)　(b)　(c)　(d)　(e)　(f)

(a) 支架　　　　(b) 吊钩　　　　(c) 角钢

图 6-27　重合断面的画法

6.4 局部放大图、简化画法和其他规定画法

6.4.1 局部放大图

如图 6-28 所示,将机件的部分结构用大于原图形所采用的比例画出的图形,称为局部放大图。局部放大图可画成视图、剖视、断面,它与被放大部分的表达方式无关。

局部放大图应尽量配置在被放大部位的附近。

如图 6-28 所示,当同一机件上有几个被放大的部分时,必须用罗马数字依次标明被放大的部位,并在局部放大图的上方标出相应的罗马数字和所采用的比例。

当机件上被放大的部分仅一处时,在局部放大图的上方只需注明所采用的比例。同一机件上不同部位的局部放大图,当图形相同或对称时,只需要画出一个,必要时可用几个图形表达同一被放大部分的结构。

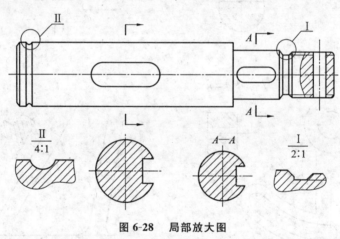

图 6-28 局部放大图

6.4.2 简化画法和其他规定画法

在图 6-29 中,简要地介绍了国家标准所规定的一部分简化画法和其他规定画法。

(1) 如图 6-29(a) 所示,在不会引起误解时,零件图中的移出断面,允许省略剖面符号,但剖切位置和断面图的标注必须遵照原来的规定。

(2) 如图 6-29(b) 所示,当机件具有若干相同结构(齿、槽等),并按一定规律分布时,只需画出几个完整的结构,其余用细实线连接,在零件图中则必须注明该结构的总数。

(3) 如图 6-29(c) 所示,若干直径相同且成规律分布的孔(圆孔、螺孔、沉孔等)可以仅画出一个或几个,其余只需用点画线表示其中心位置,在零件图中应注明孔的位置。

(4) 如图 6-29(d) 所示,网状物、编织物或机件上的滚花部分,可在轮廓线附近用细实线示意画出,并在零件图上或技术要求中注明这些结构的具体要求。

(5) 在 6.2 节的图 6-10 中已经提及过,对于机件的肋、轮辐及薄壁等,如按纵向剖切,这些结构都不画出剖面符号,用粗实线将它与邻接部分分开。如图 6-29(e) 所示,当零件回转体上均匀分布的肋、轮辐、孔等结构不处于剖切平面上时,可将这些结构旋转到平面上画出。

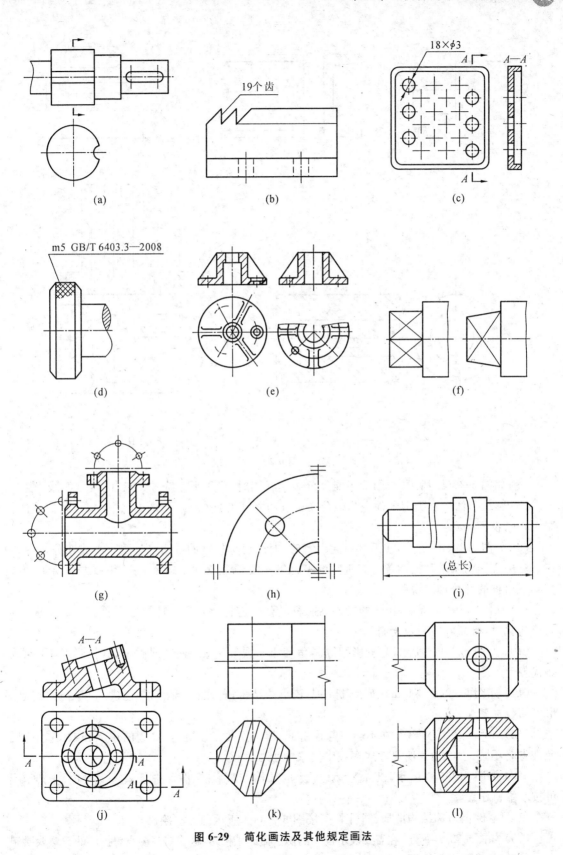

图 6-29　简化画法及其他规定画法

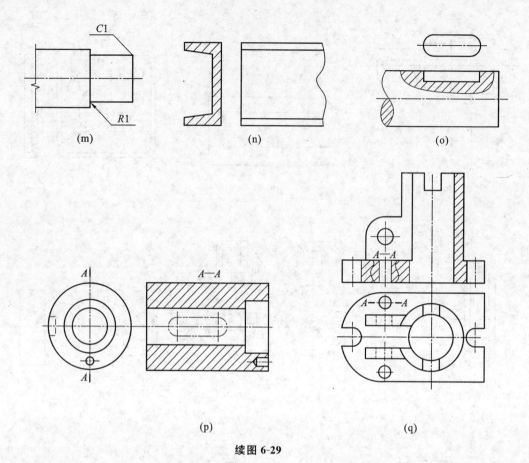

续图 6-29

（6）如图 6-29（f）所示，当图形不能充分表达平面时，可用平面符号（相交的两细实线）表示。

（7）圆柱形法兰和类似零件上均匀分布的孔可按图 6-29（g）所示的方法（由机件外向该法兰端面方向投影）表示。

（8）如图 6-29（h）所示，在不会引起误解时，对于对称机件的视图可只画一半或四分之一，并在对称中心线的两端画出两条与其垂直的平行细实线。基本对称的零件也可用该方法绘制，但要对其不对称的部分加以说明。

（9）如图 6-29（i）所示，较长的机件（轴、杆、型材、连杆等）沿长度方向的形状一致或按一定规律变化时，可断开后缩短绘制。

（10）如图 6-29（j）所示，与投影面倾斜角度小于或等于 30° 的圆或圆弧，其投影可用圆或圆弧代替。

（11）如图 6-29（k）和（m）所示，机件上较小的结构，若在一个图形中已表示清楚时，其他图形可简化或省略。

（12）如图 6-29（n）所示，在不会引起误解时，零件图中的小圆角、锐边的小倒圆或 45° 小倒角允许省略不画，但必须注明尺寸或在技术要求中加以说明。

（13）如图 6-29（p）所示，机件上斜度不大的结构，若在一个图形中已表达清楚时，其他图形可按小端画出。

（14）零件上对称结构的局部视图，可按图 6-29（q）所示的方法绘制。

（15）如图 6-29（r）所示，在需要表示位于剖切平面的结构时，这些结构按假想投影的轮廓线绘制。

（16）当需要在剖视图的剖面中再作一次局部剖时，可采用如图 6-29（s）所示的方法表达，两个剖面的剖面线应同方向、同间隔,但要互相错开,并用引出线标注其名称,当剖切位置明显时,也可省略标注。

6.5　综合应用举例

当表达一个零件时,应根据零件的具体形状,适当地选用前面介绍的机件常用的表达方法,画出一组视图,并适当地标注尺寸,完整、清晰地表示出零件的形状和大小。

【例 6-1】　根据图 6-30 所给出的壳体轴测图,选择适当的表达方法画出它的图样。

【解】　可按下述步骤解题。

(1) 形体分析。这个壳体前后对称,上下和左右都不对称。壳体的主体是一个圆柱体,内有三种大小的圆孔;它的上面是圆柱形的底板,下面是正方形的底板,底板上各有四个用于螺栓安装的圆形通孔;左上部有一圆柱形管道与主体圆柱管相贯,管道末端是带有半圆缺口的椭圆形板块。

(2) 选择视图,画出图稿。通常把零件安放在工作位置或自然位置,在此基础上再选择主视图的投影方向,从能完整、清晰地表达出这个零件出发,确定要画出哪几个图形,同时考虑这些图形用哪些适当的表达方法,然后布置图面,画出这个零件的图稿。

图 6-30　壳体轴测图

图 6-31(a)是按题目要求画出的这个壳体图样的一种表达方案:主视图全剖,用以表达内部的各种孔和上底板孔的深度;俯视图半剖,既表达上底板和左面结构的外形,又表达下底板的形状,剖开部分表达左侧孔与中间孔的相交情况;左视图局部剖,主要表达左侧外形,剖切部分表达下底板圆孔深度和内部三种孔。该方案的优点是将壳体的内外形状表达得很清晰,表达方法简单;缺点是对壳体的内腔重复表达,画图量大。

图 6-31(b)是此壳体的另一种表达方案。与图 6-31(a)的不同之处是将主视图的投影方向改变,并且画成半剖,剖开部分表达内腔,视图部分表达主体和左侧板块的外形,下底板局部剖表达孔深;俯视图表达方法与图 6-31(a)相同,只是方向改变。该方案的优点是画图简洁,缺点是读图时需要较强的读图能力。

图 6-31(c)是此壳体的第三种表达方案。与前两种的不同之处是将主视图改为局部剖,剖开部分表达内腔和下底板上的孔深,视图部分表达外形;俯视图直接采取了用水平面剖切后所画出的 A—A 剖视图,表达内腔及左侧板块上的孔、槽和下底板外形;对于没有表达清楚的左侧板块和上底板,用 C 向和 D 向局部视图表达。该方案的优点是表达简单明了,但画图量较大。

图 6-31(d)是此壳体的第四种表达方案。其主视图采用局部剖,俯视图用半剖,左侧板块用 C 向局部视图表达。它将前面三种方案的优点结合起来,去掉缺点,表达简单明了,画图简洁,所以是最优的一种方案。

【例 6-2】　根据图 6-32(a)所给出的箱体轴测图,选择适当的表达方法画出它的图样。

【解】　可按下述步骤解题。

(1) 形体分析。如图 6-32(a)所示的箱体是前后对称结构,左右和上下都不对称。其主干部分

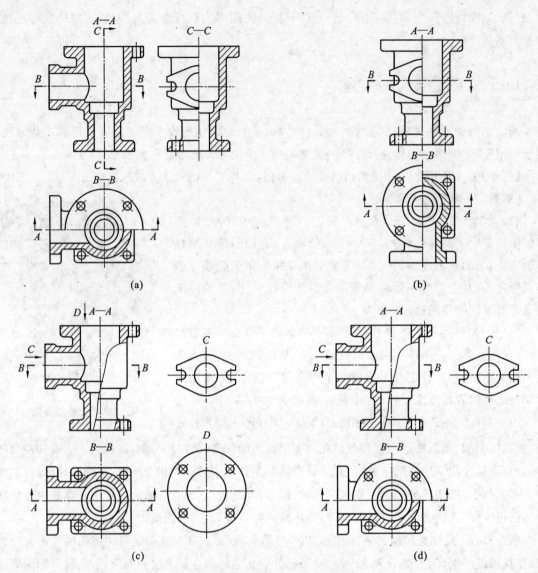

图 6-31　壳体的四种表达方案

是矩形空腔,内部有圆柱形凸台,凸台上有通孔;箱体前后有椭圆形凸台,凸台上有通孔;箱体底部左右两端有底板,底板四角有通孔。

(2)选择视图,画出图稿。

图 6-32(b)所示是此壳体的一种表达方案,主视图采用局部剖,剖开部分表达内部空腔及凸台上的孔,视图部分表达前面的凸台及箱体外部结构;俯视图用基本视图表达箱体外形;对于左侧凸台外形,用 A 向局部视图表达。这种方案表达不够清晰,虚线太多,不利于看清图和标注尺寸。

图 6-32(c)所示是此壳体的另一种表达方案,主视图采用剖中剖,表达内部空腔、凸台上的孔和底板上的孔;俯视图采用半剖,剖开部分表达前面凸台上的孔,视图部分表达内腔外形和底板外形;对于左侧和前后凸台,用 A 向和 B 向局部视图表达。这种方案表达清晰,方便看图和标注尺寸。

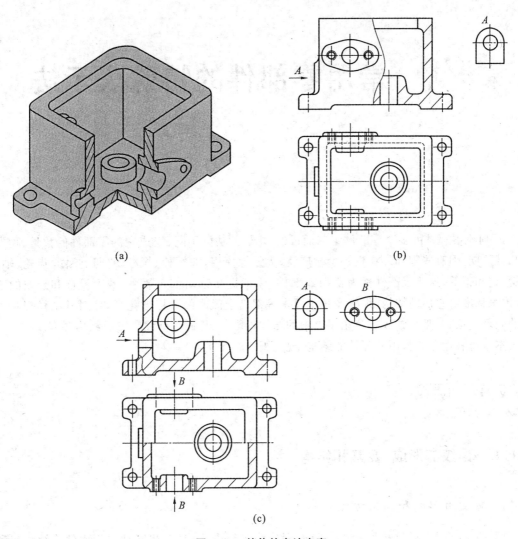

(a)

(b)

(c)

图 6-32　箱体的表达方案

第 7 章　常用零部件的特殊表示法

任何机器都是由多个零部件组装而成的，机器的功能不同，组成它的零部件的数量、种类和形状就不同。但有些零部件在机器上被广泛、大量地使用，如螺栓、螺柱、螺母、垫圈、齿轮、轴承、弹簧、键和销等，这些零部件称为常用零部件。为了提高劳动生产效率，减少设计和绘图的工作量，国家标准对它们的结构、规格及技术要求等都已全部或部分标准化了，并对其图样规定了特殊的表示方法：一是从画法上简化了难画的结构投影；二是通过标注来表示结构要素。

本章将着重介绍常用零部件的结构、规定画法和标注方法。

7.1　螺纹

7.1.1　螺纹的形成、要素和结构

1. 螺纹的形成和加工方法

螺纹是在圆柱、圆锥等回转面上沿着螺旋线所形成的、具有相同轴向剖面的连续凸起和沟槽。在圆柱、圆锥外表面上形成的螺纹，称为外螺纹；在孔腔圆柱、圆锥内表面上形成的螺纹，称为内螺纹。形成螺纹的加工方法很多，如图 7-1 所示，内、外螺纹都可以在车床上进行车削加工，工件在车床上绕车床的主轴作等角速旋转，刀具沿主轴轴线方向作等速直线运动，刀具切入工件一定深度即能切出螺纹。对于加工直径较小的螺纹孔，可按图 7-2 所示，先用钻头钻出光孔，再用丝锥攻丝加工出螺纹。

2. 螺纹的要素

1）牙型

在通过螺纹轴线的剖面上，螺纹的轮廓形状称为牙型。常见的牙型有三角形、梯形、锯齿形等。不同的螺纹牙型，有不同的用途。

2）直径

螺纹的直径有三种：大径、小径和中径。如图 7-3 所示，螺纹大径是指与外螺纹牙顶或内螺纹牙底相重合的假想圆柱面的直径，用 d（外螺纹）或 D（内螺纹）表示；螺纹小径是指与外螺纹牙底或内螺纹的牙顶相重合的假想圆柱面的直径，用 d_1（外螺纹）或 D_1（内螺纹）表示；螺纹中径是指

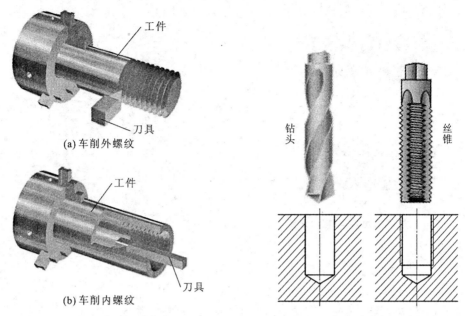

（a）车削外螺纹

刀具

工件

（b）车削内螺纹

刀具

工件

钻头

丝锥

图 7-1　车削加工螺纹的方法　　　　图 7-2　加工直径较小的螺纹孔

母线通过牙型上沟槽和凸起宽度相等的地方的假想圆柱的直径，用 d_2（外螺纹）或 D_2（内螺纹）表示。其中，螺纹大径又称为公称直径，代表螺纹尺寸的直径。

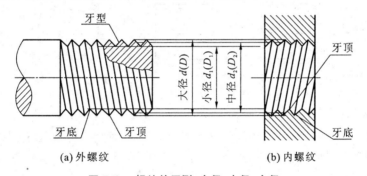

牙型

牙顶

大径 $d(D)$

小径 $d_1(D_1)$

中径 $d_2(D_2)$

牙底　牙顶

牙底

（a）外螺纹　　　　　　　（b）内螺纹

图 7-3　螺纹的牙型、大径、中径、小径

3）线数 n

如图 7-4 所示，螺纹有单线和多线之分：沿一条螺旋线形成的螺纹，称为单线螺纹；沿两条或两条以上且在轴向等距离分布的螺旋线所形成的螺纹，称为多线螺纹。

4）螺距 P 和导程 P_h

螺纹相邻两牙在中径线上对应两点间的轴向距离，称为螺距，用"P"表示。在同一条螺旋线上的相邻两牙在中径线上对应两点间的轴向距离，称为导程，用"P_h"表示。若螺旋线数为 n，则导程与螺距有如下关系：$P_h = nP$。

5）旋向

螺纹分左旋和右旋两种。如图 7-5 所示，顺时针旋转时旋入的螺纹，称为右旋螺纹；逆时针旋转时旋入的螺纹，称为左旋螺纹。工程上常用的螺纹为右旋螺纹。

内外螺纹必须成对配合使用，可用于各种机械连接、传递运动和动力。螺纹的五个要素——牙型、直径、螺距、线数和旋向完全相同时，内外螺纹才能相互旋合。

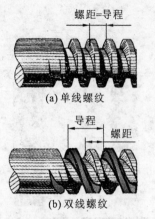

(a) 单线螺纹

(b) 双线螺纹

图 7-4　螺纹的线数、导程和螺距

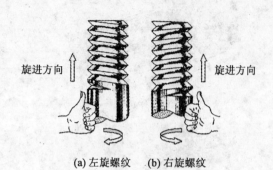

(a) 左旋螺纹　　(b) 右旋螺纹

图 7-5　螺纹的旋向

3. 螺纹的工艺结构

1) 螺纹的末端

为了防止螺纹的起始圈损坏和便于内外螺纹装配,常在螺纹的起始处加工出一定形式的末端,如倒角、倒圆等,如图 7-6 所示。

图 7-6　螺纹的倒角和倒圆

2) 螺纹的螺尾和退刀槽

车削螺纹时,刀具接近螺纹末尾时要逐渐离开工件,因而螺纹末尾附近的螺纹牙型不完整,螺纹的这一段不完整的收尾部分称为螺尾,如图 7-7(a) 所示。为了避免产生螺尾,可预先在螺纹末尾处加工出退刀槽,然后再车削螺纹,如图 7-7(b) 和(c) 所示。

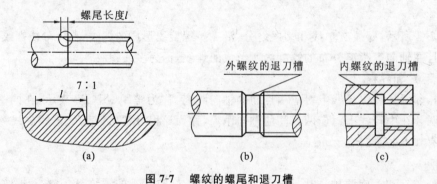

图 7-7　螺纹的螺尾和退刀槽

7.1.2　螺纹的规定画法

螺纹通常采用专用的刀具加工而成,而且螺纹的真实投影比较复杂,为了简化作图,国家标准 GB/T4459.1—1995《机械制图 螺纹及螺纹紧固件表示法》中规定了在机械图样中螺纹和螺纹紧固件的画法。

1. 内、外螺纹的规定画法

1）外螺纹

如图 7-8 所示,在投影为非圆的视图中,螺纹大径用粗实线画;螺纹小径用细实线画(小径通常画成大径的 0.85 倍,实际数值也可查相关标准),并画入倒角或倒圆内;螺纹终止线(完整螺纹的终止界限)用粗实线画。在投影为圆的视图中,表示螺纹大径的圆用粗实线画,表示螺纹小径的圆用细实线画约 3/4 圈,此时螺纹的倒角圆省略不画。

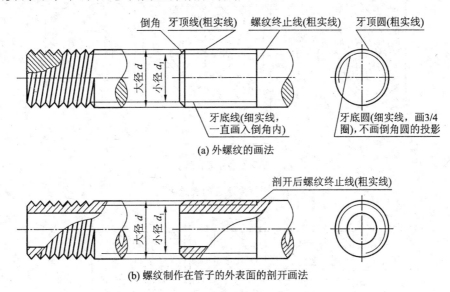

(a) 外螺纹的画法

(b) 螺纹制作在管子的外表面的剖开画法

图 7-8   外螺纹的规定画法

2）内螺纹

如图 7-9(a) 所示,在投影为非圆的视图中,剖视时,螺纹大径用细实线画,螺纹小径用粗实线画,螺纹终止线用粗实线画,剖面线要画到表示小径的粗实线为止;不剖时,内螺纹结构全部按虚线画。在投影为圆的视图中,表示螺纹大径的圆用细实线画约 3/4 圈,表示螺纹小径的圆用粗实线画,螺纹的倒角圆也省略不画。

3）其他规定画法

(1) 不穿通螺孔的画法。绘制不穿通的螺孔,一般钻孔深度应比螺孔深 $0.5D$。由于钻头的刃锥角约等于 $120°$,因此钻孔底部圆锥坑的锥角应画成 $120°$,如图 7-9(b) 所示。

(2) 螺纹收尾的画法。螺纹收尾一般不画出,当需要表示时,螺纹底部的牙底用与轴线成 $30°$ 角的细实线表示。注意:螺纹的长度是指完整螺纹的长度,也就是不包括螺尾在内的有效螺纹长度;螺纹终止线应画在有效螺纹长度的终止处,如图 7-7(a) 所示。

(3) 螺孔相贯线的画法。螺孔与螺孔、螺孔与光孔相交时,只在牙顶处(螺纹小径)画一条相贯线,如图 7-10 所示。

另外,无论是外螺纹还是内螺纹,在剖视图或断面图中的剖面线都必须画到粗实线。

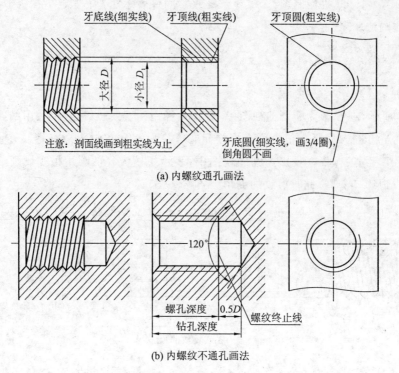

(a) 内螺纹通孔画法

(b) 内螺纹不通孔画法

图 7-9　内螺纹的规定画法

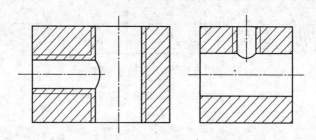

图 7-10　螺孔中相贯线的画法

2. 内、外螺纹连接画法

如图 7-11(a) 所示,在剖视图中表示内、外螺纹连接时,其旋合部分应按外螺纹的画法表示,其余部分仍按各自的画法表示。注意:当剖切平面通过螺杆轴线时,实心螺杆按不剖绘制;表示大、小径的粗实线和细实线应分别对齐,而与倒角的大小无关。

当螺纹连接在图样上不可见(用不剖表示)时,其大径、小径均用虚线绘制,如图 7-11(b) 所示。

3. 螺纹牙型的表示法

当需要表示螺纹牙型时,可按图 7-12(a) 所示的局部剖视图或按图 7-12(b) 所示的局部放大图绘制,并标注所需尺寸及有关要求。

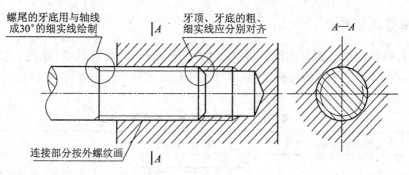

(a) 剖视图中螺纹连接可见时的画法

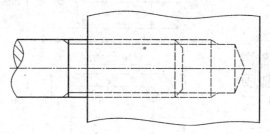

(b) 剖视图中螺纹连接不可见时的画法

图 7-11   螺纹连接的规定画法

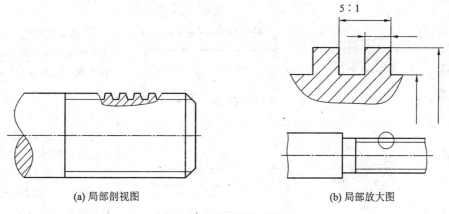

(a) 局部剖视图   (b) 局部放大图

图 7-12   螺纹牙型的表示法

7.1.3   常用螺纹的种类和标记

1. 螺纹的种类

螺纹按用途不同,可分为以下四种。

(1) 紧固连接用螺纹,简称紧固螺纹。常用的是普通螺纹。

(2) 传动用螺纹,简称传动螺纹。常用的是梯形螺纹和锯齿形螺纹,另外还有矩形螺纹。

(3) 管用螺纹,简称管螺纹。常用的是 55°密封管螺纹和 55°非密封管螺纹。

(4) 专门用途螺纹,简称专用螺纹。如自攻螺钉用螺纹、木螺钉螺纹和气瓶专用螺纹等。

2. 常用螺纹的标记

由于各种螺纹的画法都是相同的,图上也并未标明牙型、公称直径、螺距、线数和旋向等要素,因此,螺纹按国标的规定画法画出后,需要使用标注代号或标记来说明,以区别不同种类的螺纹。各种常用螺纹的标记方式及示例如表 7-1 所示。

表 7-1　常用螺纹的种类和标记示例

螺纹种类		牙型放大图及特征代号	标 记 示 例	说 明
紧固螺纹	普通螺纹	60° M	M20-6g	粗牙普通螺纹,公称直径为20 mm,右旋。螺纹大径、中径公差带均为6g,中等旋合长度
			M20×2-7H-L-LH	细牙普通螺纹,公称直径为20 mm,螺距为2 mm,左旋。螺纹小径、中径公差带均为7H,长旋合长度
管螺纹	55°非密封管螺纹	55° G	G1A	55°非密封管螺纹,外管螺纹的尺寸代号为1英寸,公差等级为 A 级,右旋(从大径引出标注)
	55°密封管螺纹	55° R_p R_c R_1 R_2	R_c3/4LH	55°密封的与圆锥外螺纹旋合的圆锥内螺纹,尺寸代号为3/4英寸,左旋(从大径引出标注)。 与圆锥内螺纹旋合的圆锥外螺纹的特征代号为 R_2。 圆柱内螺纹与圆锥外螺纹旋合时,前者和后者的特征代号分别为 R_p 和 R_1
传动螺纹	梯形螺纹	30° Tr	Tr40×14(P7)LH-7H	梯形螺纹,公称直径为 40 mm,导程为 14 mm,螺距为 7 mm,线数为 2,左旋,中径公差带代号为7H,中等旋合长度

续表

螺纹种类		牙型放大图及特征代号	标记示例	说 明
传动螺纹	锯齿形螺纹	3°30° B	B32×6-7e	锯齿形螺纹,公称直径为 32 mm,螺距为 6 mm,单线,右旋,中径公差带代号为 7e,中等旋合长度

1) 普通螺纹

普通螺纹是紧固螺纹中常用的一种,其标记内容及格式为:

螺纹特征代号公称直径 $\times P_h$ 导程(P 螺距)－公差带代号－旋合长度代号－旋向

普通螺纹的标记主要由螺纹特征代号 M、螺纹公称直径和螺距(单线细牙螺纹)及螺纹的旋向组成。

标记可以简化的情况如下。

(1)粗牙普通螺纹不标注螺距。当螺纹为左旋时,标注"LH"字母代号,右旋不标注旋向。

(2)螺纹公差带代号包括中径公差带代号和顶径(指外螺纹的大径和内螺纹的小径)公差带代号,它们都是由表示公差等级的数字和表示公差带位置的字母组成。大写字母表示内螺纹,小写字母表示外螺纹。如果中径公差带与顶径公差带代号相同,则只标注一个代号。

(3)螺纹旋合长度分为短(S)、中(N)、长(L)三种,中等旋合长度最为常用,当采用中等旋合长度时,不标注旋合长度代号。

【例 7-1】 按要求标注出螺纹的代号:普通细牙外螺纹,大径为 20 mm,单线左旋,螺距为 1.5 mm,中径公差带为 5 g,大径公差带为 6 g,长旋合长度。

其标记为:M20 × 1.5-5g6g-L-LH。

(4)最常用的中等公差精度螺纹 —— 公称直径 ≤ 1.4 mm 的 5H、6h 和公称直径 ≥ 1.6 mm 的 6H 和 6g 不标注公差带代号。

【例 7-2】 公称直径为 8 mm,细牙,螺距为 1 mm,中径和顶径公差带均为 6H 的单线右旋普通螺纹,其标记为 M8 × 1;当该螺纹为粗牙($P = 1.25$ mm) 时,则标记为 M8。

(5)普通螺纹的上述简化规定,同样适用于内外螺纹配合(即螺纹副)的标记。

【例 7-3】 公称直径为 8 mm 的粗牙普通螺纹,内螺纹公差带为 6H,外螺纹公差带为 6g,则其螺纹副标记可简化为 M8;当内、外螺纹的公差带代号并非同为中等公差精度时,则应同时注出公差带代号,并用斜线隔开两代号,如 M20-6H/5g6g。

2) 管螺纹

管螺纹是位于管壁上用于管子连接的螺纹,有 55° 非密封管螺纹和 55° 密封管螺纹。非密封管螺纹连接由圆柱外螺纹和圆柱内螺纹旋合获得,密封管螺纹连接则由圆锥外螺纹和圆锥内螺纹或圆柱内螺纹旋合获得。

管螺纹的标记主要由特征代号、尺寸代号组成。当螺纹为左旋时,在尺寸代号后标注"LH"。由于 55° 非密封管螺纹的外螺纹的公差等级有 A 级和 B 级,所以标记时需在尺寸代号之后或尺寸代号与左旋代号 LH 之间,标注公差等级 A 或 B。

55° 非密封管螺纹的内、外螺纹的特征代号都是 G。55° 密封管螺纹的特征代号分别是:与圆锥外螺纹旋合的圆柱内螺纹 R_p;与圆锥外螺纹旋合的圆锥内螺纹 R_c;与圆柱内螺纹旋合的圆锥外螺纹 R_1;与圆锥内螺纹旋合的圆锥外螺纹 R_2。

这里要注意的是:管螺纹的尺寸代号既不是管螺纹大径尺寸也不是小径尺寸,而是与带有外螺纹的管子的孔径的英寸数相近。管螺纹的大径、小径具体尺寸可根据其尺寸代号查附表。

【例 7-4】 尺寸代号 1½、左旋、公差等级 A、非密封的外螺纹的标记为：G1½ALH。

3) 梯形螺纹

梯形螺纹用来传递双向动力,如机床的丝杆。梯形螺纹的标记主要由梯形螺纹代号、公差带代号和旋合长度代号三部分组成。

梯形螺纹的代号主要由特征代号和尺寸规格组成。梯形螺纹的特征代号为"Tr"。当螺纹为左旋时,需在尺寸规格之后加注"LH"。单线螺纹的尺寸规格用"公称直径×螺距"表示;多线螺纹用"公称直径×导程(P 螺距)"表示。

梯形螺纹的公差带代号只标注中径公差带。

梯形螺纹按公称直径和螺距的大小将旋合长度分为中等旋合长度(N)和长旋合长度(L)两组。中等旋合长度不需标注;当旋合长度为 L 组时,应将旋合的组别代号 L 标在公差带代号的后面,并用"—"隔开。

【例 7-5】 "Tr40×14(P7)—7e—L"表示公称直径为 40 mm,导程为 14 mm,螺距为 7 mm 的双线右旋梯形螺纹(外螺纹),中径公差带为 7e,长旋合长度。

4) 锯齿形螺纹

锯齿形螺纹用来传递单向动力,如千斤顶中的螺杆。

锯齿形螺纹的标注格式和方法与梯形螺纹相同,即主要由螺纹代号、公差带代号和旋合长度代号三部分组成,各部分的要求和规定也与梯形螺纹相同。

锯齿形螺纹的特征代号为"B"。

【例 7-6】 "B90×12(P6)LH—7c"表示:锯齿形螺纹(外螺纹),公称直径为 90 mm,导程为 12 mm,螺距为 6 mm,双线螺纹,左旋,中径公差带代号为 7c,中等旋合长度。

7.2 螺纹紧固件

用一对内、外螺纹的连接作用来连接和紧固一些零部件的零件称为螺纹紧固件。常用的螺纹紧固件有螺栓、双头螺柱、螺钉、螺母和垫圈等,均为标准件,如图 7-13 所示。

| 六角头螺栓 | 双头螺柱 | 六角螺母 | 六角开槽螺母 |

| 内六角圆柱头螺钉 | 开槽圆柱头螺钉 | 半圆头螺钉 | 开槽沉头螺钉 |

| 平垫圈 | 弹簧垫圈 | 圆螺母用止动垫圈 | 圆螺母 | 紧定螺钉 |

图 7-13 各种螺纹紧固件

7.2.1　螺纹紧固件的标记

　　GB/T1237—2000 规定螺纹紧固件有完整标记和简化标记两种方法,本书采用不同程度的简化标记,有关完整标记的内容和顺序,需要查阅该标准。示例如表 7-2 所示。

表 7-2　常用螺纹紧固件的标记示例

名称及标准	简 化 画 法	标记及说明
六角头螺栓 GB/T 5780— 2000		螺栓 GB/T 5780 M10×50 名称　　　　　　　公称长度 　　标准编号　　螺纹规格
双头螺柱 GB/T 897 ~ 900—1988		两端均为粗牙普通螺纹、$d = $ M10、$l = $ 45、性能等级为 4.8 级、B 型、$b_m = 1d$ 的双头螺柱的标记为: 螺柱 GB/T 897 M10×45 钢、青铜 $b_m = 1d$(GB/T 897—1988) 铸铁　　$b_m = 1.25d$(GB/T 898—1988) 铝合金 $b_m = 1.5d$(GB/T 899—1988) 铝　　　　$b_m = 2d$(GB/T 900—1988)
开槽圆 柱头螺钉 GB/T 65— 2000		螺纹规格 $d = $ M10、公称长度 $l = $ 50、性能等级为 4.8 级、不经表面处理的开槽圆柱头螺钉的标记为: 螺钉 GB/T 65 M10×50
开槽盘 头螺钉 GB/T 67— 2000		螺纹规格 $d = $ M10、公称长度 $l = $ 50、性能等级为 4.8 级、不经表面处理的开槽盘头螺钉的标记为: 螺钉 GB/T 67 M10×50
开槽沉 头螺钉 GB/T 68— 2000		螺纹规格 $d = $ M10、公称长度 $l = $ 50、性能等级为 4.8 级、不经表面处理的开槽沉头螺钉的标记为: 螺钉 GB/T 68 M10×50
十字槽沉 头螺钉 GB/T 819.1— 2000		螺纹规格 $d = $ M10、公称长度 $l = $ 50、性能等级为 4.8 级、不经表面处理的 H 型十字槽沉头螺钉的标记为: 螺钉 GB/T 819.1 M10×50
开槽锥端 紧定螺钉 GB/T 71— 1985		螺纹规格 $d = $ M12、公称长度 $l = $ 35、性能等级为 14H 级、表面氧化的开槽锥端紧定螺钉的标记为: 螺钉 GB/T 71 M12×35

名称及标准	简 化 画 法	标记及说明
开槽长圆柱端紧定螺钉 GB/T 75—1985		螺纹规格 d = M12、公称长度 l = 35、性能等级为 14H 级、表面氧化的开槽长圆柱端紧定螺钉的标记为: 螺钉 GB/T 75 M12×35
六角螺母 GB/T 6170—2000		螺纹规格 D = M12、性能等级为 8 级、不经表面处理、A 级的 1 型六角螺母的标记为: 螺母 GB/T 6170 M12
六角开槽螺母 GB/T 6178—2000		螺纹规格 D = M12、性能等级为 8 级、表面氧化、A 级的 1 型六角开槽螺母的标记为: 螺母 GB/T 6178 M12
平垫圈 GB/T 97.1—2002		标准系列、规格 12、性能等级为 140HV 级、不经表面处理的平垫圈的标记为: 垫圈 GB/T 97.1 12
标准型弹簧垫圈 GB/T 93—1987		规格 12、材料为 65Mn、表面氧化的标准型弹簧垫圈的标记为: 垫圈 GB/T 93 12

说明:① 双头螺柱的旋入端长度 b_m 与带螺孔的被连接零件的材料有关,详细说明见双头螺柱连接部分的内容;

② 双头螺柱分 A、B 两种形式,标记时,A 型的要在规格尺寸前加注"A"字,而 B 型则不注;

③ 螺钉旋入带螺孔零件的深度 b_m(见螺钉连接部分图 7-19)的取值同双头螺柱的 b_m。

7.2.2 常用螺纹紧固件的简化画法

螺纹紧固件的各部分尺寸可以从相应国家标准中查出,但在绘图时为了提高效率,大多不必查表而是采用简化画法。所谓简化画法就是当螺纹大径选定后除了螺栓、螺柱、螺钉等紧固件的有效长度 l 要根据被连接件的实际情况经过计算,并查其标准选定标准值外,紧固件的其他各部分尺寸都按与螺纹大径 d(或 D)成一定比例的数值来取值。

图 7-14 所示即为一些常用螺纹紧固件的简化画法。螺栓的六角头除厚度为 $0.7d$(d 为螺纹大径)外,其余尺寸的比例关系和画法与图 7-14(a)六角螺母相同。

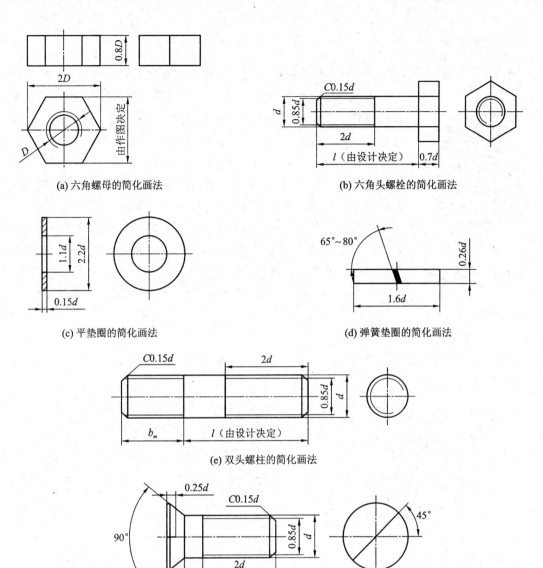

(a) 六角螺母的简化画法　　　　　　　(b) 六角头螺栓的简化画法

(c) 平垫圈的简化画法　　　　　　　　(d) 弹簧垫圈的简化画法

(e) 双头螺柱的简化画法

(f) 开槽沉头螺钉的简化画法

图 7-14　常用螺纹紧固件的简化画法

7.2.3　螺纹紧固件的连接画法

　　常用的螺纹连接形式有螺栓连接、双头螺柱连接和螺钉连接等。在画螺纹紧固件的连接画法时,常采用比例画法或简化画法,并应遵守以下基本规定。

　　(1) 两零件接触表面画一条线,不接触表面画两条线。

　　(2) 两零件邻接时,不同零件的剖面线方向应相反,或者方向一致、间隔不等。

　　(3) 对于紧固件和实心零件(如螺栓、螺柱、螺钉、螺母、垫圈、键、销、轴等),若剖切平面通过它们的基本轴线,则这些零件都按不剖绘制,仍画外形,需要时,可采用局部剖视;但如果垂直其轴线剖切时,这些零件还是要按剖视要求绘制。

1. 螺栓连接

螺栓连接由螺栓、螺母、垫圈组成,螺栓用来连接不太厚并能钻成通孔的零件,图 7-15 所示为螺栓连接的示意图。图 7-16(a) 所示为螺栓连接的简化画法,在被连接的零件上钻成比螺栓大径略大的通孔(孔径 ≈ 1.1d),连接时,先将螺栓穿过被连接件上的通孔,一般以螺栓头部抵住被连接件的下端,然后在螺栓上部套上垫圈,以增加支承面积和防止损伤零件的表面,最后用螺母拧紧。图 7-16(b) 所示为螺栓连接两零件的完整三视图的简化画法,此时,螺栓头部和螺母的倒角都可省略不画。

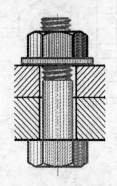

图 7-15　螺栓连接
示意图

螺栓连接图可以按照前面螺纹紧固件的简化画法中给出的各部分尺寸与公称直径 d 的比例关系画出(也可以查附表中给出的各紧固件的具体数据来画);但确定螺栓的有效长度 l 时,应按以下公式计算:

$$l_{计} = t_1 + t_2 + 0.15d(垫圈厚度) + 0.8d(螺母厚度) + 0.3d(螺栓顶端伸出螺母的长度)$$

式中,t_1、t_2 为被连接件的厚度。

根据上式算出的数值查附表中螺栓的有效长度 l 的系列值,选择相近的标准数值,即为螺栓标记中的公称长度。

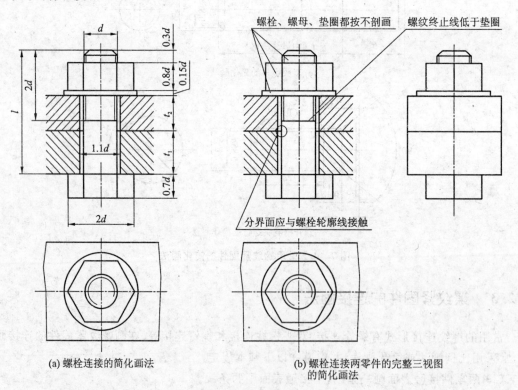

(a) 螺栓连接的简化画法　　(b) 螺栓连接两零件的完整三视图
的简化画法

图 7-16　螺栓连接

2. 双头螺柱连接

双头螺柱连接由螺柱、螺母、垫圈组成,用于连接被连接件之一较厚,不宜钻成通孔的零件,

图 7-17 所示为螺柱连接的示意图。先在较薄的零件上钻孔(孔径 ≈ 1.1d),并在较厚的零件上制出螺孔。

双头螺柱的两端都有螺纹,一端旋入较厚零件的螺孔中,称为旋入端。注意:螺柱旋入端应全部旋入螺孔内,所以螺柱旋入端螺纹终止线应与螺孔件的孔口平齐;另一端穿过较薄的零件上的通孔,套上垫圈,再用螺母拧紧,称为紧固端。

图 7-18 所示是双头螺柱及被连接零件按螺纹公称直径 d 进行的简化画法。双头螺柱紧固端的螺纹长度为 $2d$,倒角为 C0.15d,旋入端的螺纹长度为 b_m。b_m 根据国标规定有四种长度:①$b_m = 1d$(GB/T897—1988);②$b_m = 1.25d$(GB/T898—1988);③$b_m = 1.5d$(GB/T899—1988);④$b_m = 2d$(GB/T900—1988)。

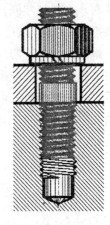

图 7-17　螺柱连接
示意图

b_m 根据带螺孔的被连接件的材料选用。当被旋入零件的材料为钢、青铜时,取 $b_m = d$;为铸铁时,取 $b_m = 1.25d$;为铝合金时,取 $b_m = 1.5d$;为铝时,取 $b_m = 2d$。螺孔的长度为 $b_m + 0.5d$,此时可以不画出钻孔深度(若要求画,则钻孔深度取 $b_m + d$)。

双头螺柱的有效长度 l,也应按公式计算选定:

$$l_{计} = t_1 + 0.15d(垫圈厚度) + 0.8d(螺母厚度) + 0.3d(螺柱顶端伸出螺母的长度)$$

算出 $l_{计}$ 值后,仍应从双头螺柱标准所规定的长度系列里选择合适的 l 值。

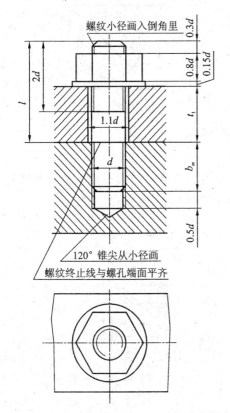

图 7-18　双头螺柱连接的简化画法

3. 螺钉连接

螺钉连接不用螺母,而是在较厚的零件上加工出螺孔,在另一零件上加工成光孔,将螺钉直接拧入机件的螺孔里,依靠螺钉头部压紧被连接件。螺钉连接多用于受力不大,不需要经常拆卸,而被连接件之一较厚的情况。

螺钉按用途分为连接螺钉和紧定螺钉。前者主要用来连接零件;后者主要用来固定两个零件的相对位置,使它们不产生相对运动。

1) 连接螺钉

图 7-19(a) 所示为螺钉连接的示意图。连接螺钉的一端为螺纹,另一端为头部。常见的连接螺钉有开槽圆柱头螺钉、开槽沉头螺钉、开槽盘头螺钉、内六角圆柱头螺钉等。其规格尺寸为螺纹直径 d 和螺钉长度 l。绘图时一般也采用简化画法。图 7-19(b) 和(c) 所示分别为开槽圆柱头螺钉和开槽沉头螺钉连接的简化画法。

螺钉的长度公式为:

$$l_{计} = t_1 + b_m$$

式中:t_1 为光孔零件的厚度,b_m 为螺钉旋入深度(其确定方法与双头螺柱相同,即根据被旋入零件的材料而定)。根据上式算出的长度查附表中相应的螺钉长度 l 的系列值,选择接近的标准长度。

　　螺钉连接情况与双头螺柱旋入端的画法相似,所不同的是为了使螺钉头部压紧被连接零件,螺钉的螺纹终止线应画在两零件的接触面以上,或者在螺杆的全长上都有螺纹。螺钉头部的一字槽在平行于螺钉轴线的视图上,应画成垂直于投影面;在投影为圆的视图上,则应画成与水平线倾斜 45°,如果一字槽槽口尺寸小于 2 mm,则螺钉一字槽的投影也可用涂黑表示,如图 7-19(b)和(c)的俯视图所示。

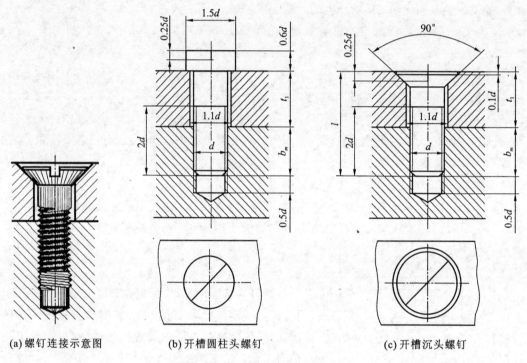

(a) 螺钉连接示意图　　　　(b) 开槽圆柱头螺钉　　　　(c) 开槽沉头螺钉

图 7-19　连接螺钉连接的简化画法

2) 紧定螺钉

　　图 7-20 所示为紧定螺钉连接轴和齿轮的画法,用一个开槽锥端紧定螺钉旋入轮毂的螺孔,使螺钉端部的 90° 锥顶角与轴上的 90° 锥坑压紧,从而固定了轴和齿轮的轴向位置。

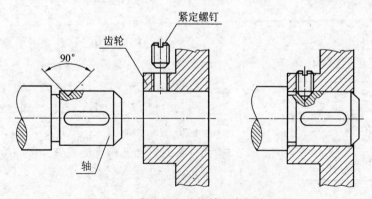

图 7-20　紧定螺钉连接轴和齿轮的画法

7.3　齿轮

　　齿轮是机械传动中应用最为广泛的传动件。在机械上,常常用齿轮把一个轴的转动传递给另一个轴以达到传递动力、改变运动方向和转速的目的。齿轮的种类很多,按其传动情况可以分为以下三大类:

　　(1) 圆柱齿轮 —— 用于两平行轴之间的传动,如图 7-21(a) 所示;

　　(2) 锥齿轮 —— 用于两相交轴(通常相交成 90°)之间的传动,如图 7-21(b) 所示;

　　(3) 蜗轮与蜗杆 —— 用于两交叉轴之间的传动,如图 7-21(c) 所示。

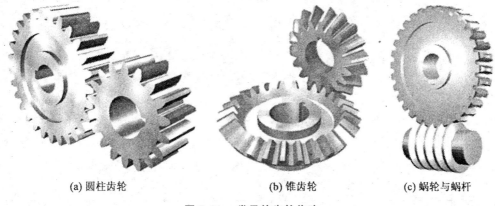

(a) 圆柱齿轮　　　　　　　　　(b) 锥齿轮　　　　　　　(c) 蜗轮与蜗杆

图 7-21　常见的齿轮传动

7.3.1　圆柱齿轮

　　圆柱齿轮按其齿形方向分为直齿、斜齿、人字齿等。下面主要介绍标准直齿圆柱齿轮。

1. 直齿圆柱齿轮各部分的名称、代号及几何要素的尺寸计算

1) 直齿圆柱齿轮各部分的名称及代号

图 7-22 是两个啮合的圆柱齿轮的示意图,图中标出了圆柱齿轮各部分的名称及代号。

　　(1) 齿顶圆 —— 通过轮齿顶部的圆称为齿顶圆,其直径以 d_a 表示。

　　(2) 齿根圆 —— 通过轮齿根部的圆称为齿根圆,其直径以 d_f 表示。

　　(3) 分度圆 —— 在齿顶圆和齿根圆之间的假想圆,在该圆上齿厚 s 和槽宽 e 相等,它是设计、制造齿轮时计算各部分尺寸的基准圆,其直径以 d 表示。

　　(4) 节圆 —— O_1、O_2 分别为两啮合齿轮的中心,两齿轮的一对齿廓的啮合接触点是在连心线 O_1O_2 上的点 P(称为节点)。分别以 O_1、O_2 为圆心,O_1P、O_2P 为半径作圆,齿轮的传动可假想为这两个圆作无滑动的纯滚动。这两个圆称为齿轮的节圆,其直径以 d' 表示。对于标准齿轮来说,节圆和分度圆是一致的。

　　(5) 齿高 —— 齿顶圆与齿根圆之间的径向距离称为齿高,以 h 表示。分度圆将齿高分为两个不等的部分。齿顶圆与分度圆之间的径向距离称为齿顶高,以 h_a 表示;分度圆与齿根圆之间的径向距离称为齿根高,以 h_f 表示。齿高是齿顶高与齿根高之和(全齿高),即 $h = h_a + h_f$。

　　(6) 齿距 —— 分度圆上相邻两齿廓对应点之间的弧长,称为齿距,以 p 表示,对于标准齿轮

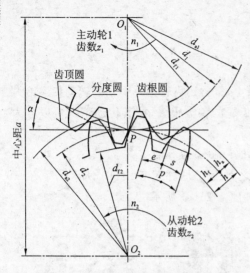

图 7-22　两个啮合的圆柱齿轮示意图

来说,齿厚与槽宽相等,都为齿距的一半,即 $s = e = p/2$, $p = s + e$。

(7)传动比 —— 传动比以 i 表示,为主动齿轮的转速 n_1(r/min)与从动齿轮的转速 n_2(r/min)之比。由于 $n_1 z_1 = n_2 z_2$,故 $i = n_1/n_2 = z_2/z_1$。

(8)中心距 —— 两啮合齿轮轴线之间的距离,以 a 表示,$a = (d_1 + d_2)/2$。

2)直齿圆柱齿轮的基本参数

(1)齿数 —— 单个齿轮的轮齿总数,以 z 表示。

(2)模数 —— 以 z 表示齿轮的齿数,则分度圆的周长 $= zp = \pi d$,即 $d = \dfrac{p}{\pi} z$。令 $\dfrac{p}{\pi} = m$,则 $d = mz$。其中,m 就是齿轮的模数,它等于齿距 p 与 π 的比值。因为两啮合齿轮的齿距 p 必须相等,所以它们的模数也必须相等。

模数 m 是设计、制造齿轮的重要参数。模数 m 增大,则齿距 p 也增大,齿厚 s 也增大,因而齿轮的承载能力也大。不同模数的齿轮,要用不同模数的刀具来加工制造,为了便于设计和加工,国家标准已经将模数的数值标准化。模数的标准值如表 7-3 所示。

表 7-3　齿轮模数系列(GB/T1357—2008)　　　　　　　　　　　单位:mm

第一系列	1	1.25	1.5	2	2.5	3	4	5	6	8	10	12	16	20	25	32	40	50
第二系列	1.125	1.375	1.75	2.25	2.75	3.5	4.5	5.5	(6.5)	7	9	(11)	14	18	22	28	36	45

注:在选用模数时,应优先选用第一系列;其次选用第二系列,括号内模数尽可能不选。

(3)压力角 —— 在图 7-22 中,在点 P 处,齿廓的受力方向与齿轮的瞬时运动方向所夹的锐角,称为压力角,以 α 表示。我国标准齿轮的压力角为 20°。通常所称的压力角指分度圆压力角。

注意:只有模数和压力角都相同的齿轮才能相互啮合。

3)直齿圆柱齿轮几何要素的尺寸计算

在设计齿轮时要先确定模数 m 和齿数 z,其他各部分尺寸都可以由模数和齿数计算出来。标准直齿圆柱齿轮的计算公式如表 7-4 所示。

表 7-4　直齿圆柱齿轮各几何要素的尺寸计算

基本参数:模数 m、齿数 z、压力角 20°		
各部分名称	代号	计算公式
分度圆直径	d	$d = mz$
齿顶高	h_a	$h_a = m$
齿根高	h_f	$h_f = 1.25m$
齿高	h	$h = 2.25m$
齿顶圆直径	d_a	$d_a = m(z+2)$
齿根圆直径	d_f	$d_f = m(z-2.5)$
齿距	p	$p = \pi m$
分度圆齿厚	s	$s = 0.5\pi m$
中心距	a	$a = 0.5(d_1 + d_2) = 0.5m(z_1 + z_2)$

2. 圆柱齿轮的规定画法

1）单个圆柱齿轮的画法

表示单个圆柱齿轮一般用两个视图。国家标准 GB/T 4459.2—2003《机械制图　齿轮表示法》规定的齿轮画法如下：

（1）齿顶圆和齿顶线用粗实线绘制，分度圆和分度线用细点画线绘制，齿根圆和齿根线用细实线绘制（也可省略不画），如图 7-23（a）所示；

（2）在剖视图中，当剖切平面通过齿轮的轴线时，轮齿部分一律按不剖处理，不画剖面线，齿根线用粗实线绘制，如图 7-23（b）所示；

（3）当需要表示斜齿或人字齿的齿线的形状时，则在投影为非圆的视图上，用三条与齿线方向一致的细实线表示，如图 7-23（c）和（d）所示。

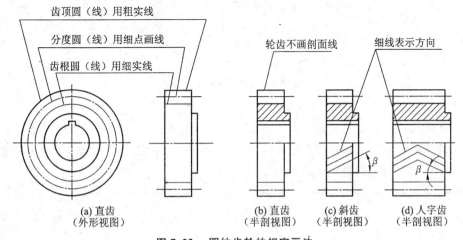

图 7-23　圆柱齿轮的规定画法

2）两圆柱齿轮的啮合画法

两标准齿轮相互啮合时，它们的分度圆处于相切位置，此时的分度圆又称为节圆。两圆柱齿轮的啮合规定画法如下。

（1）在垂直于圆柱齿轮轴线的投影面上的视图中，啮合区内齿顶圆均用粗实线绘制，如图 7-24（a）所示的左视图；或者省略不画，如图 7-24（b）所示。

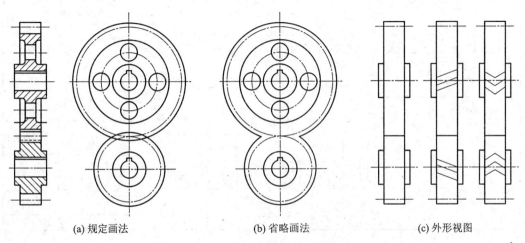

(a) 规定画法　　　　(b) 省略画法　　　　(c) 外形视图

图 7-24　圆柱齿轮啮合的规定画法

(2) 在剖视图中,当剖切平面通过两啮合齿轮轴线时,在啮合区内,将一个齿轮的轮齿用粗实线绘制,另一个齿轮的轮齿被遮挡的部分用细虚线绘制,如图 7-24(a)的主视图所示,被遮挡的部分也可省略不画。

(3) 在平行于圆柱齿轮轴线的投影面的外形视图中,啮合区的齿顶线不需画出,节线(分度线)用粗实线绘制,其他处的节线仍用细点画线绘制,如图 7-24(c)所示。

注意:在齿轮啮合的剖视图中,由于齿根高与齿顶高相差 $0.25m$,因此,一个齿轮的齿顶线与另一个齿轮的齿根线之间,应有 $0.25m$ 的间隙,如图 7-25 所示。

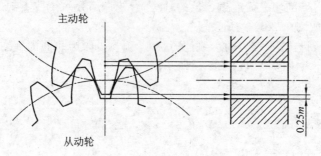

图 7-25　啮合齿轮的间隙

3) 圆柱齿轮的零件图示例

图 7-26 所示是一个圆柱齿轮的零件图。它包括一组视图、一组完整的尺寸、必要的技术要求、制造齿轮所需要的基本参数和标题栏等。标注时,由于齿根圆直径一般加工时由其他参数控制,故可以不标注。模数、齿数等齿轮参数要列表说明。

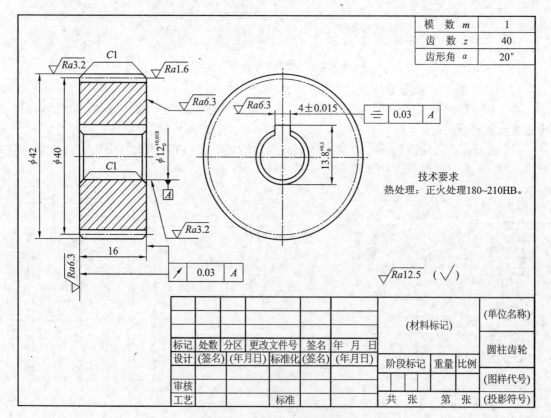

图 7-26　圆柱齿轮零件图示例

7.3.2　锥齿轮

锥齿轮的轮齿位于圆锥面上,因此它的轮齿一端大而另一端小,齿厚由大端到小端逐渐变小,模数和分度圆也随之变化。为了设计和制造方便,规定以大端端面模数(大端端面模数数值由 GB/T 12368—1990 规定)为标准模数来计算大端齿轮各部分的尺寸。

1. 直齿锥齿轮各几何要素的名称及代号

直齿锥齿轮各部分几何要素的名称及代号如图 7-27 所示。锥齿轮的背锥素线与分度圆锥素线垂直。锥齿轮轴线与分度圆锥素线间的夹角称为分度圆锥角 δ,是锥齿轮的一个基本参数。

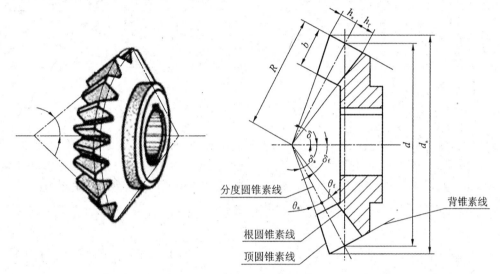

图 7-27　锥齿轮各部分名称及代号

当两锥齿轮轴线垂直相交时,

$$\delta_1 + \delta_2 = 90°,$$

$$\tan\delta_1 = \frac{d_1/2}{d_2/2} = \frac{z_1}{z_2},$$

$$\tan\delta_2 = \frac{d_2/2}{d_1/2} = \frac{z_2}{z_1}$$

2. 直齿锥齿轮各几何要素的尺寸计算

当锥齿轮的齿数 z、模数 m 确定后,各部分尺寸的计算如表 7-5 所示。

表 7-5　直齿锥齿轮各几何要素的尺寸计算

基本参数:模数 m、齿数 z、压力角 20°		
各部分名称	代号	计算公式
齿顶高	h_a	$h_a = m$
齿根高	h_f	$h_f = 1.2m$
齿高	h	$h = 2.2m$

基本参数：模数 m、齿数 z、压力角 $20°$

各部分名称	代号	计算公式
分度圆直径	d	$d = mz$
齿顶圆直径	d_a	$d_a = m(z + 2\cos\delta)$
齿根圆直径	d_f	$d_f = m(z - 2.4\cos\delta)$
外锥距	R	$R = mz/2\sin\delta$
齿顶角	θ_a	$\tan\theta_a = 2\sin\delta/z$
齿根角	θ_f	$\tan\theta_f = 2.4\sin\delta/z$
分度圆锥角	$\delta(\delta_1、\delta_2)$	当 $\delta_1 + \delta_2 = 90°$ 时 $\delta_1 = 90° - \delta_2$ （1、2 分别代表两个锥齿轮）
顶锥角	δ_a	$\delta_a = \delta + \theta_a$
根锥角	δ_f	$\delta_f = \delta - \theta_f$
齿宽	b	$b = (0.2 \sim 0.35)R$

3. 锥齿轮的规定画法

1) 单个锥齿轮的画法

如图 7-28(a) 和(b) 所示，单个锥齿轮通常用两个视图表达，并且主视图常画成剖视图，在左视图上用粗实线画出齿轮大端和小端的齿顶圆，用细点画线画出大端的分度圆。主视图不剖时则齿根线不画，如图 7-28(c) 所示。对于斜齿锥齿轮仍用 3 条细实线表示其轮齿的方向，如图 7-28(d) 所示。单个锥齿轮的详细画图步骤如图 7-29 所示。

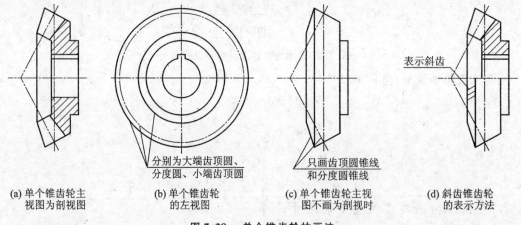

分别为大端齿顶圆、分度圆、小端齿顶圆

只画齿顶圆锥线和分度圆锥线

表示斜齿

(a) 单个锥齿轮主视图为剖视图　(b) 单个锥齿轮的左视图　(c) 单个锥齿轮主视图不画为剖视时　(d) 斜齿锥齿轮的表示方法

图 7-28　单个锥齿轮的画法

2) 锥齿轮啮合的画法

锥齿轮啮合时，两分度圆锥相切，它们的锥顶交于一点。画图时主视图多采用剖视表示，其具体绘制步骤如下。

(1) 根据两轴线的交角 θ 画出两轴线（这里 $\theta = 90°$），再根据分度圆锥角 δ_1、δ_1 和大端分度圆直径 d_1、d_2 画出两个圆锥的投影，如图 7-30(a) 所示。

(2) 过 1、2、3 点分别作两分度圆锥素线的垂直线，得到两圆锥齿轮的背锥素线；再根据齿顶高 h_a、齿根高 h_f、齿宽 b 画出两齿轮齿廓的投影。齿顶、齿根各圆锥素线延长后必须相交于锥顶 O，如图 7-30(b) 所示。

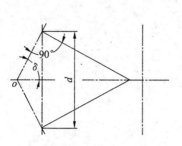

(a) 画分度圆锥素线和背锥素线

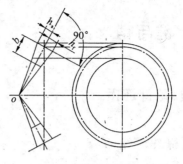

(b) 画齿形部分

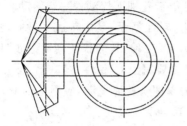

(c) 画锥齿轮其他大致轮廓

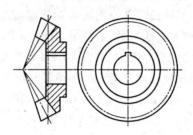

(d) 画锥齿轮其余投影，描深全图

图 7-29　锥齿轮的画图步骤

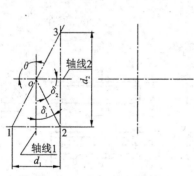

(a) 画出两轴线和圆锥的投影

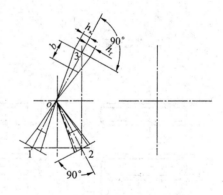

(b) 画背锥素线和齿轮齿廓的投影

(c) 画出轮廓

(d) 画出齿轮其余部分投影

图 7-30　锥齿轮啮合的画图步骤

（3）在主视图上画出两齿轮的形体轮廓，再根据主视图画出齿轮的左视图，如图 7-30(c) 所示。

（4）画齿轮的其余部分投影，描深全图，如图 7-30(d) 所示。

7.4 键与销

7.4.1 键、花键连接

1. 常用键及其标记

键用来连接轴及轴上的传动件,如齿轮、皮带轮等,起传递扭矩的作用。它的一部分被安装在轴的键槽内,另一凸出部分则嵌入轮毂键槽内,使轴能带着轴上传动件一起转动。

常用的键有普通平键、半圆键、钩头楔键等,如图 7-31 所示。其中普通平键应用最广,按其形状不同可分为 A 型(圆头)、B 型(方头)和 C 型(单圆头)三种,其形状及其标记如图 7-32 所示。在标记时,A 型平键省略 A 字,而 B 型要写出 B 字,C 型要写出 C 字。

例如,$b = 18$ mm、$h = 11$ mm、$L = 100$ mm 的单圆头普通平键,应标记如下。

$$\text{GB/T 1096} \quad \text{键 C } 18 \times 11 \times 100$$

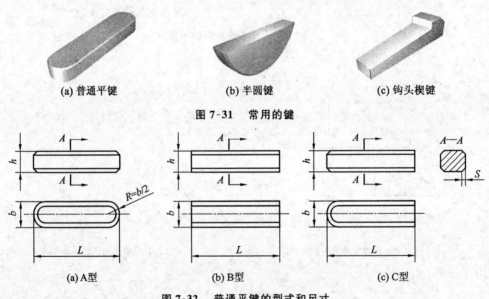

(a) 普通平键　　　　(b) 半圆键　　　　(c) 钩头楔键

图 7-31　常用的键

(a) A型　　　　(b) B型　　　　(c) C型

图 7-32　普通平键的型式和尺寸

2. 键槽的画法及尺寸标注

键槽有轴上的键槽和轮毂上的键槽,键槽的宽度 b 可根据轴的直径 d 查表确定,轴上的槽深 t 和轮毂上的槽深 t_1 可以分别从键的标准中查到,平键和钩头楔键的长度 l 应小于或等于轮毂的长度,考虑受力大小后选择相应的系列值。键槽的画法及尺寸标注如图 7-33 所示。

3. 键连接的画法

1) 普通平键连接和半圆键连接的画法

普通平键和半圆键这两种键的连接作用原理相似,半圆键用于载荷不大的传动轴上。

画图时,因普通平键和半圆键的两侧面为工作面,它与轴、轮毂的键槽两侧面相接触,所以分

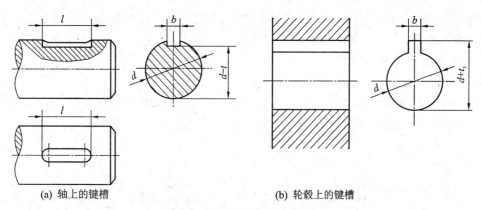

(a) 轴上的键槽　　　　　　　　　　　　　(b) 轮毂上的键槽

图 7-33　键槽的画法及尺寸标注

别只画一条线；键的上下表面为非工作面，其上表面与轮毂键槽的底面有一定的间隙，应画两条线，如图 7-34 和图 7-35 所示。

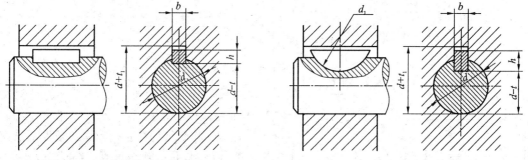

图 7-34　普通平键连接的画法　　　　　　**图 7-35　半圆键连接的画法**

在键连接的剖视图中，剖切面通过轴和键的轴线或对称面，轴和键均按不剖形式画出。为了表示轴上的键槽，可采用局部剖视。

2) 钩头楔键连接的画法

钩头楔键的顶面有 1：100 的斜度，连接时将键打入键槽。因此，键的顶面和底面同为工作面，与槽底和槽顶都没有间隙，分别只画一条线；而键的两侧面为非工作面，与键槽的两侧面应留有间隙，分别画两条线，或者当键宽与槽宽基本尺寸相同时分别只画一条线，如图 7-36 所示。

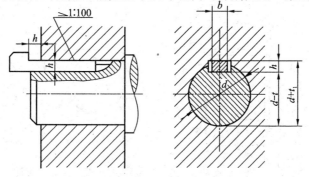

图 7-36　钩头楔键连接的画法

4. 花键及其标记

花键是把键直接做在轴上和轮孔上（轴上为凸条，孔中为凹槽），与它们成为一个整体。花键是一种常用的标准结构,其结构和尺寸都已标准化。花键的齿形有矩形、渐开线形和三角形等,其中以矩形最为常用。

1)矩形花键的画法

(1)外花键的画法。

在平行于花键轴线的投影面的视图中,大径用粗实线,小径用细实线绘制,并用断面图画出一部分或全部齿形,如图 7-37 所示。

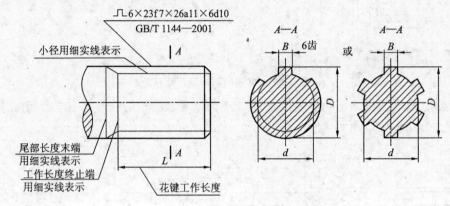

图 7-37　外花键的画法和标注

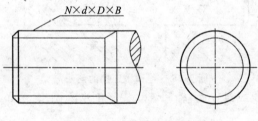

图 7-38　外花键的代号标注

在垂直于花键轴线的投影面上的视图按图 7-38 的左视图绘制。

花键工作长度的终止端和尾部长度的末端均用细实线绘制,并与轴线垂直,尾部则画成斜线,其倾斜角度一般与轴线成 30°,如图 7-37 与图 7-38 所示。必要时,可按照实际情况画出。

(2)内花键画法。

在平行于花键轴线的投影面的剖视图中,大径及小径均用粗实线绘制,并用局部视图画出一部分或全部齿形,如图 7-39 所示。

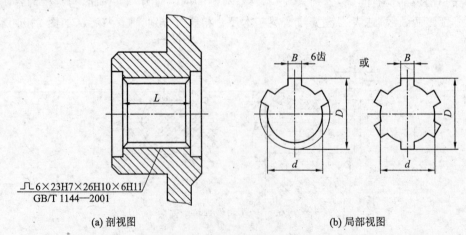

(a) 剖视图　　　　　　　　　　(b) 局部视图

图 7-39　内花键的画法和标注

(3)内、外花键连接画法。

花键连接用剖视表示时,其连接部分按外花键的画法绘制,如图 7-40 所示。

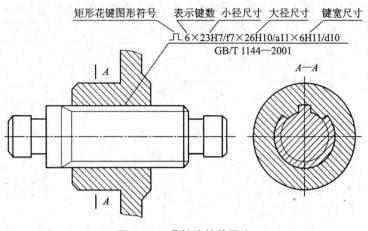

图 7-40　花键连接的画法

2) 矩形花键的标记

矩形花键主要有三个基本参数,即大径 D、小径 d 和键宽 B。

花键尺寸的一般注法:标注大径、小径、键宽和工作长度,如图 7-37、图 7-39 所示。另一种注法是将其标记为 $N \times d \times D \times B$($N$ 表示齿数,d 表示小径,D 表示大径,B 表示键宽) 的形式,注写在指引线的基准线上,如图 7-39(a) 所示。如外花键的标注方式为 ⌒ $6 \times 23 \times f7 \times 26a11 \times 6d10$ GB/T 1144—2001;内花键的标注方式为 ⌒ $6 \times 23 \times H7 \times 26H10 \times 6H11$ GB/T 1144—2001(⌒为矩形花键的图形符号,6 为齿数,23 为小径,26 为大径,6 为键宽,f7、a11、d10 等均为相应的公差带代号。注意:外花键公差带代号中字母用小写,内花键公差带代号中字母用大写)。

7.4.2　销连接

1. 销及其标记

销通常用于零件间的连接和定位。常用的销有圆柱销、圆锥销和开口销等,如图 7-41 所示。其标准编号、图例和标记示例,以及连接画法如表 7-6 所示。

(a) 圆柱销　　　　　　　(b) 圆锥销　　　　　　　(c) 开口销

图 7-41　常用的销

2. 销连接的画法

图 7-41 中三种销的连接画法如表 7-6 所示。

圆柱销或圆锥销的装配要求较高,销孔一般要在被连接零件装配后同时加工(常称为配作),这一要求需在零件图上注明。锥销孔的公称直径指其小端直径,标注时采用旁注法,如图 7-42 所示。锥销孔加工时按公称直径先钻孔,再用定值铰刀扩铰成锥孔。

表 7-6　常用的三种销的图例、标记示例及连接画法

名　称	标 准 编 号	图例和标记示例	连接画法示例
圆柱销	GB/T 119.2—2000	公称直径 $d = 6$ mm、公差为 m6、公称长度 $l = 30$ mm、材料为钢、普通淬火（A型）、表面氧化处理的圆柱销的标记为 销 GB/T 119.2 6×30 圆柱销按配合的性质不同，分为 A、B、C、D 共四种形式	
圆锥销	GB/T 117—2000	公称直径 $d = 4$ mm、公称长度 $l = 10$ mm、材料为 35 钢、热处理硬度 28 ～ 38HRC、表面氧化处理的 A 型圆锥销的标记为 销 GB/T 117 4×10 圆锥销按表面加工要求不同，分为 A、B 两种形式；公称直径指小端直径	
开口销	GB/T 91—2000	公称直径 $d = 5$ mm、公称长度 $l = 50$ mm、材料为 Q235、不经表面处理的开口销的标记为 销 GB/T 91 5×50 公称直径指与之相配的销孔直径，故开口销直径都大于其实际直径	

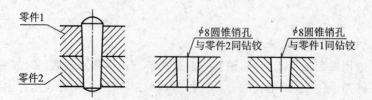

图 7-42　锥销孔的标注方法

零件1

零件2

φ8圆锥销孔与零件2同钻铰

φ8圆锥销孔与零件1同钻铰

7.5 滚动轴承

轴承有滑动轴承和滚动轴承两种,它们的作用是支承轴旋转及承受轴上的载荷。滚动轴承具有摩擦阻力小、结构紧凑、使用寿命长等优点,因此在机器设备中被广泛应用。

7.5.1 滚动轴承的结构、种类及其画法

1. 滚动轴承的结构

滚动轴承的种类很多,但其结构大体相同,以图 7-43(a) 所示深沟球轴承为例说明,较多的滚动轴承由外圈、内圈、滚动体和保持架组成,通常外圈装在机座的孔内,固定不动,而内圈套在转动的轴上,随轴转动。

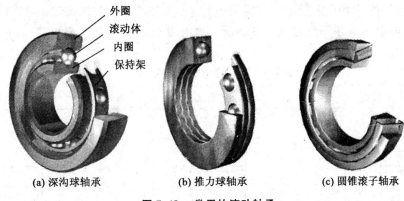

| (a) 深沟球轴承 | (b) 推力球轴承 | (c) 圆锥滚子轴承 |

图 7-43 常用的滚动轴承

2. 滚动轴承的种类

滚动轴承的分类方法很多,常见的有以下几种。

1) 按受力方向分

滚动轴承按受力方向分为以下三种:

(1) 向心轴承 —— 主要承受径向力,如图 7-43(a) 所示的深沟球轴承;

(2) 推力轴承 —— 只承受轴向力,如图 7-43(b) 所示的推力球轴承;

(3) 向心推力轴承 —— 同时承受径向和轴向力,如图 7-43(c) 所示的圆锥滚子轴承。

2) 按滚动体的形状分

滚动轴承按滚动体的形状分为以下两种:

(1) 球轴承 —— 滚动体为球体的轴承;

(2) 滚子轴承 —— 滚动体为圆柱滚子、圆锥滚子和滚针等的轴承。

3) 按滚动体的排列和结构分

每种轴承有单列、多列,轻、重,宽、窄系列等。

3. 滚动轴承的画法

滚动轴承也是标准件,国家标准 GB/T 4459.7—1998《机械制图 滚动轴承表示法》中规

定,滚动轴承可以用通用画法、特征画法和规定画法三种画法绘制,前两种属于简化画法,在同一图样中一般只采用这两种简化画法中的一种。具体规定如下。

(1)通用画法、特征画法和规定画法中的各种符号、矩形线框和轮廓线均用粗实线绘制。

(2)绘制滚动轴承时,其矩形线框或外框轮廓的大小应按外径 D、内径 d、宽度 B 等实际尺寸绘制,并与所属图样采用同一比例;而轮廓内可用通用画法或特征画法绘制。

(3)在剖视图中,用通用画法和特征画法绘制滚动轴承时,一律不画剖面符号(剖面线);采用规定画法绘制时,轴承的滚动体不画剖面线,其各套圈可画成方向和间隔相同的剖面线。

(4)在剖视图中,当不需要确切地表示滚动轴承的外形轮廓、载荷特征、结构特征时,可采用通用画法,用矩形线框及位于线框中央正立的十字形符号表示,十字形符号不应与矩形线框接触。通用画法在轴的两侧以同样的方式画出,如表 7-7 所示。

当需要表示滚动轴承内圈或外圈有、无挡边时,可在十字形符号上附加一短画表示内圈或外圈无挡边的方向,如表 7-7 所示。

(5)在装配图中需详细表达滚动轴承的主要结构时,可采用规定画法;当滚动轴承一侧采用规定画法时,另一侧用通用画法画出;只需简单表达滚动轴承的主要结构时,可采用特征画法。

常用滚动轴承的通用画法如表 7-7 所示,常用滚动轴承的规定画法、特征画法如表 7-8 所示。

表 7-7　常用滚动轴承的通用画法

（a）通用画法	（b）外圈无挡边	（c）内圈有单挡边

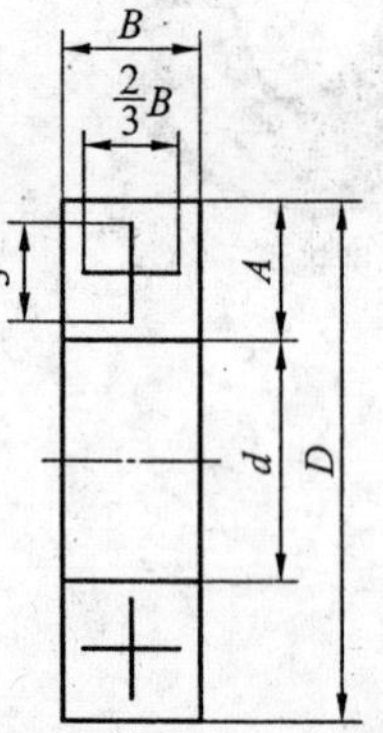

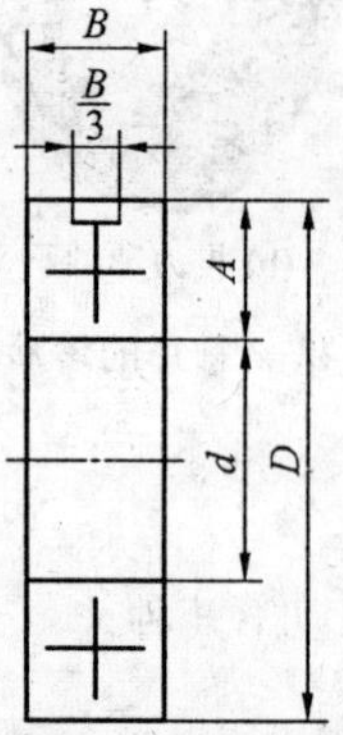

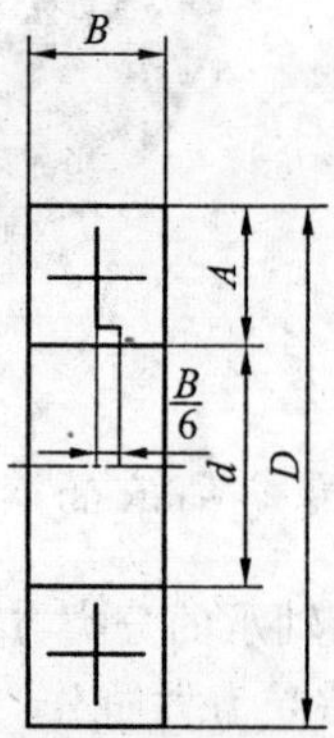

表 7-8　常用滚动轴承的规定画法、特征画法

轴承类型	规定画法	特征画法
深沟球轴承 (GB/T 276—1994) 60000 型	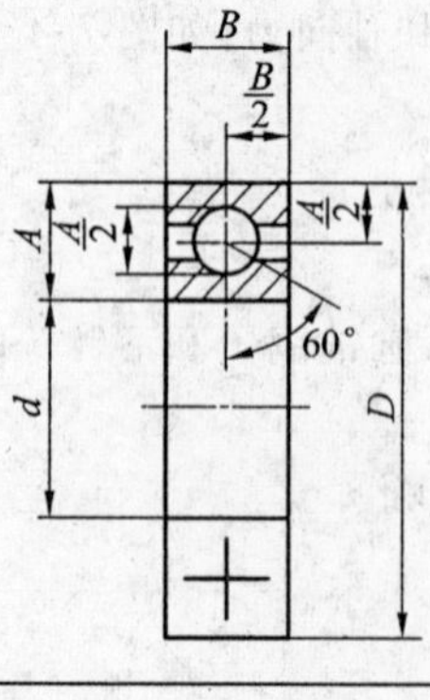	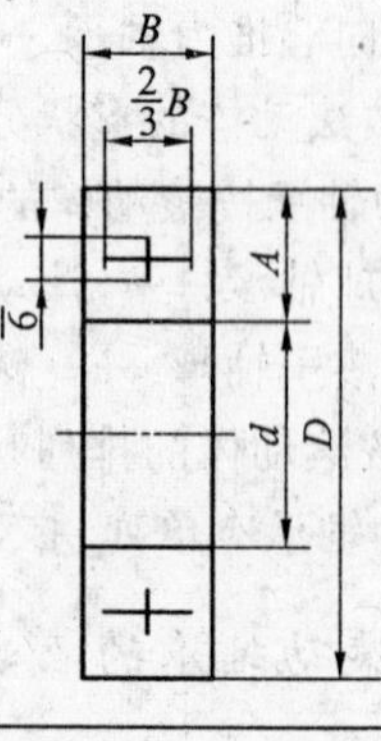

续表

轴承类型	规定画法	特征画法
推力球轴承 (GB/T 301—1995) 51000 型	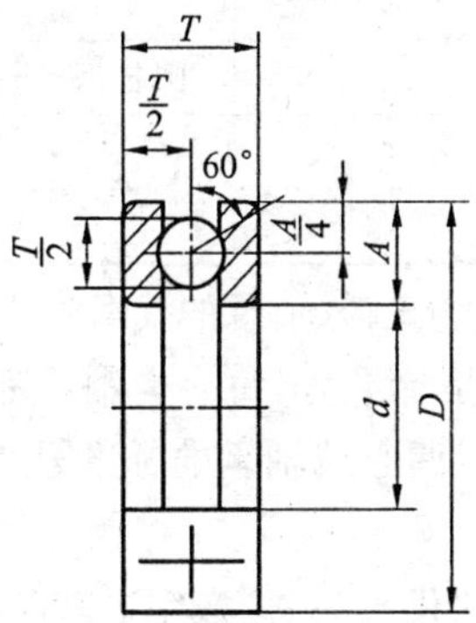	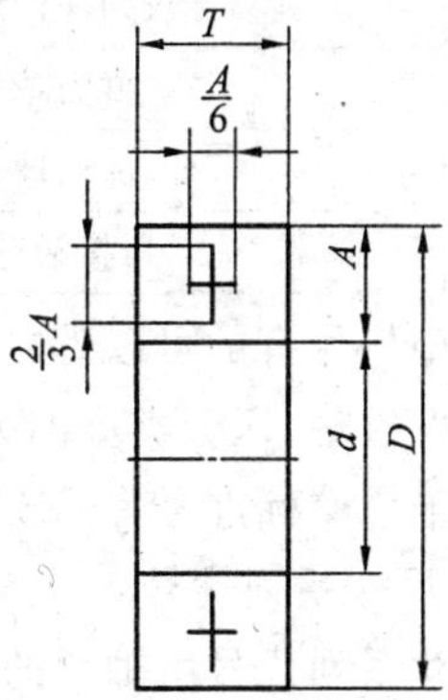
圆锥滚子轴承 (GB/T 297—1994) 30000 型	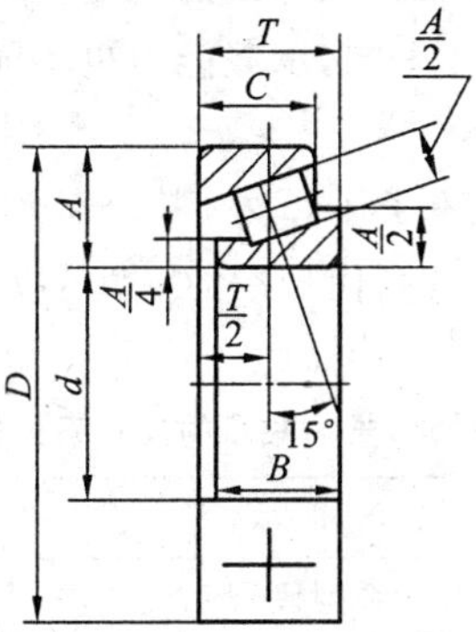	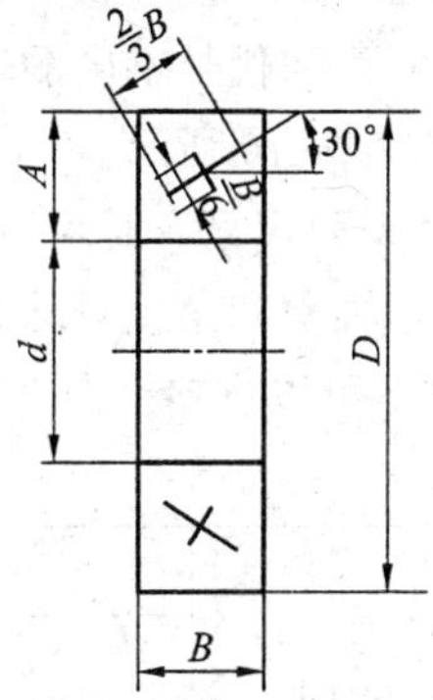

7.5.2　滚动轴承的代号

滚动轴承的代号是用字母加数字表示滚动轴承的结构、尺寸、公差等级、技术性能等特征的产品符号。完整的代号包括前置代号、基本代号和后置代号三部分。基本代号表示轴承的基本类型、结构和尺寸，是轴承代号的基础。前置、后置代号是轴承在结构、尺寸、公差、技术要求等有改变时，在其基本代号前、后添加的补充代号。前置代号用字母表示，后置代号用字母或加数字表示，其具体编制规则及含义可查阅相关标准。

1. 滚动轴承基本代号的组成

滚动轴承基本代号由轴承类型代号、尺寸系列代号和内径代号三部分按自左至右的顺序排列组成。

1）轴承类型代号

轴承类型代号用数字或字母表示。数字和字母的含义如表 7-9 所示。

表 7-9　滚动轴承的类型代号

代号	轴承类型	代号	轴承类型
0	双列角接触球轴承	2	调心滚子轴承和推力调心滚子轴承
1	调心球轴承	3	圆锥滚子轴承

代号	轴 承 类 型	代号	轴 承 类 型
4	双列深沟球轴承	8	推力圆柱滚子轴承
5	推力球轴承	N	圆柱滚子轴承(双列或多列用字母 NN 表示)
6	深沟球轴承	U	外球面球轴承
7	角接触球轴承	QJ	四点接触球轴承

类型代号有的可以省略。例如,双列角接触球轴承的代号"0"均不写,调心球轴承的代号"1"有时也可省略。区分类型的另一重要标志是标准号,每一类轴承都有一个标准编号。例如,双列角接触球轴承的标准号为 GB/T 296—1994,调心球轴承的标准号为 GB/T 281—1994。

2) 尺寸系列代号

尺寸系列代号由轴承的宽(高)度系列代号(一位数字)和直径系列代号(一位数字)左右排列组成。它反映了同种轴承在内圈孔径相同时内、外圈的宽度、厚度的不同及滚动体大小的不同。显然,尺寸系列代号不同的轴承其外廓尺寸不同,承载能力也不同。向心轴承、推力轴承的尺寸系列代号如表 7-10 所示。

尺寸系列代号有时可以省略:除圆锥滚子轴承外,其余各类轴承宽度的系列代号"0"均省略;深沟球轴承和角接触球轴承的 10 尺寸系列代号中的"1"可以省略;双列深沟球轴承的宽度系列代号"2"可以省略。

表 7-10　向心轴承、推力轴承的尺寸系列代号

直径系列代号	向 心 轴 承									推 力 轴 承		
	宽度系列代号									高度系列代号		
	8	0	1	2	3	4	5	6	7	9	1	2
	尺寸系列代号											
7	—	—	17	—	37	—	—	—	—	—	—	—
8	—	08	18	28	38	48	58	68	—	—	—	—
9	—	09	19	29	39	49	59	69	—	—	—	—
0	—	00	10	20	30	40	50	60	70	90	10	—
1	—	01	11	21	31	41	51	61	71	91	11	—
2	82	02	12	22	32	42	52	62	72	92	12	22
3	83	03	13	23	33	—	—	—	73	93	13	23
4	—	04	—	24	—	—	—	—	74	94	14	24
5	—	—	—	—	—	—	—	—	—	95	—	—

3) 内径代号

内径代号表示滚动轴承内圈孔径。内圈孔径称为轴承公称内径,因其与轴产生配合,是一个重要参数。内径代号如表 7-11 所示。

表 7-11　滚动轴承内径代号及示例

轴承公称内径 d/mm	内 径 代 号	示 例
0.6 到 10(非整数)	用公称内径毫米数直接表示,在其与尺寸系列代号之间用"/"分开	深沟球轴承 618/2.5 $d = 2.5 \text{ mm}$

轴承公称内径 d/mm		内 径 代 号	示 例
1 到 9（整数）		用公称内径毫米数直接表示，对深沟及角接触球轴承 7、8、9 直径系列，内径与尺寸系列代号之间用"/"分开	深沟球轴承 625 618/5 $d = 5$ mm
10 到 17	10	00	深沟球轴承 6200 $d = 10$ mm
	12	01	
	15	02	
	17	03	
20 到 480 （22，28，32 除外）		公称内径除以 5 的商数，商数为个数，需要在商数左边加"0"，如 08	调心滚子轴承 23208 $d = 40$ mm
大于和等于 500 以及 22，28，32		用尺寸内径毫米数直接表示，但在与尺寸系列代号之间用"/"分开	调心滚子轴承 230/500 $d = 500$ mm 深沟球轴承 62/22 $d = 22$ mm

2. 滚动轴承规定标记示例

滚动轴承的规定标记是："滚动轴承　基本代号　国标号"。现举例说明如下。

（1）滚动轴承 6204 GB/T 276—1994：

6—— 类型代号，表示深沟球轴承；

2—— 尺寸系列代号，宽度系列 0 省略，直径系列代号为 2；

04—— 内径代号，内径 $d = (4 \times 5)$ mm $= 20$ mm；

6204 GB/T 276—1994—— 深沟球轴承的国标号。

（2）滚动轴承 51203 GB/T 301—1995：

5—— 类型代号，表示推力球轴承；

12—— 尺寸系列代号，宽度系列代号 1，直径系列代号为 2；

03—— 内径代号，内径为 17 mm；

51203 GB/T 301—1995——51000 型推力球轴承的国标号。

7.6　弹簧

弹簧的用途很广，它可用来减震、测力、夹紧、承受冲击、储存能量（如钟表发条）等。它的种类很多，常用的螺旋弹簧按用途可分为压缩弹簧、拉伸弹簧和扭转弹簧，如图 7-44 所示，本节仅介绍螺旋压缩弹簧的画法及尺寸关系。

7.6.1　圆柱螺旋压缩弹簧的参数及其关系

为了使压缩弹簧的端面与轴线垂直，并且在工作时受力均匀，在制造时将两端的几圈并紧、磨平，称为支承圈。两端支承圈总数常用 1.5 圈、2 圈和 2.5 圈三种形式。除支承圈外，中间那些保

(a) 压缩弹簧　　(b) 拉伸弹簧　　(c) 扭转弹簧

图 7-44　常用的螺旋弹簧

持相等节距、产生弹力的圈称为有效圈,有效圈数是计算弹簧刚度时的圈数。弹簧参数已经标准化,设计时选用即可。下边给出与画图有关的几个参数,如图 7-45 所示。

(1)簧丝直径 d:制造弹簧的钢丝直径,按标准选取。

(2)弹簧中径 D:弹簧的平均直径,按标准选取。弹簧内径 D_1:弹簧的最小直径,$D_1 = D - d$;弹簧外径 D_2:弹簧的最大直径,$D_2 = D + d$。

(3)有效圈数 n,支承圈数 n_2 和总圈数 n_1:它们之间的关系为 $n_1 = n + n_2$,有效圈数 n 按标准选取。

(4)节距 t:两相邻有效圈截面中心线的轴向距离,按标准选取。

(5)自由高度 H_0:弹簧无负荷时的高度,$H_0 = nt + (n_2 - 0.5)d$。

(6)簧丝展开长度 $L \approx n_1 \sqrt{(\pi D)^2 + t^2}$,计算后取标准中相近值。

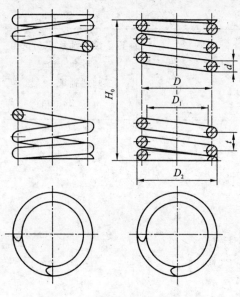

图 7-45　圆柱螺旋压缩弹簧的画法

圆柱螺旋压缩弹簧的尺寸及参数由 GB/T 2089—2009 规定,需用时可查阅此标准。

7.6.2　圆柱螺旋压缩弹簧的规定画法

(1)在平行于轴线的投影面上的视图中,各圈的轮廓线应画成直线,如图 7-45 所示。

(2)有效圈数在 4 圈以上的螺旋弹簧,两端可只画出 1～2 圈(支承圈不算在内),中间各圈可省略,只需用通过簧丝断面中心的点画线连起来,并且中间部分省略后允许适当压缩图形长度,如图 7-45 所示。

(3)螺旋弹簧均可画成右旋,左旋弹簧不论画成左旋或右旋,一律要注出旋向"左"字。

(4)在装配图中,弹簧后面被挡住的零件轮廓不必画出,可见轮廓线画到弹簧的外轮廓线或中心线为止,如图 7-46(a)所示。

(5)装配图中的弹簧被剖切时,簧丝直径在图形上等于或小于 2 mm 的剖面可涂黑表示,如图 7-46(b)所示,或者采用示意画法如图 7-46(c)所示。

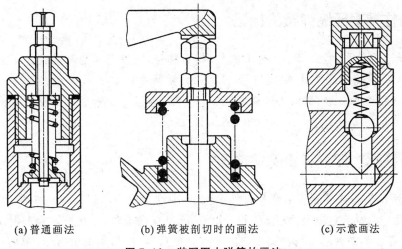

| (a) 普通画法 | (b) 弹簧被剖切时的画法 | (c) 示意画法 |

图 7-46　装配图中弹簧的画法

7.6.3　圆柱螺旋压缩弹簧的画图步骤

例如:已知弹簧钢丝直径 $d = 5$ mm,中径 $D = 40$ mm,自由高度 $H_0 = 90$ mm,有效圈数 $n = 8$,支承圈数 $n_2 = 2.5$ 圈,右旋,试画出弹簧的全剖视图。其作图步骤如图 7-47 所示。

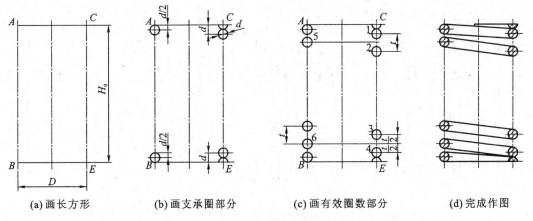

| (a) 画长方形 | (b) 画支承圈部分 | (c) 画有效圈数部分 | (d) 完成作图 |

图 7-47　圆柱螺旋压缩弹簧的画图步骤

(1) 用 D 及 H_0 画出长方形 $ABCE$,如图 7-47(a) 所示。

(2) 由自由高度 H_0 算出弹簧的节距 t,画出支承圈部分直径与簧丝直径相等的圆和半圆,如图 7-47(b) 所示。

(3) 画出有效圈数部分直径与簧丝直径相等的圆。先在 CE 上根据节距 t 画出圆 2 和圆 3;然后从圆 1 和圆 2 圆心连线的中点及圆 3 和圆 4 圆心连线的中点分别作水平线与 AB 相交,画出圆 5 和圆 6,如图 7-47(c) 所示。

(4) 按右旋方向作相应圆的公切线及剖面线,即完成作图,如图 7-47(d) 所示。

在装配图中绘制处于被压缩状态的螺旋压缩弹簧时,H_0 改为实际被压缩后的高度,其余画法不变。

7.6.4　圆柱螺旋压缩弹簧的标记

弹簧的标记由名称、型式、尺寸、标准编号、材料牌号，以及表面处理组成。

例如，YA 型螺旋压缩弹簧，材料直径 1.2 mm，弹簧中径 8 mm，自由高度 40 mm，刚度、外径、自由高度的精度为 2 级，材料为碳素弹簧钢丝 B 级，则表面镀锌处理的左旋弹簧的标记为：

YA 1.2×8×40－2 左 GB/T 2089—1994　B 级 —D—Zn

7.6.5　圆柱螺旋压缩弹簧的零件图

图 7-48 所示为圆柱螺旋压缩弹簧零件示例，需要注意以下两点。

(1) 弹簧的参数应直接标注在图形上。当直接标注有困难时，可在技术要求中说明。

(2) 当需要表明弹簧的负荷与高度之间的变化关系时，必须用图解表示。螺旋压缩弹簧的机械性能曲线应画成直线（为粗实线）。其中，F_1 表示弹簧的预加负荷，F_2 表示弹簧的最大负荷，F_3 表示弹簧的允许极限负荷。

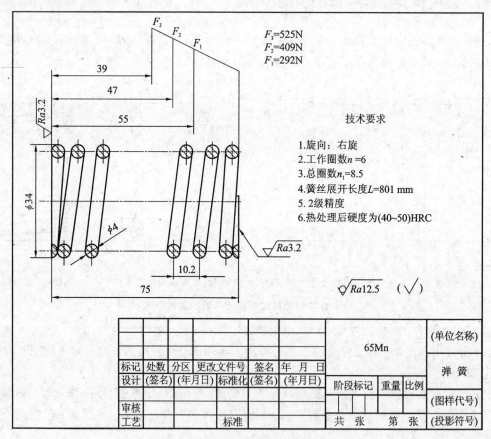

图 7-48　圆柱螺旋压缩弹簧零件图示例

第 8 章 零件图

机器或部件是由各种零件组成的,组装机器或部件前必须首先制造出其所有的零件。根据零件的形状和功用,可将其大致分为轴套类、轮盘类、叉架类和箱体类等类型。

8.1 零件图的作用和内容

零件图是表达单个零件的结构形状、尺寸大小及其技术要求的图样。它是生产过程中指导零件的加工制造和检验测量的重要技术文件。

图 8-1 所示是带轮的零件图。一张完整的零件图应包括下列基本内容。

(1)一组图形:用视图、剖视图、断面图及其他规定画法来正确、完整、清晰地表达零件的各部分形状和结构。

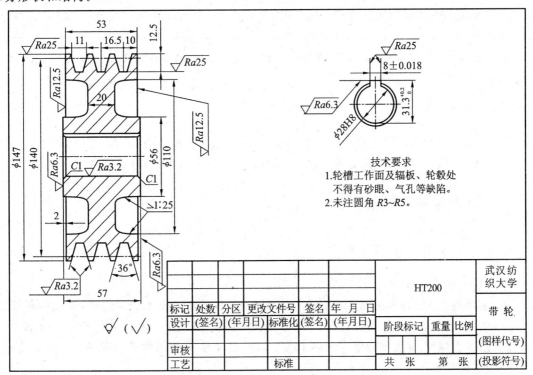

图 8-1　带轮零件图

（2）完整的尺寸：用以确定零件各部分的形状大小及其相对位置。

（3）技术要求：用符号或文字来标注或说明零件在加工制造和检验时应达到的各项技术指标，如表面结构、尺寸极限偏差、形状和位置公差、表面热处理等要求。

（4）标题栏：说明零件的名称、材料、数量、绘图比例，以及设计、描图、审核人的签字、日期等各项内容。

8.2　零件图的视图选择

在选择零件图的视图时，应力求用较少的视图来正确、完整、清晰地表达出零件的结构。应根据零件的结构特点，选择好主视图，再选配好其他视图，以确定一个较好的表达方案。

8.2.1　零件图的视图选择原则

1. 主视图的选择

主视图是表达零件形状的最重要的视图，其选择是否合理将直接影响其他视图的画法及加工时是否方便看图。主视图的选择应考虑以下两个方面的问题。

1）安放位置

主视图的安放位置的原则是尽量符合零件的主要加工位置和工作位置。通常对轴套类、轮盘类等这些主要在车床上加工的零件选择其加工位置，以便看图加工；对叉架类、箱体类零件，由于其结构形状一般都较复杂，制造时需要在不同的机床上加工，并且加工时的装夹位置又各不相同，所以这类零件的主视图应选择其工作位置，便于把零件与装配体联系起来。

2）投影方向

主视图的投影方向应选择最能反映零件各组成部分的结构形状和相对位置的那个方向，即遵循形体特征原则。

2. 其他视图的选择

其他视图的选择应侧重于配合、补充主视图尚未表达完整的零件内、外结构的形状，应优先选择基本视图。注意每个视图应有表达重点，并可作适当剖视，且视图数量应恰当。

8.2.2　典型零件的表达分析

1. 轴套类零件

1）形状及结构分析

轴套类零件的主要结构是由若干直径不等的同轴圆柱、圆锥等回转体组成的，并且其轴向尺寸大于径向尺寸。直径变化处所形成的台阶（又称轴肩）可供安装其上的零件轴向定位。由于设计、加工和装配工艺的需要，此类零件常有倒角、圆角、键槽、退刀槽、砂轮越程槽、销孔和中心孔等结构。

2）主视图的选择

轴套类零件一般在车床或磨床上进行加工，为了加工时看图方便，主视图应将轴线按水平位置放置。由于小直径端加工量大于大直径端,因此宜将小直径端置于右边,大直径端置于左边。按形体特征原则,把键槽、孔等结构朝前,以显示轴的主要形体特征,如图 8-2 所示。

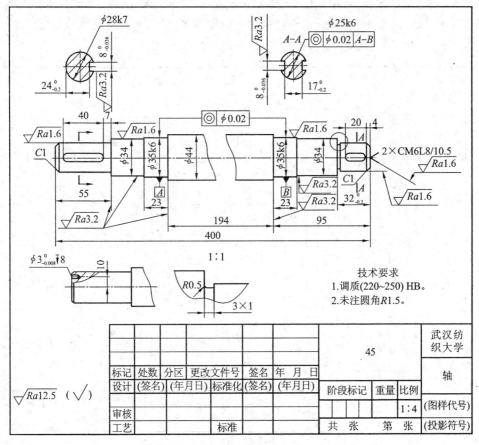

图 8-2　轴零件图

3) 其他视图的选择

对轴套类零件一般只画一个基本视图,可采用局部剖、断开画法等表达方法。而对空心轴套类零件,则应用全剖或半剖来同时表达零件的内外结构形状。对键槽、退刀槽、砂轮越程槽及其他孔、槽结构和细小结构,可以用移出断面、局部视图和局部放大图等加以补充。

2. 轮盘类零件

1) 形状及结构分析

轮盘类零件包括手轮、皮带轮、端盖、盘座等。轮一般用来传递动力和扭矩,盘主要起支承、轴向定位、密封等作用。轮盘类零件多由共轴回转体构成(也有方形的),轴向尺寸较小,径向尺寸较大。常有轴孔、凸缘、凸台、凹坑等结构;为了与其他零件连接,常有较多的螺孔、光孔、沉孔、销孔等结构要素。

2) 主视图的选择

图 8-3 所示的端盖零件主要是在车床上加工,因此将端盖轴线按加工位置水平横放。对于有些不以车床加工为主的轮盘类零件,可按其形状特征和工作位置确定主视图方向。由于这类零件的内形较外形复杂,因而主视图采用全剖视,使内孔、毡圈槽及安装用的沉孔等结构得以充分表达。

3）其他视图的选择

轮盘类零件一般需要两个基本视图。常选用一个左视图或右视图来补充表达零件的外形轮廓和各组成部分的结构形状及相对位置。如图 8-3 所示，主视图确定后，端盖上还有沉孔的分布位置需要表达清楚，故选用左视图。由于左视图为对称图形，为了合理利用图纸幅面，可采用只画一半的简化画法。为了方便标注毡圈槽的尺寸，采用了局部放大图。

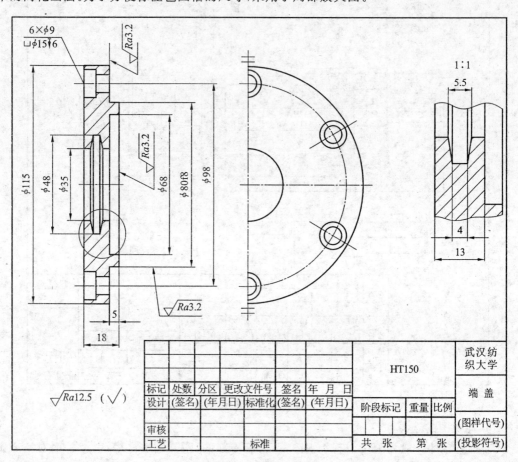

图 8-3　端盖零件图

3. 叉架类零件

1）形状及结构分析

叉架类零件包括各种用途的支架和拨叉。支架主要起支承和连接的作用，拨叉主要用于操纵机构。叉架类零件一般都是铸件或锻件毛坯，由肋板、安装板、转轴套筒等部分组成。

2）主视图的选择

叉架类零件的形状较为复杂，需经不同的机床加工，而加工位置难以分出主次。所以在选择主视图时，一般按工作位置（运动零件通常摆正）和形状特征确定主视图方向。

3）其他视图的选择

由于其结构形状的复杂性，叉架类零件一般都需要两个或两个以上的基本视图来表达。倾斜结构的支架，常采用斜视图、斜剖视和断面图来表达。对零件上的一些内部结构可采用局部剖视，对某些较小的结构，也可采用局部放大图。图 8-4 所示的支架零件图，其主视图按工作位置放置，主、左视图均采用局部剖视图，T 形肋板的断面形状采用移出断面图表达，B 向局部视图用以表达凸缘形状。

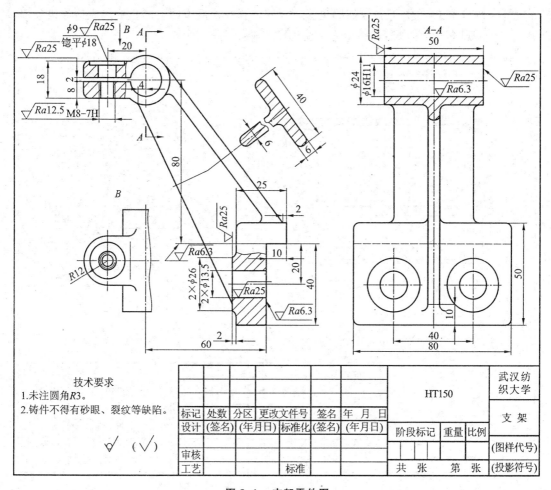

图 8-4　支架零件图

4. 箱体类零件

1) 形状及结构分析

箱体类零件一般起支承、容纳、密封等作用，多为中空的壳体，具有内腔和壁，此外还常具有轴孔、轴承孔、凸台和肋板等结构。这类零件一般是部件的主体零件，许多零件都要装在其内部或外部，结构都较复杂，多为铸件。

2) 主视图的选择

箱体类零件由于其结构形状一般都较复杂，制造时需要在不同的机床上加工，并且加工时的装夹位置又各不相同，所以这类零件的主视图按其工作位置放置，并按形状特征原则确定主视图的投影方向。

3) 其他视图的选择

箱体类零件一般也需要两个或两个以上的基本视图，并配合其他各种表达方法才能表达清楚。

图 8-5 所示的座体零件图，其主视图采用全剖视图来表达圆筒内部结构，并反映左、右支承

板和底板的关系。为了把圆筒端面上螺孔的分布，左、右支承板的形状，中间肋板和底板的结构关系以及安装孔的结构表达清楚，选用了左视图并作了两处局部剖视。至此座体的内、外结构形状大部分都表达清楚了，仅剩下底板的四角形状及安装孔在长度方向上的位置未表达清楚，因此又选用了 A 向局部视图，将该零件的所有结构形状表达得完整简洁。

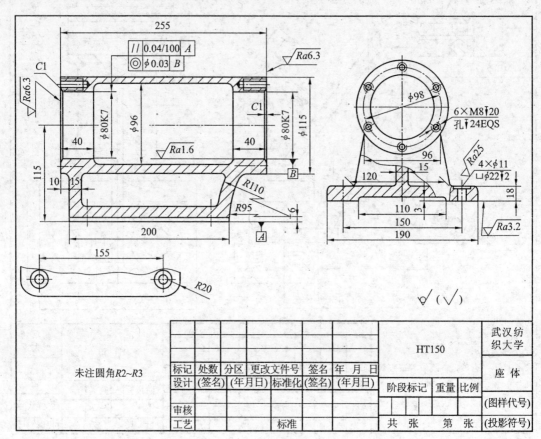

图 8-5　座体零件图

8.3　零件图的尺寸标注

零件上各部分的大小是依据零件图上的尺寸进行制造、检验的。因此，对零件尺寸的标注除了前面叙述的要正确、完整、清晰外，还要求标注合理，本节主要介绍尺寸标注的合理性问题。所谓合理的尺寸是指标注的尺寸既要满足设计要求，又要便于加工、测量和检验。因此正确选择尺寸基准尤为重要。

8.3.1　正确选择尺寸基准

尺寸基准，即标注尺寸的起点。根据其作用的不同，可分为设计基准和工艺基准。

1. 设计基准

根据机器的构造特点及对零件的设计要求所选定的基准，称为设计基准。设计基准通常是确定零件在机器或部件中位置的面、线、点。常用的基准面有零件的对称面、重要的支承面、端面、装配结合面等。常用的基准线为零件上回转面的轴线。

图 8-6 所示的轴承座,长度方向的尺寸,应当以对称面 C 为基准,因为在制造该零件的木模时,要以这个基准来确定外形;在加工前画线时,也应首先画出这条基准线,然后根据它来确定各个圆孔的中心位置。因此以对称面 C 为基准线标注出了 90、65、45、35 等对称尺寸。高度方向的尺寸,应当以轴承座的底面 B 为基准,因为一根轴要用两个轴承座支承,为了保证轴线水平,两个轴孔的中心应在同一高度线上,因此应确保轴孔到底面的距离 40±0.02 这个重要尺寸。宽度方向的尺寸,应当选择后端面 D 面为基准,因为 D 面是一个装配结合面。

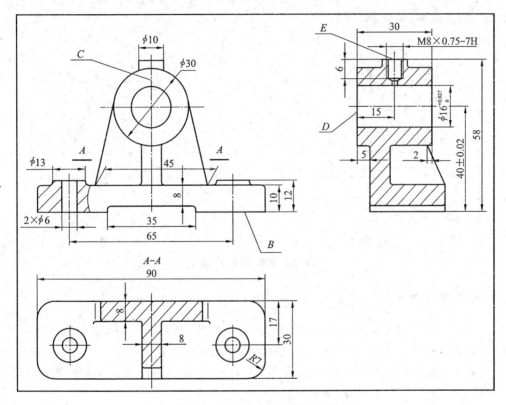

图 8-6 轴承座的尺寸基准选择

2. 工艺基准

零件在加工过程中为了便于加工和测量而选定的基准,称为工艺基准。应尽可能使工艺基准与设计基准重合,当不能满足这一要求时,应以保证设计基准为主,即将主要的设计尺寸从设计基准出发标注,其他尺寸可从工艺基准出发标注。

图 8-6 所示的凸台的顶面 E 是工艺基准,以此为基准测量螺孔的深度比较方便。

根据基准的重要性,基准又可分为主要基准和辅助基准。零件在长、宽、高三个方向上都应该有一个主要基准。图 8-6 所示的 B、C、D 面即为主要基准,E 面为辅助基准。两个基准之间应有联系尺寸,图 8-6 所示的高度尺寸 58,便将高度方向的主要基准 B 与辅助基准 E 联系起来了。

8.3.2 尺寸标注的一般原则

1. 重要尺寸直接标注

零件上反映机器或部件的规格性能、配合要求及影响其正确安装等的重要尺寸,应从设计基准出发直接标注,以便保证重要尺寸的精确性。如图 8-7 所示,轴承座孔的中心高度尺寸是反映该零件规格性能的重要尺寸,应从底面(设计基准)直接标出 30。而分段标出 8 和 22 所产生的误差之和,会超出标注 30 时的误差,因而不能确保该重要尺寸的精确性。安装孔的中心距尺寸也应从设计基准(对称面)直接标出 38。

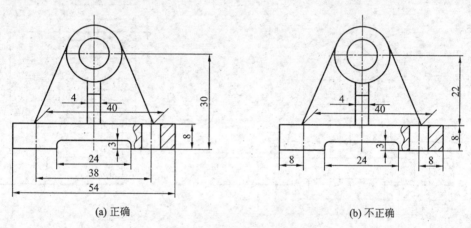

(a) 正确   (b) 不正确

图 8-7 重要尺寸直接标注

2. 避免出现封闭的尺寸链

如果同一方向的尺寸排列为首尾相连的封闭尺寸链,如图 8-8 所示,链中任一环的尺寸误差,都将受其他各环尺寸误差的影响,因此不允许将尺寸注成封闭尺寸链。

一般将不重要的那个尺寸空出不注(称为开口环),其他各环的尺寸误差都积累到该环上,但并不影响该零件的尺寸要求,如图 8-9 所示。

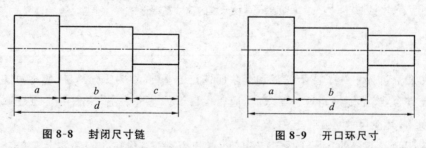

图 8-8 封闭尺寸链   图 8-9 开口环尺寸

由于设计、工艺要求不同,零件图上同一方向的尺寸标注有以下三种形式。

1)链状注法

前一段加工误差不影响后一段的尺寸精度,但各段误差会积累到总尺寸上,如图 8-10 所示。

2)坐标注法

同一方向的尺寸都从同一基准注起,任一尺寸误差只影响本段尺寸的精度,如图 8-11 所示。

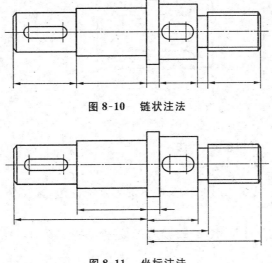

图 8-10　链状注法

图 8-11　坐标注法

3）综合注法

综合注法是链状注法和坐标注法的结合，它具有这两种形式的优点，能适应零件的设计和工艺要求，被广泛采用，如图 8-12 所示。

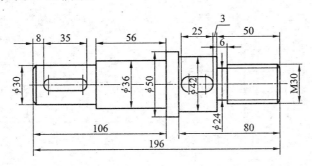

图 8-12　综合注法

3. 标注尺寸要便于测量和加工

1）标注尺寸要便于测量

轴上和轮毂孔上键槽的深度及轴上切平面位置尺寸应以圆柱面素线为基准进行标注，以便于测量，如图 8-13 所示。

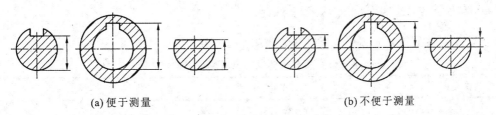

(a) 便于测量　　　　　　　　　　　　　　(b)不便于测量

图 8-13　标注尺寸要便于测量

对零件上的阶梯孔，一般先加工出小孔，然后依次加工出大孔，因此轴向尺寸的标注，应从端面标注出大孔的深度 A 与 C，以便于测量，如图 8-14(a) 所示；而标注尺寸 B 就不方便测量了，如图 8-14(b) 所示。

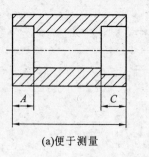

(a)便于测量

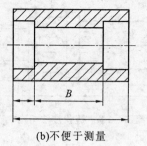

(b)不便于测量

图 8-14　阶梯孔尺寸标注

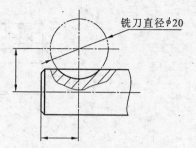

铣刀直径φ20

图 8-15　半圆键键槽尺寸标注

2) 标注尺寸要考虑零件加工工艺

(1) 按加工方法标注尺寸。如图 8-15 所示的半圆键键槽,标注铣刀直径尺寸,以方便选择铣刀。

(2) 按加工顺序标注尺寸。如图 8-12 所示的轴,便是按图 8-16 所示的加工顺序进行尺寸标注的。

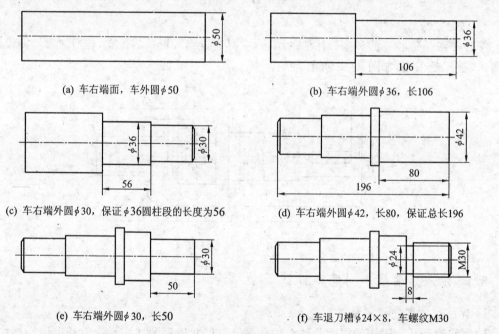

(a) 车右端面,车外圆φ50

(b) 车右端外圆φ36,长106

(c) 车右端外圆φ30,保证φ36圆柱段的长度为56

(d) 车右端外圆φ42,长80,保证总长196

(e) 车右端外圆φ30,长50

(f) 车退刀槽φ24×8,车螺纹M30

图 8-16　按加工顺序标注尺寸

4. 零件上常见结构要素的尺寸注法

表 8-1 列举了零件上部分常见结构要素的尺寸注法。

表 8-1　零件上部分常见结构要素的尺寸注法

零件结构类型		标注方法			说　明
螺孔	通孔	3×M6-6H	3×M6-6H	3×M6-6H	3 个公称直径为 6、公差带代号为 6H 的螺纹通孔

续表

零件结构类型		标注方法	说　明
螺孔	不通孔	$3\times M6\text{-}6H\downarrow 10$ 孔$\downarrow 12$　　$3\times M6\text{-}6H\downarrow 10$ 孔$\downarrow 12$　　$3\times M6\text{-}6H$	3 个公称直径为 6、公差带代号为 6H 的螺纹不通孔,钻孔深度为 12,螺纹孔深度为 10
光孔	一般孔	$4\times\phi5\downarrow 10$　　$4\times\phi5\downarrow 10$　　$4\times\phi5$	4 个直径为 5、深 10 的光孔
	精加工孔	$4\times\phi5_{0}^{+0.012}\downarrow 10$ 钻$\downarrow 12$　　$4\times\phi5_{0}^{+0.012}\downarrow 10$ 钻$\downarrow 12$　　$4\times\phi5_{0}^{+0.012}$	光孔深度为 12,钻孔后需精加工至 $\phi5_{0}^{+0.012}$,深度为 10
	锥销孔	锥销孔$\phi5$ 装配时作　　锥销孔$\phi5$ 装配时作	$\phi5$ 为与锥销孔相配的圆锥销小头直径。锥销孔通常是相邻两零件装配后一起加工的
沉孔	锥形沉孔	$6\times\phi7$ $\vee\phi13\times90°$　　$6\times\phi7$ $\vee\phi13\times90°$　　$90°$ $\phi13$ $6\times\phi7$	6 个直径为 7 的锥形沉头孔,锥孔口直径为 13,锥面顶角为 90°
	柱形沉孔	$4\times\phi6$ $\llcorner\phi10\downarrow3.5$　　$4\times\phi6$ $\llcorner\phi10\downarrow3.5$　　$\phi10$ 3.5 $4\times\phi6$	4 个直径为 6 的圆柱形沉头孔,沉孔直径为 10,深 3.5
	锪平孔	$4\times\phi7\llcorner\phi16$　　$4\times\phi7\llcorner\phi16$　　$\phi16\llcorner$ $4\times\phi7$	4 个直径为 7 的锪平孔,锪平孔直径为 16。锪平孔不需标注深度,一般锪平到不见毛面为止

续表

零件结构类型	标注方法	说 明
退刀槽、砂轮越程槽	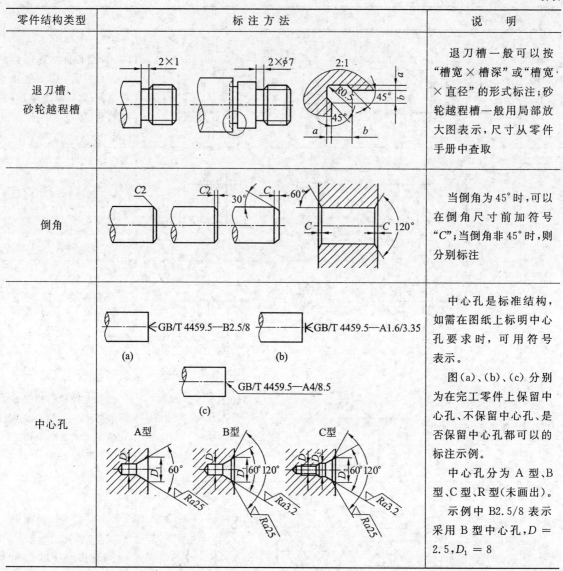	退刀槽一般可以按"槽宽×槽深"或"槽宽×直径"的形式标注;砂轮越程槽一般用局部放大图表示,尺寸从零件手册中查取
倒角		当倒角为45°时,可以在倒角尺寸前加符号"C";当倒角非45°时,则分别标注
中心孔		中心孔是标准结构,如需在图纸上标明中心孔要求时,可用符号表示。 图(a)、(b)、(c)分别为在完工零件上保留中心孔、不保留中心孔、是否保留中心孔都可以的标注示例。 中心孔分为 A 型、B型、C型、R型(未画出)。 示例中 B2.5/8 表示采用 B 型中心孔,$D = 2.5, D_1 = 8$

8.4 零件的工艺结构简介

零件的结构形状,除了满足设计要求外,还应考虑加工制造的方便,使零件结构具有合理性。

8.4.1 铸造工艺结构

1. 拔模斜度

用铸造方法制造零件毛坯时,为了便于起模,铸件表面沿起模方向做成一定的斜度(1:20),称为拔模斜度,如图 8-17(a)所示。铸件上的拔模斜度如无特殊要求,图上可不画出和不标注,如图 8-17(b)所示。

2. 铸造圆角

铸造表面转角处要做成小圆角,它既便于起模,又可防止砂型落砂,还可避免铸件在冷却时产生裂纹和缩孔,如图 8-18 所示。圆角一般为 $R2 \sim R5$,注写在技术要求中。

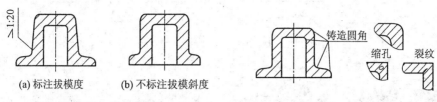

<table>
<tr><td>(a) 标注拔模度</td><td>(b) 不标注拔模斜度</td><td>缩孔　裂纹</td></tr>
<tr><td colspan="2" align="center">图 8-17　拔模斜度</td><td align="center">图 8-18　铸造圆角</td></tr>
</table>

由于铸造圆角的存在,两铸造表面的交线不是很明显,为了区分不同形体的表面,仍要画出这条交线,此交线称为过渡线,用细实线表示。以下是过渡线的规定画法。

(1) 两曲面相交时,过渡线不与圆角轮廓线接触,如图 8-19(a) 所示;两曲面相切时,过渡线在切点处应断开,如图 8-19(b) 所示。

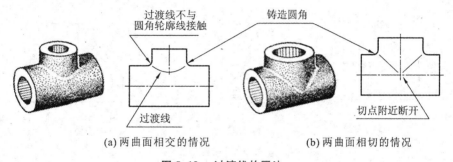

(a) 两曲面相交的情况　　　　　　(b) 两曲面相切的情况

图 8-19　过渡线的画法一

(2) 在画平面与平面(见图 8-20(a))、平面与曲面(见图 8-20(b))相交处的过渡线时,应在过渡线两端断开,并按铸造圆角弯曲方向画出过渡圆弧。

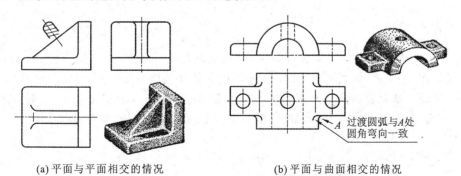

(a) 平面与平面相交的情况　　　　　(b) 平面与曲面相交的情况

图 8-20　过渡线的画法二

(3) 不同断面形状的肋板与圆柱组合,视其相切、相交的关系不同,其过渡线的画法如图 8-21 所示。

3. 铸件壁厚

铸件各部分壁厚应尽量均匀或逐渐变化,以避免浇铸后因冷却速度不同而产生裂纹或缩孔,如图 8-22 所示。

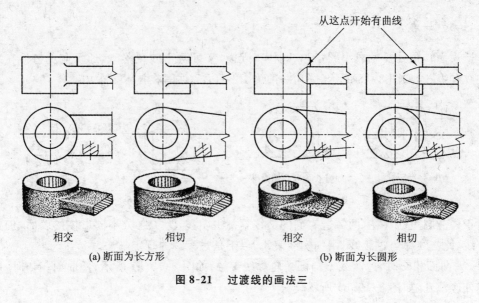

从这点开始有曲线

相交　　　　　　相切　　　　　　相交　　　　　　相切

(a) 断面为长方形　　　　　　　　(b) 断面为长圆形

图 8-21　过渡线的画法三

逐渐均匀过渡

缩孔

裂纹

(a) 正确　　　　　(b) 正确　　　　　(c) 不正确

图 8-22　铸件壁厚

8.4.2　机械加工工艺结构

1. 倒角和倒圆

为了去除零件的毛刺、锐边和便于装配,轴或孔的端部一般都加工成倒角,45°倒角以 C 表示,其注法如图 8-23 所示。其他角度的倒角尺寸要在图中直接注出。为了避免应力集中而产生裂纹,在轴肩处往往加工成圆角过渡的形式,称为倒圆,以 R 表示,其注法如图 8-23 所示。倒角 C 和倒圆 R 的尺寸系列、与零件直径相对应的倒角 C 和倒圆 R 的推荐值可查阅附表。

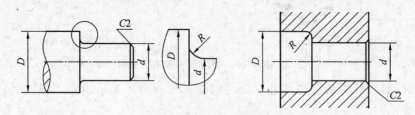

图 8-23　倒角和倒圆

2. 退刀槽、砂轮越程槽

为了退出刀具或使砂轮可稍稍越过加工面,不使刀具或砂轮损坏,并且在装配时能使相邻零件靠紧,常在待加工面的末端加工出退刀槽(如图 8-24 所示)或砂轮越程槽(如图 8-25 所示)。

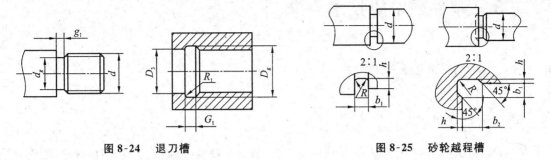

图 8-24　退刀槽　　　　　　　　　　图 8-25　砂轮越程槽

3. 凸台、凹坑、凹槽和凹腔

为了减少机械加工量、节约材料和减少刀具的消耗,加工与非加工表面要分开,做成凸台(见图 8-26(a))、凹坑(见图 8-26(b))、凹槽(见图 8-26(c))或凹腔(见图 8-26(d))等结构。

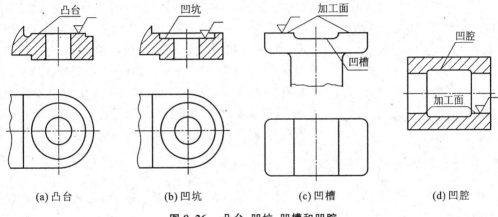

(a) 凸台　　　　　(b) 凹坑　　　　　(c) 凹槽　　　　　(d) 凹腔

图 8-26　凸台、凹坑、凹槽和凹腔

4. 钻孔结构

(1)用钻头钻出的盲孔,在底部有 120° 锥角,如图 8-27(a) 所示。用不同直径的钻头加工阶梯孔时,在大小孔过渡处也存在 120° 锥角的锥台,如图 8-27(b) 所示。这类锥角在图样上均不标注出角度尺寸。

(2)钻孔时应尽量使钻头垂直于孔端表面,以防止钻头歪斜、折断。钻孔过程中应尽量不使钻头单边受力,如图 8-27(c) 和(d) 所示。

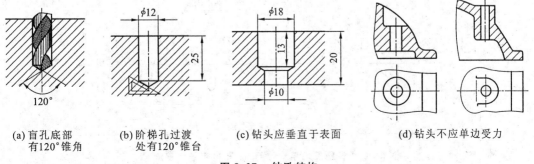

(a) 盲孔底部　　　(b) 阶梯孔过渡　　(c) 钻头应垂直于表面　　(d) 钻头不应单边受力
有 120° 锥角　　　处有 120° 锥台

图 8-27　钻孔结构

■ 8.5 零件图中的技术要求

8.5.1 零件的表面结构要求

1. 表面结构概述

所谓表面结构是指零件表面的几何形貌。它是表面粗糙度、表面波纹度、表面纹理、表面缺陷和表面几何形状的总称。本节只介绍我国目前应用最广的表面粗糙度在图样上的表示法及其符号、代号的标注与识读方法。

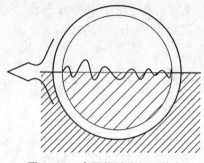

图 8-28 表面粗糙度剖面放大图

经过加工的零件表面看起来很光滑，但从显微镜下观察却可见其具有微小的峰、谷（见图 8-28）、波纹和刀痕等，这是在加工过程中，机床、刀具、工件系统的振动，以及刀具切削时的塑性变形等因素造成的。零件实际表面的这种微观不平度，对零件的磨损、疲劳强度、耐腐蚀性、配合性质和喷涂质量及外观等都有很大影响，并直接关系到机器的使用性能和寿命，特别是对运转速度快、装配精度高、密封要求严的产品，更具有重要意义。因此，在设计绘图时，应根据产品的精密程度，对其零件的表面结构提出相应要求。

2. 表面结构评定的主要参数

表面粗糙度参数是评定表面结构要求时普遍采用的主要参数，此参数既能满足常用表面的功能要求，检测也比较方便。

1）轮廓算术平均偏差 Ra

目前评定零件表面粗糙度的主要参数是轮廓算术平均偏差 Ra，如图 8-29 所示。Ra 是指在取样长度 l 内，轮廓上各点到中线距离绝对值的平均值，用公式表示为 $Ra = \dfrac{1}{n}\displaystyle\int_0^l |y(x)|\,\mathrm{d}x$，或者近似表示为 $Ra = \dfrac{1}{n}\displaystyle\sum_{i=1}^n |y_i|$。式中：$n$ 为轮廓上的采样点数。采样点数用电动轮廓仪测量，运算过程由仪器自动完成。

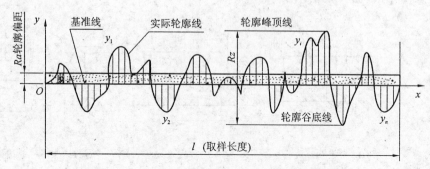

图 8-29 轮廓算术平均偏差 Ra 及轮廓最大高度 Rz

2) 轮廓最大高度 Rz

在一个取样长度 l 内,轮廓峰顶线与轮廓谷底线之间的距离如图 8-29 所示。评定参数 Ra、Rz 的数值如表 8-2 所示。

表 8-2　Ra、Rz 的数值(μm)

Ra	Rz	Ra	Rz
0.012		6.3	6.3
0.025	0.025	12.5	12.5
0.05	0.05	25	25
0.1	0.1	50	50
0.2	0.2	100	100
0.4	0.4		200
0.8	0.8		400
1.6	1.6		800
3.2	3.2		1600

注:原国家标准(GB/T 131—1993)中的参数代号现在为大小写斜体(如 Ra、Rz),下标如 R_a、R_z 不再使用。原来的表面粗糙度参数 R_z(十点高度)已经不再被认可为标准代号,新的 Rz 为原 R_y 的定义,原 R_y 的符号不再使用。

3. 表面结构的图形符号、代号

1) 表面结构的图形符号

表面结构的图形符号及其含义如表 8-3 所示。

表 8-3　表面结构的图形符号及其含义(GB/T 131—2006)

名称	符　号	含义及说明
基本符号		表示对表面结构有要求的符号,以及未指定工艺方法的表面。基本符号仅用于简化代号的标注,当通过一个注释解释时可单独使用,没有补充说明时不能单独使用
扩展符号		要求去除材料的符号。 在基本符号上加一短横,表示指定表面是用去除材料的方法获得,如通过机械加工(车、铣、钻、磨、剪切、抛光、腐蚀、电火花加工、气割等)的表面
		不允许去除材料的符号。 在基本符号上加一个圆圈,表示指定表面是用不去除材料的方法获得,如铸、锻等。也可用于表示保持上道工序形成的表面,不管这种状况是通过去除材料或不去除材料形成的
完整符号		在上述所示的图形符号的长边上加一横线,用于对表面结构有补充要求的标注。左、中、右符号分别用于"允许任何工艺"、"去除材料"、"不去除材料"方法获得的表面的标注

2) 表面结构代号

表面结构符号中注写了具体参数代号及数值等要求后即称为表面结构代号。表面结构代号由完整图形符号、参数代号和参数值(如 Ra 1.6 和 Rz 6.3)组成,必要

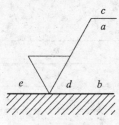

图 8-30 补充要求的
注写位置

时还应标注补充要求,如传输带、取样长度、评定长度、加工方法、表面纹理,以及方向、加工余量等(需要时请参阅相应的国家标准)。补充要求的内容及其指定标注位置,如图 8-30 所示及如下说明。

位置 a:注写结构参数代号、极限值、取样长度(或传输带)等。在参数代号和极限值间应插入空格。

位置 a 和 b:注写两个或多个表面结构要求,如果位置不够时,图形符号应在垂直方向扩大,以空出足够的空间。

位置 c:注写加工方法、表面处理、涂层或其他加工工艺要求等。

位置 d:注写所要求的表面纹理和纹理方向,如"="、"⊥"等。

位置 e:注写所要求的加工余量。

在图样上标注时,为了简化起见,标准中对传输带、取样长度等信息规定了一系列的默认值。若采用默认值,并对其他方面不作要求时,可采用简化注法(见图 8-31(b))。

各种符号的画法(含代号的注写)如图 8-31(a)所示,符号及字母的线宽及高度的具体尺寸如图 8-31(b)和表 8-4 所示。

(a) 各种符号的画法

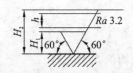

(b) 代号的注写方法

图 8-31 符号的画法及代号的注写方法

表 8-4 表面结构图形符号和附加标注的尺寸 单位:mm

数字和字母高度 h(见 GB/T 14690)	2.5	3.5	5	7	10	14	20
符号线宽 d'	0.25	0.35	0.5	0.7	1	1.4	2
字母线宽 d							
高度 H_1	3.5	5	7	10	14	20	28
高度 H_2(最小值)[①]	7.5	10.5	15	21	30	42	60

注:① H_2 取决于标注内容。

当在图样某个视图上构成封闭轮廓的各表面有相同的表面结构要求时,应在完整符号上加一圆圈,标注在图样中工件的封闭轮廓线上。如图 8-32 所示,图中标注的符号是指对图形中封闭轮廓的 6 个面的共同要求(不包括前后面)。

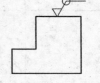
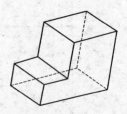

4. 表面结构代号的含义

表面结构代号的示例及其含义如表 8-5 所示。

图 8-32 封闭轮廓的各表面
有相同表面结构
要求时的注法

表 8-5 表面结构代号的示例及其含义

序号	代 号	含义 / 解释
1	$\sqrt{Rz\,0.4}$	表示不允许去除材料,单向上限值,默认传输带,R 轮廓,粗糙度的最大高度 0.4 μm,评定长度为 5 个取样长度(默认),"16% 规则"(默认)
2	$\sqrt{Rz\,max\,0.2}$	表示去除材料,单向上限值,默认传输带,R 轮廓,粗糙度的最大高度 0.2 μm,评定长度为 5 个取样长度(默认),"最大规则"
3	$\sqrt{0.008—0.8/Ra3.2}$	表示去除材料,单向上限值,传输带 0.008 ～ 0.8 mm,R 轮廓,算术平均偏差3.2 μm,评定长度为 5 个取样长度(默认),"16% 规则"(默认)
4	$\sqrt{-0.8/Ra3\,3.2}$	表示去除材料,单向上限值,传输带:根据 GB/T 6062,取样长度 0.8 μm(λ_s 默认 0.002 5 mm),R 轮廓,算术平均偏差 3.2 μm,评定长度包含 3 个取样长度,"16% 规则"(默认)
5	$\sqrt{\begin{array}{l}U\,Ra\,max\,3.2\\L\,Ra0.8\end{array}}$	表示不允许去除材料,双向极限值,两极限值均使用默认传输带,R 轮廓。上限值:算术平均偏差 3.2 μm,评定长度为 5 个取样长度(默认),"最大规则"。下限值:算术平均偏差 0.8 μm,评定长度为 5 个取样长度(默认),"16% 规则"(默认)
6	$\sqrt{0.8—25/Wz3\,10}$	表示去除材料,单向上限值,传输带 0.8 ～ 25 mm,W 轮廓,波纹度最大高度 10 μm,评定长度包含 3 个取样长度,"16% 规则"(默认)

5. 表面结构要求的标注

表面结构要求对每一表面只标注一次,并尽可能标注在相应的尺寸及其公差的同一视图上。除非另有说明,所标注的表面结构要求是对完工零件的要求。

1)表面结构符号、代号的标注位置与方向

总的原则是根据 GB/T 4458.4 中的规定,使表面结构要求的注写和读取方向与尺寸的注写和读取方向相一致。

(1)标注在轮廓或指引线上。表面结构要求可标注在轮廓线上,其符号应从材料外指向并接触表面,如图 8-33 所示。必要时,表面结构符号也可用带箭头或黑点的指引线引出标注,如图 8-34 所示。

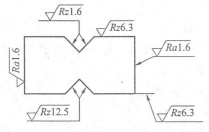
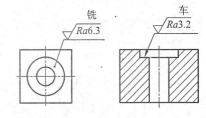

图 8-33 表面结构要求在轮廓线上的标注　　图 8-34 用指引线引出标注表面结构要求

(2)标注在延长线上。表面结构要求可以直接标注在延长线上,或者用带箭头的指引线引出标注,如图 8-33、图 8-37、图 8-38 所示。

(3)标注在特征尺寸的尺寸线上。在不致引起误解时,表面结构要求可以标注在给出的尺寸线上,如图 8-35 所示。

(4)标注在形位公差的框格上。表面结构要求可标注在形位公差框格的上方,如图 8-36 所示。

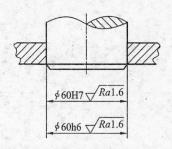

图 8-35　表面结构要求标注在尺寸线上

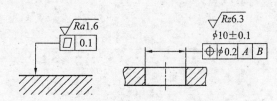

图 8-36　表面结构要求标注在形位公差框格的上方

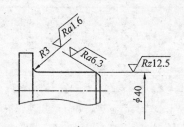

图 8-37　圆角、倒角的表面结构要求标注

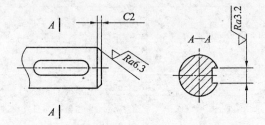

图 8-38　键槽侧壁和倒角的表面结构要求标注

（5）标注在圆柱和棱柱表面上。圆柱和棱柱表面的表面结构要求只标注一次（如图 8-39 所示）。如果每个圆柱和棱柱表面有不同的表面结构要求，则应分别单独标注（如图 8-40 所示）。

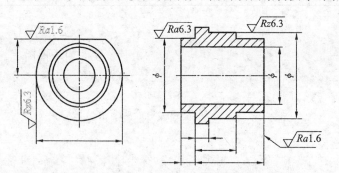

图 8-39　表面结构要求只标注一次在圆柱和棱柱表面

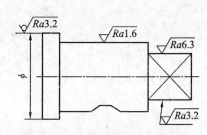

图 8-40　表面结构要求分别单独标注在圆柱和棱柱表面

2）表面结构要求的简化注法

（1）有相同表面结构要求的简化注法。

① 当工件的全部表面的结构要求都相同时，可将其结构要求统一标注在图样的标题栏附近。

② 当在工件的多数表面有相同的表面结构要求时，可将其统一标注在图样的标题栏附近，而表面结构要求的符号后面应包括的内容如下所述。

方法一：在圆括号内给出无任何其他标注的基本符号，如图 8-41（a）所示。

方法二：在圆括号内给出不同的表面结构要求，如图 8-41（b）所示。

不同的表面结构要求应直接标注在图形中，如图 8-41 所示。

（2）多个表面有共同要求的注法。

当多个表面具有相同的表面结构要求或空间有限时，可以采用简化注法。

① 用带字母的完整符号的简化注法。可用带字母的完整符号，以等式的形式，在图形或标题

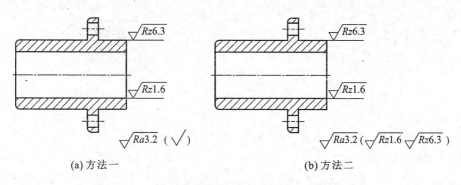

(a) 方法一　　　　　　　　　　　　(b) 方法二

图 8-41　大多数表面有相同表面结构要求的简化注法

栏附近,对有相同表面结构要求的表面进行标注,如图 8-42 所示。

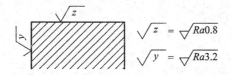

图 8-42　在图纸空间有限时的简化注法

② 只用表面结构符号的简化注法。可用基本符号、扩展符号,以等式的形式给出对多个表面共同的表面结构要求,如图 8-43 所示。

$$\sqrt{} = \sqrt{Ra3.2} \qquad \sqrt{} = \sqrt{Ra3.2} \qquad \sqrt{} = \sqrt{Ra3.2}$$

(a)未指定工艺方法　　　(b)要求去除材料　　(c)不允许去除材料

图 8-43　多个表面有共同要求的简化注法

(3) 多种工艺获得的同一表面的注法。由两种或多种不同工艺方法获得的同一表面,当需要明确每一种工艺方法的表面结构要求时,可按图 8-44(a) 进行标注(图中 Fe 表示基本材料为钢,Ep 表示加工工艺为电镀)。

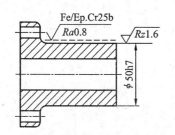
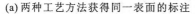
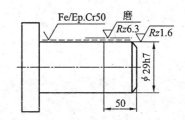

(a) 两种工艺方法获得同一表面的标注　　(b) 三种工艺方法获得同一表面的标注

图 8-44　多种工艺获得的同一表面的注法

图 8-44(b) 所示为 3 个连续的加工工序的表面结构、尺寸和表面处理的标注。

第一道工序:单向上限值,$Rz = 1.6\ \mu m$,"16% 规则"(默认),默认评定长度,默认传输带,表面纹理没有要求,去除材料工艺。

第二道工序:镀铬,无其他表面结构要求。

第三道工序:一个单向上限值,仅对长为 50 mm 的圆柱表面有效,$Rz = 6.3\ \mu m$,"16% 规则"(默认),默认评定长度,默认传输带,表面纹理没有要求,磨削加工工艺。

8.5.2　极限与配合

1）零件的互换性

在批量生产中，规格大小相同的零件，不经挑选或修配便可装配到机器上去，并能达到设计的性能要求的性质称为互换性。

在图纸上标注公差与配合，是满足零件互换性要求的一项重要内容。

2）尺寸公差

在加工过程中，由于加工、测量的误差，不可能把零件的尺寸做得绝对准确。为了保证互换性，必须将零件尺寸的加工误差限制在一定的范围内，规定出加工尺寸的可变动量。这一允许的变动量就叫尺寸公差。下面用图 8-45 来说明公差的有关术语。

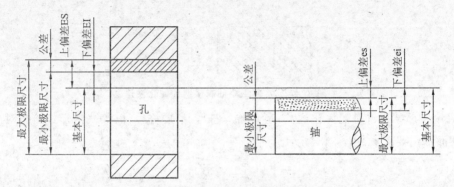

图 8-45　极限与配合示意图

（1）基本尺寸：根据零件强度、结构和工艺性要求，设计确定的尺寸。

（2）实际尺寸：实际测量的尺寸。

（3）极限尺寸：允许尺寸变化的两个界限值，它以基本尺寸为基数来确定。两个界限值中较大的一个称为最大极限尺寸，较小的一个称为最小极限尺寸。零件的实际尺寸只要在最大和最小极限尺寸之间，就为合格尺寸。

（4）尺寸偏差（简称偏差）：某一尺寸减其相应的基本尺寸所得的代数差。

尺寸偏差有：上偏差 ＝ 最大极限尺寸 － 基本尺寸；

　　　　　　　下偏差 ＝ 最小极限尺寸 － 基本尺寸。

上、下偏差统称为极限偏差。上、下偏差可以是正值、负值或零。

国家标准规定：孔的上偏差代号为 ES，孔的下偏差代号为 EI；轴的上偏差代号为 es，轴的下偏差代号为 ei。

（5）尺寸公差（简称公差）：允许实际尺寸的变动量。

尺寸公差 ＝ 最大极限尺寸 － 最小极限尺寸 ＝ 上偏差 － 下偏差。

因为最大极限尺寸总是大于最小极限尺寸，所以尺寸公差一定为正值。

（6）公差带和公差带图：在公差带图解中，由代表上偏差和下偏差，或者最大极限尺寸和最小极限尺寸的两条直线所限定的区域，称为公差带。

以基本尺寸为零线（零偏差线），用适当的比例画出两极限偏差，以表示尺寸允许变动的界限及范围，称为公差带图，如图 8-46 所示。

（7）公差等级：确定尺寸精确程度的等级。国家标准将公差等级分为 20 级：IT01、IT0、IT1 ～

IT18。"IT"表示标准公差,公差等级的代号用阿拉伯数字表示。从 IT01～IT18,精度等级依次降低。

(8) 标准公差:用以确定公差带大小的任一公差。标准公差是基本尺寸的函数。对于一定的基本尺寸,公差等级愈高,标准公差值愈小,尺寸的精确程度愈高。基本尺寸和公差等级相同的孔与轴,它们的标准公差值相等。国家标准把小于或等于 500 mm 的基本尺寸范围分成 13 段,按不同的公差等级列出了各段基本尺寸的公差值,为标准公差。

(9) 基本偏差:国家标准规定的用以确定公差带相对于零线位置的上偏差或下偏差,一般是指靠近零线的那个偏差。孔和轴各有 28 个基本偏差,如图 8-47 所示。

从图 8-47 可得出以下结论。

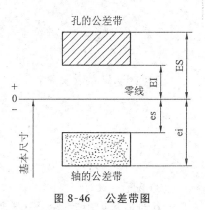

图 8-46　公差带图

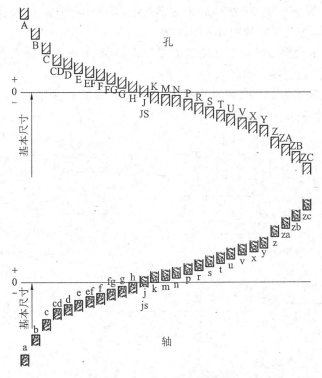

图 8-47　基本偏差系列图

① 孔的基本偏差用大写拉丁字母表示,轴的基本偏差用小写拉丁字母表示。

② 当公差带在零线上方时,基本偏差为下偏差;当公差带在零线下方时,基本偏差为上偏差。

轴和孔的另一偏差可根据轴和孔的基本偏差和标准公差,按以下代数式计算。

轴的上偏差(或下偏差):$es = ei + IT$ 或 $ei = es - IT$。

孔的另一偏差(或下偏差):$ES = EI + IT$ 或 $EI = ES - IT$。

(10) 孔、轴的公差带代号:由基本偏差与公差等级代号组成,并且要用同一字号的字母书写。例如 $\phi50H8$ 的含义是:

又如 φ50f7 的含义是：

3）配合

在机器装配中,将基本尺寸相同的、相互结合的孔和轴的公差带之间的关系,称为配合。

（1）配合种类。

根据机器的设计要求和生产实际的需要,国家标准将配合分为以下三类。

① 间隙配合:孔的公差带完全在轴的公差带之上,任取其中一对轴和孔相配都成为具有间隙的配合（包括最小间隙为零）,如图 8-48（a）所示。

② 过盈配合:孔的公差带完全在轴的公差带之下,任取其中一对轴和孔相配都成为具有过盈的配合（包括最小过盈为零）,如图 8-48（b）所示。

③ 过渡配合:孔和轴的公差带相互交叠,任取其中一对孔和轴相配合,可能具有间隙,也可能具有过盈的配合,如图 8-48（c）所示。

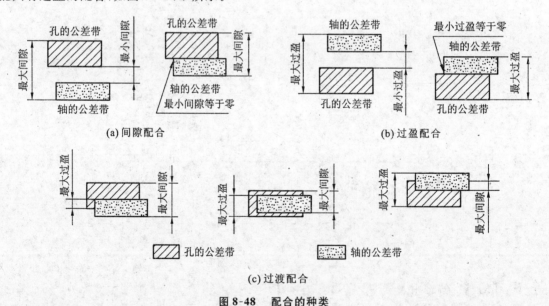

图 8-48　配合的种类

（2）配合的基准制。

关于配合,国家标准规定了两种基准制。

① 基孔制:基本偏差为一定的孔的公差带,与不同基本偏差的轴的公差带构成各种配合的一种制度称为基孔制。这种制度在同一基本尺寸的配合中,是将孔的公差带位置固定,通过变动轴的公差带位置,得到各种不同的配合,如图 8-49 所示。

基孔制的孔称为基准孔。国标规定基准孔的下偏差为零,"H" 为基准孔的基本偏差。

② 基轴制:基本偏差为一定的轴的公差带与不同基本偏差的孔的公差带构成各种配合的一

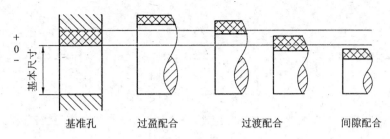

图 8-49　基孔制配合

种制度称为基轴制。这种制度在同一基本尺寸的配合中,是将轴的公差带位置固定,通过变动孔的公差带位置,得到各种不同的配合,如图 8-50 所示。

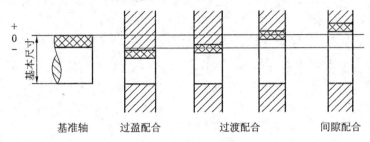

图 8-50　基轴制配合

基轴制的轴称为基准轴。国家标准规定基准轴的上偏差为零,"h"为基轴制的基本偏差。

从图 8-47 所示不难看出,基轴制(基孔制)中,a ～ h(A ～ H)用于间隙配合,j ～ zc(J ～ ZC)用于过渡配合和过盈配合。

4)极限与配合的选用

(1)选用优先公差带和优先配合。

国家标准根据机械工业产品生产使用的需要,考虑到定值刀具、量具的统一,规定了一般用途孔公差带 105 种,轴公差带 119 种及优先选用的孔、轴公差带。国家标准还规定轴、孔公差带中组合成基孔制的常用配合 59 种,优先配合 13 种;基轴制常用配合 47 种,优先配合 13 种。在生产实际中应尽量选用优先配合和常用配合。

(2)选用基孔制。

一般情况下优先采用基孔制,这样可以限制定值刀具、量具的规格和数量。基轴制通常仅用于有明显经济效果和结构设计要求不适合采用基孔制的场合。例如,使用一根冷拔的圆钢作轴,轴与几个具有不同公差带的孔配合,此时,轴就不另行机械加工。一些标准滚动轴承的外环与孔的配合,也采用基轴制。

(3)选用孔比轴低一级的公差等级。

在保证使用要求的前提下,为减少加工工作量,应当使选用的公差为最大值。加工孔较困难,一般在配合中选用孔比轴低一级的公差等级,如 H8/h7。

5)极限与配合的标注(GB/T 4458.5—2003)

(1)在装配图中的标注方法。

配合代号由两个相互结合的孔和轴的公差带的代号组成,用分数形式表示,分子为孔的公差带代号,分母为轴的公差带代号。其标注形式有三种,如图 8-51 所示。

(2)在零件图中的标注方法。

① 标注公差带的代号,如图 8-52(a)所示。这种标注方法适用于大批量生产的零件,以适应

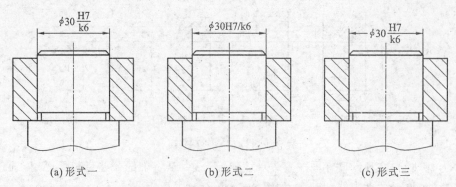

(a) 形式一　　　　　(b) 形式二　　　　　(c) 形式三

图 8-51　配合代号在装配图上的标注

其采用专用量具检验零件的要求,因而它不需要标注偏差数值。

② 标注偏差数值。上(下)偏差标注在基本尺寸的右上(下)方,偏差数字应比基本尺寸数字小一号。当上(下)偏差数值为零时,可简写为"0",另一偏差仍标注在原来的位置上,如图8-52(b)所示。这种标注方法主要用于小批量或单件生产的零件,以便加工和检验时减少辅助时间。

③ 公差带代号和偏差数值一起标注,如图 8-52(c) 所示。

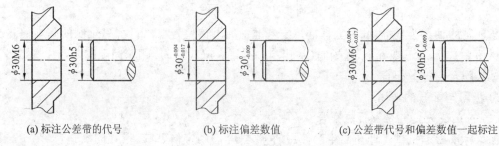

(a) 标注公差带的代号　　　　(b) 标注偏差数值　　　　(c) 公差带代号和偏差数值一起标注

图 8-52　公差在零件图上的标注

(3) 查表的方法如下所述。

【例 8-1】　解释 $\phi50f7$ 的含义,并通过查表确定其上、下偏差值。

$\phi50f7$ 的含义为:$\phi50$ 为轴的基本尺寸;其公差等级为 7 级,f 为基本偏差代号;f7 为其公差带代号。

查附表《常用及优先轴公差带极限偏差》,得出 $\phi50f7$ 的上偏差为 $-25\ \mu m$,下偏差为 $-50\ \mu m$。

8.5.3　几何公差表示法简介

1. 几何公差的概念

机械零件在加工中的尺寸误差,根据使用要求用尺寸公差加以限制。精度较高的零件不仅要保证要素的尺寸公差,而且要保证其表面形状和表面、轴心线等相对位置的准确性,这样才能满足零件的使用要求和装配互换性。

几何公差是指实际要素形状或位置对理想要素形状或位置所规定的允许变动全量。

2. 几何公差的几何特征项目及符号

几何公差的几何特征项目及符号如表 8-6 所示。

表 8-6　几何公差的几何特征项目及符号

公　差	特征项目	符　号	有或无基准要求	公　差	特征项目	符　号	有或无基准要求
形状公差	直线度	——	无	方向公差	线轮廓度	⌒	有
	平面度	▱	无		面轮廓度	⌓	有
	圆度	○	无	位置公差	位置度	⊕	有或无
	圆柱度	⌭	无		同轴度	◎	有
	线轮廓度	⌒	无		对称度	=	有
	面轮廓度	⌓	无		线轮廓度	⌒	有
方向公差	平行度	//	有		面轮廓度	⌓	有
	垂直度	⊥	有	跳动公差	圆跳动	↗	有
	倾斜度	/	有		全跳动	⌰	有

3. 公差框格及基准符号

在零件图中,几何公差应标注在矩形框格内,矩形公差框格由两格或多格组成,各格内容如图 8-53 所示。

基准要素是用来确定被测要素的方向、位置的要素。它由基准字母表示,字母标注在基准方格内,用一条细实线与一个涂黑或空白的三角形相连,构成基准符号,如图 8-54 所示。

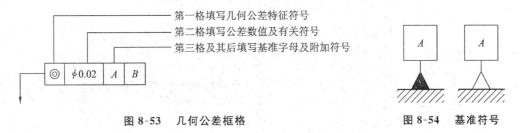

第一格填写几何公差特征符号
第二格填写公差数值及有关符号
第三格及其后填写基准字母及附加符号

| ◎ | φ0.02 | A | B |

图 8-53　几何公差框格　　　　　　　　　　图 8-54　基准符号

4. 几何公差标注

用带箭头的指引线将被测要素与几何公差框格一端相连。指引线箭头所指部位有如下几种情况。

(1)当被测要素为轮廓线或表面时,将指引线的箭头指到被测要素的轮廓线、表面或其延长线上,指引线的箭头应与尺寸线的箭头明显地错开,如图 8-55(a)所示。

（2）当被测要素为轴线、中心平面或由带尺寸要素确定的点时,带箭头的指引线应与尺寸线的延长线重合,如图 8-55（b）所示。

（3）当指向实际表面（表面形状的投影）时,箭头可指在带点的参考线上,而该点指在实际表面上,如图 8-55（c）所示。

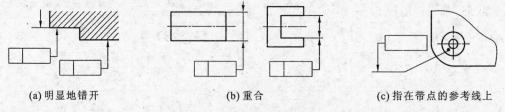

(a) 明显地错开　　　　　　　(b) 重合　　　　　　　(c) 指在带点的参考线上

图 8-55　指引线箭头所指部位

（4）当基准要素为轮廓线或表面时,基准符号标注在要素的轮廓线、表面或其延长线上。基准符号应与尺寸线的箭头明显地错开,如图 8-56（a）所示。

（5）当基准要素为轴线、中心平面或中心线时,基准符号应对准尺寸线,如图 8-56（b）所示。

（6）基准符号也可标注在用圆点从轮廓表面引出的基准线上,如图 8-56（c）所示。

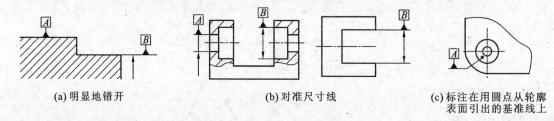

(a) 明显地错开　　　　　　(b) 对准尺寸线　　　　　(c) 标注在用圆点从轮廓
　　　　　　　　　　　　　　　　　　　　　　　　　　　表面引出的基准线上

图 8-56　基准符号所靠近的部位

5. 应用实例

【例 8-2】　解释图 8-57 中各项形位公差的含义。

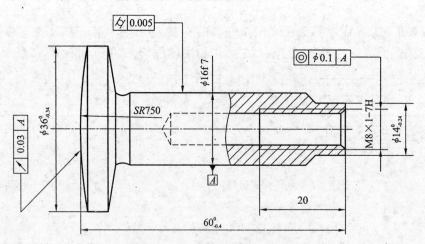

图 8-57　形位公差综合标注示例

$\boxed{\not\!\!\!/\,|\,0.005}$：表示 $\phi 16$ 杆身的圆柱度公差是 0.005。

$\boxed{\odot|\,\phi 0.1\,|\,A}$：表示 $M8 \times 1$ 的螺孔轴线对于 $\phi 16$ 轴线的同轴度公差是 $\phi 0.1$。

$\boxed{\nearrow}\ \boxed{0.03}\ \boxed{A}$：表示 $SR75$ 的球面对于 $\phi16$ 轴线的圆跳动公差是 0.003。

$\boxed{\nearrow}\ \boxed{0.01}\ \boxed{A}$：表示右端面对于 $\phi16$ 轴线的圆跳动公差是 0.1。

8.6 读零件图

在生产实践中，常常需要读零件图，其目的是根据零件图想象出零件的结构形状，了解零件的尺寸和技术要求，以便指导生产和解决有关技术问题，所以工程技术人员应具备读零件图的能力。

现以图 8-58 为例来说明看零件图的方法和步骤。

1. 了解零件在机器中的作用

1）看标题栏

从标题栏中可知零件的名称、材料、比例等内容。

由图 8-58 的标题栏可知零件的名称为泵体，属箱体类零件。该零件材料的牌号是 HT200，为灰口铸件。画图比例为 1：2。

2）看其他资料

当零件较复杂时，尽可能参考装配图及其相关的零件图等技术文件，进一步了解本零件的功用及它与其他零件的关系。

2. 分析表达方案，想象零件形状

1）看视图，进行表达方案的分析

找出主视图，对其他图形分析出图形名称、相互位置和投影关系，对剖视、断面图找出剖切面的位置。

该泵体按箱体类零件的表达特点，选用了主、俯、左三个基本视图和一个向视图。主视图反映了泵体上、中、下三个主要组成部分的形状及位置关系，左右凸台的位置关系，以及泵体大圆柱前端面的六个螺孔等的分布情况。主视图上的两处局部剖视，分别表达了接进出油管的螺孔及底板上安装孔的结构。左视图为全剖视，表达了内腔、通孔、螺孔等的结构，同时也反映了组成泵体的大小圆柱、底板、支承板、肋板等的位置关系及接进出油管的螺孔的位置情况。A—A 全剖的俯视图表达了底板的形状，支承板、肋板的位置关系及厚度。K 向局部视图表达了上后部圆柱后端面上螺孔的分布。

2）结构形状分析

该零件的上部分由直径不同的两个外形呈圆柱形的部分组成，其内带圆柱形内腔，作用是支承和包容泵轴及轴上的零件。左右分别设有凸台及进、出油孔，油孔与内腔相通。

该零件下部是含有两个安装孔的长方形底板，底部有凹槽结构，其中部为连接支承板，将上、下两部分连成一个整体，为增加强度，在支承后方有立于底板上的梯形肋板，如图 8-59所示。

3）综合想象出整体结构形状

综合对泵体各部分结构形状的分析，再按它们的相对位置，综合想象出泵体的整体结构形

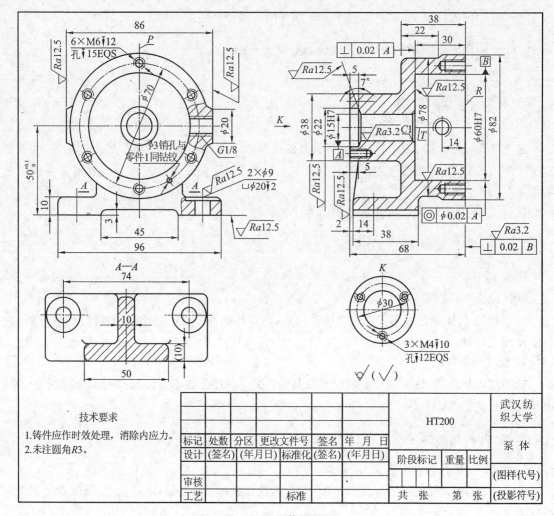

技术要求
1. 铸件应作时效处理，消除内应力。
2. 未注圆角R3。

							HT200				武汉纺织大学
标记	处数	分区	更改文件号	签名	年 月 日						泵体
设计	(签名)	(年月日)	标准化	(签名)	(年月日)		阶段标记	重量	比例		
审核											(图样代号)
工艺			标准				共 张		第 张		(投影符号)

图 8-58　泵体零件图

状，如图 8-59 所示。

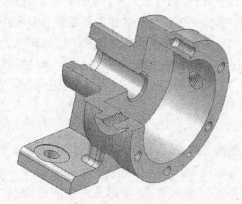

图 8-59　泵体的立体图

3. 尺寸分析

在表达方案和结构分析的基础上，进而分析零件的尺寸基准，找出其主要尺寸，读懂其余尺寸。

下面给出以上泵体零件的主要尺寸基准及主要尺寸。

主要尺寸基准：长度方向是对称平面 P，宽度方向是前端面 R，高度方向是 $\phi15H7$ 孔的轴线 T。

主要尺寸：$G1/8$，$\phi60H7$，$\phi15H7$，安装孔中心距 74 及宽度方向距辅助基准 14，接进出油管的螺孔中心高 $50_0^{+0.1}$ 及宽度方向距基准 14，左、右凸台端面的位置尺寸 86，由 $\phi78$ 的后端面向前 10 mm 确定底板的前端面位置，六个均布螺孔的轨迹圆直径为 70，K 视图上三个均布螺孔的轨迹圆直径为 30 等。

4. 技术要求分析

表面结构要求:泵体零件上表面结构要求最高的代号是 $\sqrt{Ra3.2}$,一般要求的依次是 $\sqrt{Ra12.5}$、$\sqrt{Ra25}$,铸造面的表面结构要求最低的为 $\sqrt{}$。

有公差带尺寸:轴孔尺寸 $\phi15H7$;内腔尺寸 $\phi60H7$。

形位公差 $\boxed{\perp\ |0.02|\ A}$ 表示圆柱内腔孔 $\phi60H7$ 的底面相对于 $\phi15H7$ 轴孔的轴线 A 的垂直度公差为 0.02; $\boxed{\odot\ |\phi0.02|\ A}$ 表示 $\phi60H7$ 内腔孔的轴线相对于 $\phi15H7$ 轴孔的轴线 A 的同轴度公差为 0.02,而 ϕ 表示公差带是圆柱形的; $\boxed{\perp\ |0.02|\ B}$ 表示 $\phi60H7$ 的内腔孔的端面相对于其轴线 B 的垂直度公差为 0.02。

8.7　零件测绘简介

零件测绘是对实际零件凭目测徒手画出它的图形,测量并记录尺寸、制定出技术要求、填写标题栏,以完成草图,再根据草图画出零件图的过程。

由于零件草图是绘制零件图的依据,必要时还可以直接用它指导零件加工,因此,一张完整的零件草图必须具备零件图应有的全部内容。绘制零件图草图时要求做到:图形正确,尺寸完整,线型分明,字体工整,并注写出技术要求和标题栏中的相关内容。

8.7.1　零件测绘的方法和步骤

1. 了解和分析测绘对象

首先应了解零件的名称、材料,以及它在机器(或部件)中的位置、作用及与相邻零件的关系,然后对该零件进行结构分析和制造方法的大致分析。图 8-60 所示的端盖,材料为 HT200,左端为圆柱形凸缘,钻有三个均布的 M6 螺孔,右端为带圆角的方形凸缘,为了与其他零件连接,轮盘上沿着圆周均匀分布了六个穿螺钉用的沉孔,端盖带圆柱形内腔,用以支承轴。

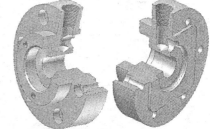

图 8-60　端盖的立体图

2. 确定表达方案

端盖的主视图按加工位置及形状特征原则选定,再根据零件的结构特点选用全剖视图以表达内外结构形状。

为了表达左端凸缘上螺孔及端盖上沉孔的分布位置,宜选用左视图。对于右端方形凸缘结构,则采用 C 向局部视图予以表达,如图 8-61 所示。

3. 徒手绘制零件草图

(1)在图纸上根据选定的表达方案,定出各视图的基准线、中心线等位置。安排各视图的位置时,应考虑到预留视图中标注尺寸的地方及标题栏的位置。

(2)详细地画出零件外部和内部的结构形状。零件上因制造、装配需要而形成的工艺结构,如铸造圆角、倒角等必须画出。而零件的制造缺陷,如砂眼、气孔、刀痕、磨损等,都不应画出。

(3)选定尺寸基准,画出尺寸线、尺寸界线及箭头,依次测量尺寸,并逐个将尺寸数字记入图中。对螺纹、键槽、轮齿等标准结构的尺寸,应把测量的结果与标准值对照,一般均采用标准的结构尺寸,以方便制造。有配合关系的尺寸(如配合的孔与轴的直径),一般只要测出它的基本尺寸。

(4)注写技术要求。零件上的表面结构要求、极限与配合、形位公差等技术要求,通常采用类比法,再查阅有关手册确定。

(5)经过仔细校核后,描深轮廓线,画好剖面线。

4.画零件工作图

零件草图是现场测绘的,所考虑的问题不一定很完善。因此,在画零件工作图时,需要对草图再进行审核。如表面结构要求、尺寸公差、形位公差、材料及表面处理等,要仔细查表核对;再如表达方案的选择、尺寸标注等,也需要重新认真加以复查,修正完善后,方可画零件图。画零件图的方法和步骤如下。

(1)选好比例:根据零件的复杂程度选择比例,尽量选用1:1的比例。

(2)选择幅面:根据表达方案、比例,选择标准图幅。

(3)画底图:① 定出各视图的基准线;② 画出图形;③ 标出尺寸;④ 注写技术要求,填写标题栏。

(4)校核。

(5)描深。

完成的端盖零件图如图 8-61 所示。

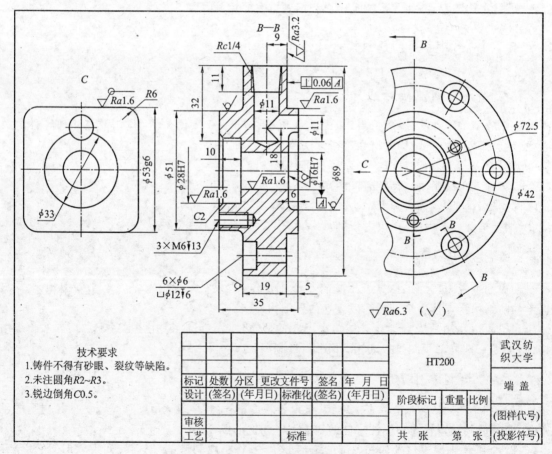

图 8-61　端盖零件图

8.7.2　零件尺寸的测量方法

测量尺寸是零件测绘过程中的一个很重要的环节,尺寸测量得准确与否,将直接影响到零件的制造质量及机器的装配和工作性能。

测量时,应根据被测要素的结构形状及对尺寸精度要求的不同选用相应的量具。常用的量具有钢直尺,内、外卡钳等;精密的量具有游标卡尺和千分尺等;此外,还有专用量具,如螺纹规和圆角规等。

图 8-62 至图 8-65 为常见尺寸的测量方法。

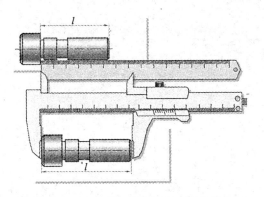

图 8-62　用钢直尺和游标卡尺测量线性尺寸

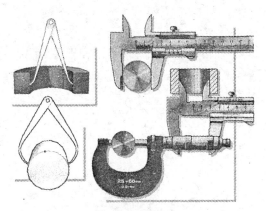

图 8-63　用内、外卡钳,游标卡尺和
千分尺测量回转面直径尺寸

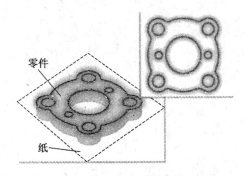

图 8-64　用拓印法测量曲线、曲面

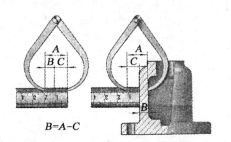

图 8-65　用外卡钳和钢直尺测量壁厚尺寸

第 *9* 章 装配图

任何机器或部件都是由若干零件,按一定的装配关系和要求装配而成的。装配图是表达机器或部件的工作原理、各零件之间的连接方式、装配关系,以及主要零件主要结构的图样。表达一个部件的装配图称为部件装配图,表达一台完整机器的装配图称为总装配图。

9.1 装配图的作用和内容

9.1.1 装配图的作用

装配图是了解机器或部件的结构、分析机器或部件的工作原理和功能的技术文件,也是安装、调试、操作和检修的重要参考资料。

在进行机器或部件设计时,一般是先按设计要求画出装配图,然后根据装配图拆画出相对应的零件图;在机器或部件的制造中,则是先根据零件图加工出零件,然后再按装配图将零件装配成机器或部件。装配图既能反映设计思想、指导机器和部件的装配,同时也是进行技术交流的重要技术文件。

9.1.2 装配图的内容

图 9-1 是铣刀头的装配图,从图中可以看出,一个完整的装配图应该包括以下几个方面的内容。

1. 一组视图

用一组视图正确、完整、清晰地表达机器或部件的工作原理、运动的传递、各零件的装配关系和连接方式,以及主要零件的结构形状等。它包括视图、剖视图、断面图等。

2. 必要的尺寸

装配图不是直接指导零件生产的图样,它不必像零件图那样将所有的尺寸都标出。其中,需要标出的是机器或部件的规格(性能)尺寸、零件间的配合尺寸、机器或部件的外形尺寸和安装时所必需的一些尺寸。

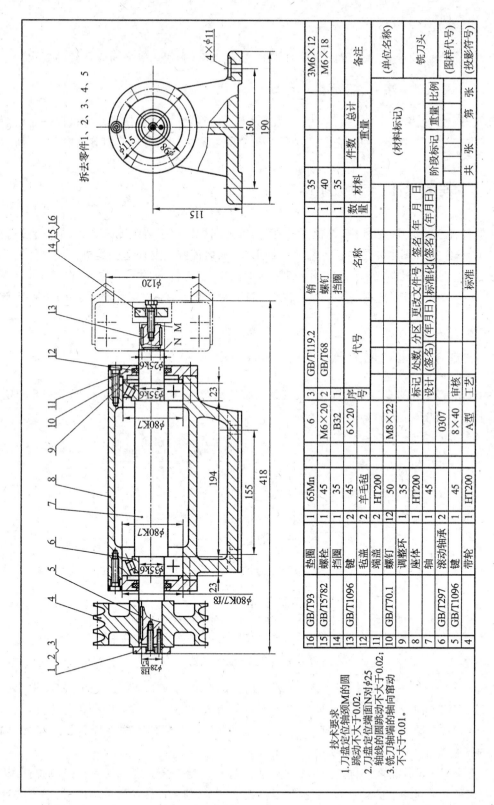

图9-1　铣刀头装配图

16	GB/T93	垫圈	1	65Mn		6		M6×20	3		GB/T119.2	销	1	35				3M6×12
15	GB/T5782	螺栓	1	45		B32			2		GB/T68	螺钉	1	40				M6×18
14		挡圈	1	35		6×20						挡圈	1	35				
13	GB/T1096	键	2	45								名称	数量	材料				备注
12		毡盖	2	羊毛毡							代号							
11		端盖	2	HT200		M8×22												
10	GB/T70.1	螺钉	12	50														
9		调整环	1	35														
8		座体	1	HT200							标记	处数	分区	更改文件号	签名	年月日		
7		轴	1	45		0307					设计	(签名)	(年月日)	标准化	(签名)	(年月日)		(单位名称)
6	GB/T297	滚动轴承	2			8×40												
5	GB/T1096	键	1	45							审核							铣刀头
4		带轮	1	HT200		A型					工艺			批准			共 张	第 张	(图样代号)

技术要求
1. 刀盘定位轴颈M的圆跳动不大于0.02;
2. 刀盘定位端面N对φ25轴线的圆跳动不大于0.02;
3. 铣刀轴端的轴向窜动不大于0.01。

拆去零件1、2、3、4、5

3. 技术要求

用规定的符号或文字说明机器或部件的装配、安装、调试和使用等方面应达到的要求。

4. 零件（或组件）序号、明细栏和标题栏

在装配图中涉及多个零件或组件，为了读图的方便，必须对每个零件或部件按照一定的顺序进行编号，并在明细栏中依次列出它们的序号及相应的名称、数量、材料等内容，如图 9-1 所示。

9.2 装配图的表达方法

零件的各种表达方法（如视图、剖视图、断面图等），同样适用于装配图的表达，但是它们表达的侧重点不一样。零件图主要是表达零件的结构形状，而装配图主要表达的是机器或部件的总体情况，其表达主要反映机器或部件的工作原理、运动传递、各零件间的相对位置、连接方式、装配关系。因此在装配图的表达中，国家标准《机械制图》中提出了一些其他的规定画法和特殊的表达方法。

9.2.1 规定画法和简化画法

（1）两个相邻零件的接触面或配合面，只画一条轮廓线，不接触的表面即使间隙很小也必须画出两条明显分开的轮廓线，如图 9-2 所示。

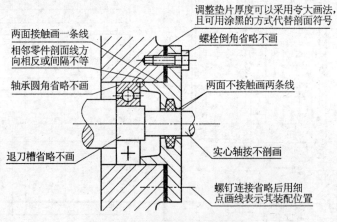

图 9-2 规定画法和简化画法

（2）同一零件在同一张装配图中的各个视图上，剖面线的方向和间距应完全一样；两个相邻的零件，其剖面线方向应相反，如果有两个以上的零件相邻，可使剖面线的间距不等来加以区分，如图 9-2 所示。如果图形剖面区域厚度在 2 mm 以下，允许用涂黑的方式来代替剖面符号，如图 9-2 所示的调整垫片。

（3）对于紧固件（如螺栓、螺母、螺钉、垫圈、键、销等）和实心轴、连杆、手柄、球、拉杆、钩子等，如果剖切平面通过它们的轴线，那么这些零件按不剖画，如图 9-2 所示的实心轴。若要表达这些零件上的键槽或销孔等结构时，可运用局部剖来表达，如图 9-1 所示，轴（序号 7）左右两端的键连接处都采用了局部剖。

（4）在装配图中，如零件上的退刀槽、圆角、倒角等工艺结构，均可不画出。如图 9-2 所示，实心轴上的退刀槽、轴承上的圆角、螺钉上的倒角都可省略不画。对于相同的零件组，只需完整地画出一组或几组，其余的用细点画线表示出其装配位置即可。如图 9-2 所示的螺钉连接。

9.2.2 特殊表达方法

1. 沿零件结合面剖切画法

为了更好地表达零件的某些内部结构，可以从零件的结合面处进行剖切。此时被剖断的零件要画剖面线，零件的结合面不用画剖面线。如图 9-3 所示的滑动轴承，为了表达下轴衬 2 和轴承座 1 的装配关系，假想用剖切平面沿轴承盖 4 和轴承座 1 及上轴衬 3 和下轴衬 2 的阶梯结合面剖切开，而得到半剖的俯视图。其中，由于剖切平面对双头螺柱是横向剖切，故只对双头螺柱的横断面画剖面线，其余零件则不画剖面线。

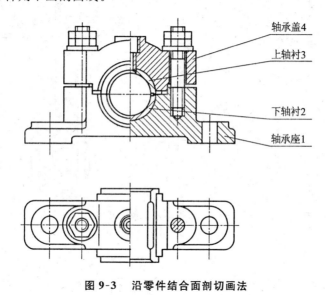

图 9-3 沿零件结合面剖切画法

2. 拆卸画法

在装配图中，当某些零件挡住了需要表达的零件或装配关系时，或者为了减少不必要的绘图工作量，有的视图可假想为将某些零件拆卸后绘制，但必须在所绘制的视图的上方标注"拆去××"等字样。如图 9-1 中的左视图，就拆去皮带轮等零件，以使其右方的座体等零件形状表达得更清楚。

3. 假想画法

为了表达运动零件的运动范围或极限位置，可以用细双点画线画出运动零件的极限位置的外形轮廓图，如图 9-4 所示的手柄的左右两个极限位置。

在装配图中，为了表达与本部件有关但又不属于本部件的相邻零部件时，可以用细双点画线画出相邻零部件的轮廓线。如图 9-4 所示的最右方的齿轮箱。

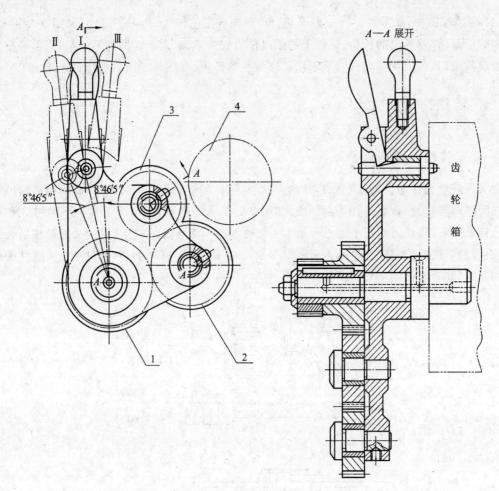

图 9-4　假想画法和展开画法

4. 夸大画法

在装配图中,对于薄片零件、较小的斜度和锥度,如果按实际尺寸无法表达清楚时,可适当将其夸大画出。如图 9-2 所示的调整垫片。

5. 零件的单独画法

在装配图中,为了突出表达某个零件的形状结构,可以单独画出该零件的某个视图。但必须在该视图的上方注明零件的名称,在相应视图的附近用箭头指明投射方向,并注上同样的字母。

6. 展开画法

在装配图中,为了表达传动机构的传动路线和轴上各零件的装配关系,可假想按传递顺序沿轴线剖切,然后将其依次展开在同一个平面上,并画出其剖视图。此时必须在剖视图的上方标注"X—X"展开。如图 9-4 所示为车床上三星齿轮传动机构的展开画法。

9.3　装配图的尺寸标注和技术要求

9.3.1　装配图的尺寸标注

装配图与零件图的作用不一样,它不是制造零件的直接依据,因此它不必标出所有零件的尺寸,只需标出一些必要的尺寸即可。一般包括以下几种类型的尺寸。

1. 性能(规格)尺寸

性能(规格)尺寸是决定机器或部件的工作性能或规格大小的尺寸,在设计时需要确定该尺寸。它是了解和选购该机器或部件的主要依据。如图 9-1 所示,$\phi25k6$ 是设计和选用铣刀头的重要参数尺寸。

2. 装配尺寸

装配尺寸是表示机器或部件装配关系的尺寸,主要包括零件间的配合尺寸、零件间的重要相对位置尺寸和有些零件装配后需要加工的尺寸。如图 9-1 所示的端盖与底座的配合尺寸 $\phi80K7/f8$、皮带轮与轴的配合尺寸 $\phi28H8/h7$、滚动轴承与轴的配合尺寸 $\phi35k6$、滚动轴承与座体的配合尺寸 $\phi80K7$ 等。

3. 安装尺寸

安装尺寸是机器或部件安装在其他设备上需要的尺寸。它包括安装面的大小,安装孔的定形、定位尺寸。如图 9-1 所示的 150、155、$4 \times \phi11$。

4. 外形尺寸

外形尺寸是机器或部件的总长、总宽、总高,它为包装、运输和安装等过程所占的空间提供了参考。如图 9-1 所示的铣刀头总长 418、总宽 190、总高为 $172.5(115 + 115/2 = 172.5)$。

5. 其他重要的尺寸

其他重要尺寸包括在设计中确定,但又不属于上面几种尺寸的范畴。如运动件的运动极限尺寸、主体零件的重要尺寸等。

上述几种尺寸在同一张装配图中不一定齐全,各类尺寸也并非孤立无关,有时一些尺寸具有几种功能。

9.3.2　装配图的技术要求

通常在标题栏、明细栏的上方或左边的空白处,概括地写出机器或部件在包装、运输、安装、调试等过程中应该满足的一些技术要求。

9.4 装配图中的零件序号和明细栏

由于装配图中的零件较多,为了便于读图、装配和图样的管理,同时便于指导生产工作,必须要求对每个零件按照一定的顺序编号,同时要将这些序号填到明细栏内。

9.4.1 零件的序号

1. 序号的标注

零件序号的标注方法是:在每个零件的轮廓线的内部画一个黑圆点,沿着圆点用细实线画出指引线,在指引线的末端写出零件的序号。序号的字高要比该装配图中所标注的尺寸高度大一号或两号。引线的末端有三种形式:在末端画一条短水平细实线或一个细实线圆,或者什么都不画,如图 9-5(a)、(b)、(c)所示。但值得注意的是,同一装配图中编注序号的形式应一致。

对于很薄的零件或涂黑的剖面,可用带箭头的引线指向其轮廓线,如图 9-5(d)所示。

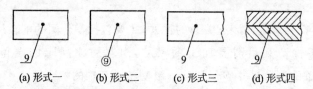

图 9-5 零件序号的编写形式

2. 序号标注中的一些规定

(1)指引线相互不可交叉,指引线不可与剖面线平行。必要时指引线可以弯折一次,如图 9-6所示。

(2)对于一组紧固件或装配关系比较清楚的零件组,可采用公共的指引线,如图 9-7所示。

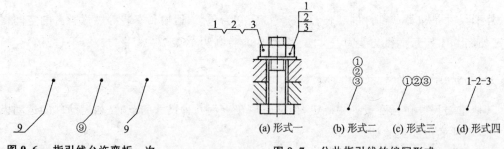

图 9-6 指引线允许弯折一次　　**图 9-7 公共指引线的编写形式**

(3)相同的零件只编一个序号;标准化组件(如滚动轴承、电动机等)为一个整体,故也只需编一个序号。

(4)装配图中的标准件,既可以像一般零件一样编写序号,也可以不编写序号,而将其数量和规格直接用引线标注在图中。

(5)零件的序号应标注在视图的外面,并且序号应按水平或垂直方向顺时针或逆时针排列整齐,并尽可能地均匀分布。

（6）视图中零件序号应与明细栏中的序号一致。

9.4.2　明细栏

明细栏是装配图中所有零件（部件）的详细目录，其具体内容和格式如第一章"图幅"中的图1-7所示。绘制和填写明细栏时应注意以下几点。

（1）明细栏应画在标题栏的上方，如果图纸位置不够，可以将部分明细栏画到标题栏的左边。

（2）零件的序号是从小到大依次在明细栏内由下而上填写，这样便于添加零件。

（3）如果将明细栏直接绘制在标题栏的上方或左面有困难的话，可以将其单独绘制在 A4 幅面的图纸上，作为装配图的续页，但此时零件序号要自上而下填写。

（4）对于标准件，应在明细栏的零件名称一栏中将其规定的标记填上。

9.5　装配结构的合理性

在设计和绘制装配图的过程中，为了保证机器或部件的性能要求和方便零件的装配、拆卸等情况，应考虑零件在装配过程中结构的合理性。几种常见的合理与不合理的装配结构及常用的密封装置和防松装置，分别如表 9-1、表 9-2 和表 9-3 所示，以供画装配图时参考。

表 9-1　常见装配结构

不 合 理	合 理	说 明
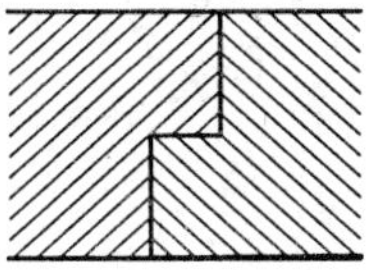 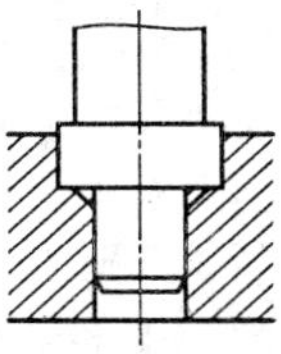	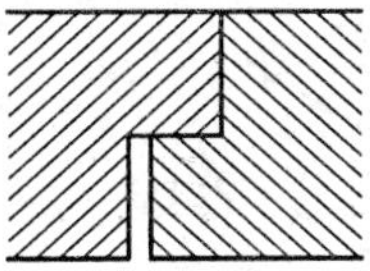 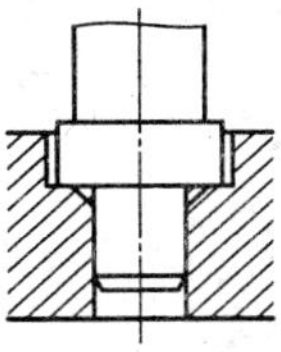	两零件在同一个方向上只能有一对接触面
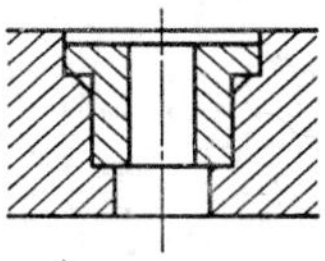	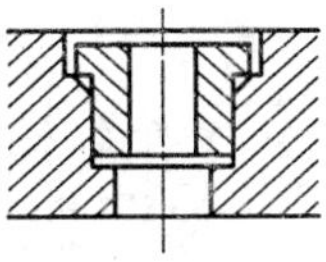	
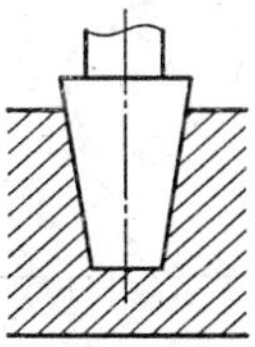	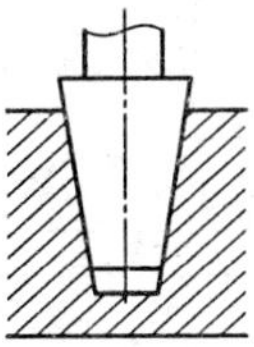	锥面配合情况下，当锥孔不通时，锥体顶部与锥孔底部之间必须留有间隙

续表

不 合 理	合 理	说 明
		轴端接触面转折处应做出倒角、倒圆或退刀槽,不应都做成直角或相同的圆角
		在被连接零件上做出沉孔或凸台,以保证零件间接触良好并可减少加工面
		为了便于加工各拆卸,销孔最好做成通孔
		滚动轴承在以轴肩或孔肩定位时,其高度应小于轴承内圈或外圈的厚度,以便于拆卸
		当用螺纹连接零件时,为了方便拆装,必须留出拆装设备的活动空间和螺纹连接件的拆装空间

表 9-2 常用密封装置

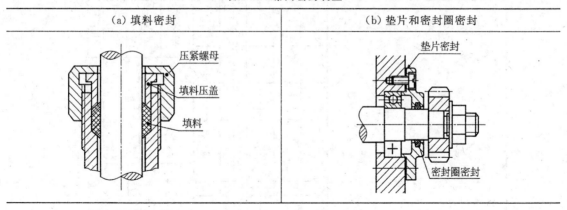

（a）填料密封	（b）垫片和密封圈密封

表 9-3 常用防松装置

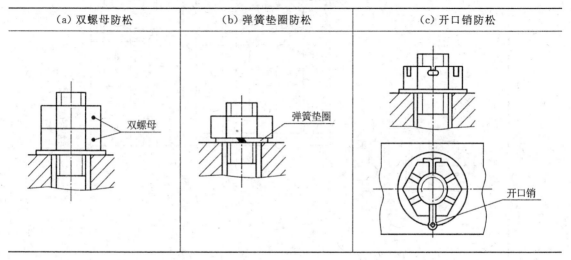

（a）双螺母防松	（b）弹簧垫圈防松	（c）开口销防松

9.6 由零件图画装配图

机器和部件是由零件组成的,通过零件图和装配示意图(以简单线条示意性地画出机器或部件的图样,一般在机器或部件测绘时画出)及一些相关的技术资料,了解机器或部件的用途、工作原理、连接和装配关系,便可绘制出其装配图。现以图 9-8 所示的滑动轴承装配图的画图步骤为例,说明由零件图画装配图的方法和步骤。

1. 分析机器或部件的装配示意图,了解其装配关系和工作原理

画图前,应首先对所要表达的机器或部件的装配示意图进行分析,了解机器或部件的用途、性能、工作原理、结构特点,零件间的装配、连接关系和相对位置等。有产品说明书时,可对照说明书上的图来分析,也可以参考同类产品的有关资料来进行类比分析。分析装配关系时,要重点分析零件在轴向和径向的固定定位方式,通常轴向靠零件的接触面定位,径向靠配合面及键、销的连接定位。图 9-9 所示即为滑动轴承的装配示意图。

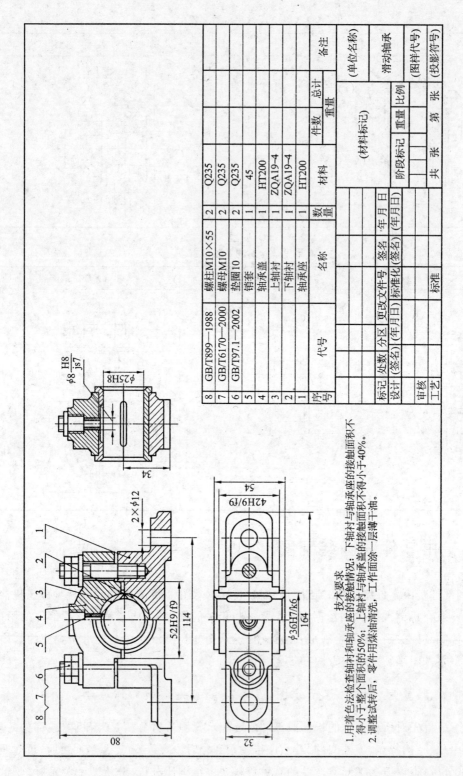

8	GB/T899—1988		螺柱M10×55	2	Q235		
7	GB/T6170—2000		螺母M10	2	Q235		
6	GB/T97.1—2002		垫圈10	2	Q235		
5			销套	1	45		
4			轴承盖	1	HT200		
3			上轴衬	1	ZQA19-4		
2			下轴衬	1	ZQA19-4		
1			轴承座	1	HT200		
序号	代号		名称	数量	材料	件数 总计	备注
						重量	

技术要求

1. 用着色法检查轴衬和轴承座的接触情况。下轴衬与轴承座的接触面积不得小于整个面积的50%；上轴衬与轴承盖的接触面积不得小于40%。

2. 调整试转后，零件用煤油清洗，工作面涂一层薄干油。

图9-8 滑动轴承装配图

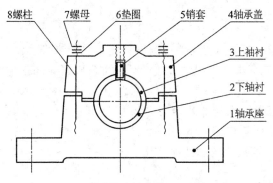

图 9-9　滑动轴承装配示意图

图 9-10 所示的是滑动轴承轴测图,滑动轴承是用来支承轴及轴上零件的一种装置。它的主体部分是轴承座和轴承盖,轴承盖 4 靠其下面的凸起和轴承座 1 上面的凹槽配合来定位,并用一对螺柱连接固定。轴承座与轴承盖之间装有用铝青铜材料做成的上轴衬 3 和下轴衬 2,所支承的轴即在轴衬孔中转动。轴衬靠两端的凸缘确定其在轴承孔中的轴向位置,靠它的外圆柱面确定其在轴承孔中的径向位置,将销套 5 插入轴承盖与上轴衬油孔中,以确定它们的周向位置,防止轴衬随轴转动。轴承盖顶部的螺纹孔用来装油杯(图中油杯未画出),将润滑油注入轴衬孔,轴衬孔内设有油槽,以便存油供运转时减少轴和轴衬之间的摩擦与磨损。轴承座底板两边的通孔用于滑动轴承的安装。

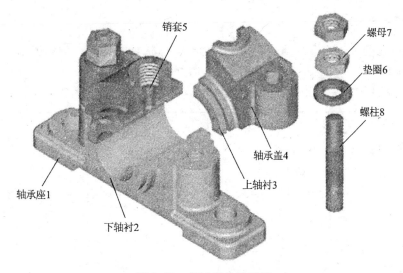

图 9-10　滑动轴承轴测图

2. 确定表达方案

画装配图与画零件图一样,应先确定一个好的表达方案,即根据前面学过的表达方法,选择一些最能表达机器或部件的装配关系、工作原理和主要零件形状的视图。首先应该选定主视图,再选定其他视图。

1) 主视图的选择

选定主视图时,先要考虑机器或部件的安放位置,一般选择其工作位置作为安放位置。其次是考虑主视图的投射方向,应选择最能清楚地反映主要装配关系、工作原理及主要零件的结构形状的那个视图作为主视图,根据表达的需要同时采取适当的剖视。如图 9-8 所示,主视图采用了半剖视图,既明显地反映出滑动轴承的结构特点,又将零件间的配合、连接关系表达得很清楚,同时也符合其工作位置。

2) 其他视图的选择

根据已选定的主视图,选择一些其他视图来补充主视图未表达清楚的部分。在选择其他视图时应该是在表达清楚的前提下,视图越少越好,但应注意机器或部件中的每一种零件至少应在视图中出现一次。如图9-8所示,主视图上轴衬和轴承孔沿其轴线的装配关系尚未表达清楚,故采用全剖的左视图,既可清晰地表达轴衬和轴承孔的装配关系,又能够反映它们的工作状况。图9-8中的俯视图采用沿轴承盖与轴承座结合面剖切的方法画出的半剖视图,侧重表达轴承座、轴承盖等主体零件的外形及轴衬孔内的油槽结构。

3. 画装配图的方法

画装配图的方法,按画图的顺序来分有以下两种。

(1)"由内向外"画法:根据装配干线,由内向外,逐个画出各零件,最后画箱体、壳体等包容零件。

(2)"由外向内"画法:将支撑或包容作用较大,结构复杂的箱体、壳体等外部主要零件先画出,再按装配关系逐个画出剩下的零件。

在画图时具体采用哪种方法要视作图方便而定,第一种方法常常用于剖视图,可以避免不必要的"先画后擦",从而减少绘图工作量。

4. 画装配图的步骤

(1)根据确定的表达方案和部件的大小、复杂程度,选择适当的比例和图幅。画出各个视图的主要轴线(装配干线)、对称中心线或主要零件的基准面或端面线等,如图9-11(a)所示。注意留出零件编号、尺寸标注、标题栏、明细栏等所占的空间。

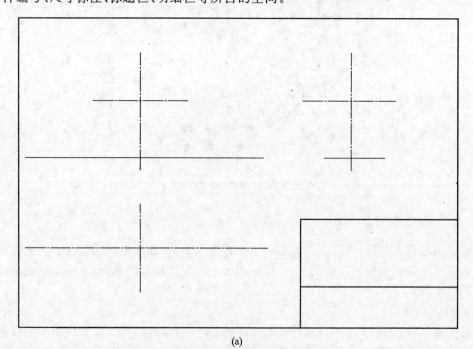

(a)

图 9-11　滑动轴承装配图的画图步骤

(2)绘制主体结构和与它直接相关的重要零件。不同的机器或部件,都有决定其特征的主体结构,在绘制时必须根据设计计算,首先绘制出主体结构的轮廓,与主体结构相接的重要零件也要相继画出。据此,滑动轴承首先画出了轴承座、盖及上、下轴衬的轮廓,如图 9-11 中的(b)、(c) 所示。

（3）绘制其他次要零件和细部结构。逐步画出主体结构与重要零件的细节,以及各种连接件如螺栓、螺母、键、销等,如图 9-11(d) 所示。

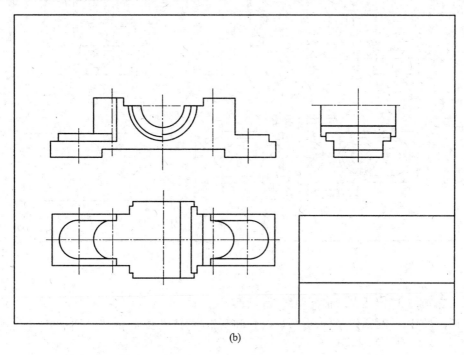

(b)

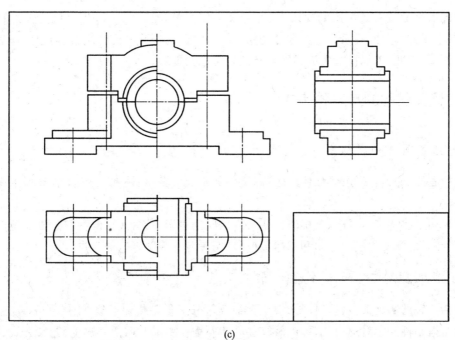

(c)

续图 9-11

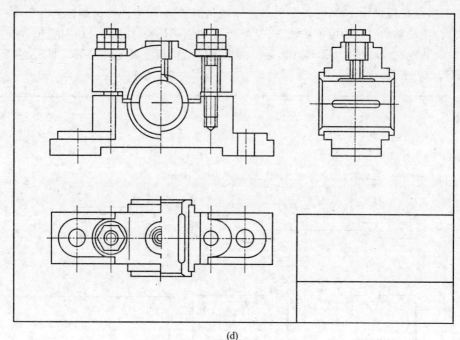

(d)

续图 9-11

（4）检查底稿,确定无误后描深图线,画剖面线。

（5）标注尺寸、编写零件序号、填写标题栏和明细栏、技术要求,完成全图,如图 9-8 所示。

9.7 读装配图及由装配图拆画零件图

读装配图是通过对装配图的视图、尺寸及文字符号的识读和分析,了解机器性能和工作原理,以及各个零件的装配关系和主要零件的结构、作用等。在产品的设计制造、使用维修过程中都需要读装配图。因此,工程技术人员必须具有读装配图的能力。

9.7.1 读装配图的方法和步骤

1. 概括了解并分析视图

根据标题栏、明细栏了解装配体的名称、零件数量及大致组成,查阅资料了解其用途和其他情况。

分析采用了哪些表达方法,分析清楚各个视图间的投影关系,找出剖视图的剖切位置及向视图、斜视图和局部视图的投影方向和表达部位等,明确各个视图表达的重点。

2. 了解机器或部件的工作原理、装配关系

在概括了解的基础上,从主视图入手认真细致地分析各条装配干线,弄清各条装配干线上,运动件和非运动件的相对运动关系,以及零件间相互配合要求及零件的定位、连接方式、润滑、密封等问题,从而进一步了解机器或部件的运动传递、装配关系和工作原理。这一步是读装配图的

重要环节。

3. 分析零件,读懂零件的结构形状

分析零件就是弄清各个零件的结构形状、作用和相互之间的装配关系。分析零件时的顺序:一般先看主要零件,后看次要零件;先从容易区分零件投影轮廓的视图开始,再看其他视图。确定零件形状结构的方法如下。

(1) 对投影,分析形体。首先分离零件,根据零件序号、剖面线方向和间隔的不同,以及实心件不剖及视图间的投影关系等,将零件从各视图中分离出来。

(2) 看尺寸,定形状。例如,若尺寸数字前面有 ϕ 就可确定其形状为圆柱面。

(3) 综合考虑作用、加工、装配工艺,从而进行判断。根据零件在部件中的作用及与之相配的其他零件的结构,进一步弄懂零件的细部结构,并把分析零件的投影、作用、加工方法、装拆方便与否等因素综合起来考虑,以便想象出零件的整体形状。

4. 总结归纳

在上述分析的基础上,还要对机器或部件的技术要求、尺寸、工作原理、性能结构及装配关系等各个方面联系起来考虑,进一步了解其设计意图。最后归纳总结机器或部件的装配和拆卸顺序、运动传递的过程、系统润滑和密封情况等。

9.7.2 由装配图拆画零件图

设计机器或部件时,通常是根据设计要求画出装配图,再由装配图拆画零件图,即拆图。拆图是在读懂装配图的基础上进行的,它是设计过程中的一个非常重要的环节。拆图的方法和步骤如下。

1. 分离零件,确定零件的结构形状

读懂装配图,将所要拆画的零件从其他零件中分离出来。分析此零件的作用和结构,确定其投影轮廓,并补出在装配图中被其他零件遮挡的轮廓线,想象出零件完整的结构。同时还要补画出在装配图中简化了的工艺结构(如倒角、圆角、退刀槽等)。

2. 确定零件的表达方案

对于所拆出零件的表达方案,不一定要与装配图中的表达相同,而是根据零件的结构特点选择适当的视图,将该零件表达清楚即可。当然,许多零件,尤其是箱体类零件的主视图多与装配图中的位置和投影方向的选择一致,而轴套类零件的主视图一般应按加工位置放置(即轴线水平放置),来确定主视图。

3. 标注零件的尺寸

装配图不是零件生产的直接依据,因此装配图中的零件尺寸是不完整的,它只标出了装配图中所要求的几种重要尺寸。

对于拆画出的零件图,其尺寸可以从以下几方面确定。

(1) 抄注:装配图中已有的与被拆零件有关的尺寸可以直接标注在此零件的零件图上,配合尺寸应分别按照孔、轴的公差带代号查出偏差数值,并标注在零件图上。

（2）查取：对于标准结构，如倒角、倒圆、退刀槽、螺纹、销孔、键槽等，其尺寸应该从有关标准中查取后进行标注。

（3）计算和量取：对于装配图中没有直接标注出的尺寸，需要通过计算或直接量取后进行标注。

4. 确定零件的技术要求

装配图上已标出的技术要求可直接应用到零件图上，没有标出的技术要求，如表面粗糙度、公差配合、形位公差、热处理等，要根据零件的作用并结合设计要求，通过查阅有关设计手册或参阅同类、相近产品的零件图来确定。

5. 标题栏

零件图中标题栏所填写的零件名称、数量、材料等关于零件的信息要同装配图中明细栏的内容一致。

9.7.3 读装配图及拆画零件图举例(一)

【例 9-1】 读联动夹持杆接头装配图，如图 9-12 所示。

1. 概括了解并分析视图

通过阅读图 9-12 的标题栏、明细栏及其他有关资料可知：联动夹持杆接头是检验用夹具中的一个通用标准部件，用来连接检测用仪表的表杆，由四种非标准件和一种标准零件组成。装配图采用两个基本视图，其中主视图采用局部剖视，可以清晰地表达各组成零件的装配连接关系和工作原理；左视图采用 A—A 剖视及上部的局部剖视，进一步反映左方和上方两处夹持部位的结构和夹头零件的内、外形状。

2. 了解机器或部件的工作原理、装配关系

分析图 9-12 的主视图可知，当检验时，在拉杆 1 左方的上下通孔 $\phi11H8$ 和夹头 3 上部的前后通孔 $\phi16H8$ 中分别装入 $\phi11f7$ 和 $\phi16f7$ 的表杆；然后旋紧螺母 5，收紧夹头 3 的缝隙，就可夹持上部圆柱孔内的表杆。与此同时，拉杆 1 沿轴向向右移动，改变它与套筒 2 上下通孔的同轴位置，就可夹持拉杆左方通孔内的表杆。

由于套筒 2 以锥面与夹头 3 左面的锥孔相接触，垫圈 4 的球面和夹头 3 右面的锥孔相接触，这些零件的轴向位置是固定不动的。只有拉杆 1 以右端的螺纹与螺母 5 的连接，才使拉杆 1 可沿轴向移动。

3. 分析零件，读懂零件的结构形状，并拆画零件图

以夹头 3 为例，进一步分析其结构形状，并拆画它的零件图。

夹头是这个联动夹持杆接头部件的主要零件之一。由图 9-12 中主视图可知它的结构形状：上部是一个半圆柱体；下部左右为两块平板，左平板上有阶梯形圆柱孔，右平板上有同轴线的圆柱孔，左、右平板孔口外壁处都有圆锥形沉孔；在半圆柱体与左右平板相接处，还有一个前后贯通的下部开口的圆柱孔，圆柱孔的开口与左右平板之间的缝隙相连通。由图 9-12 中左视图可见夹

头左右平板的上端为矩形板,其前后壁与上部半圆柱的前、后端面平齐;平板的下端是与上端矩形板相切的半圆柱体。

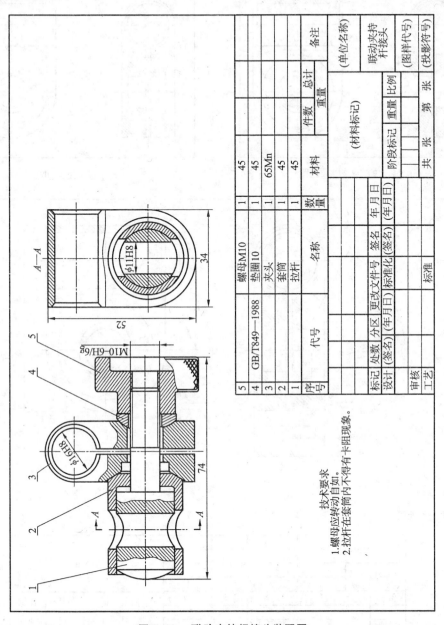

图 9-12　联动夹持杆接头装配图

分析夹头的结构形状后,就可拆画它的零件图。从图 9-12 的主视图中,根据剖面线方向及相邻零件的关系分离出表达夹头的主视图部分。而在左视图中,根据投影关系及剖面线的方向,除去相邻零件(件 2 套筒和件 1 拉杆)的图线,得到相应的左视图部分。分离出的夹头的主要视图如图 9-13(a)所示,该夹头视图轮廓还不是一幅完整的图形。根据上面对夹头结构的分析,可补画出图中所缺少的图线,如图 9-13(b)所示。最后还需要考虑夹头零件图表达方案的选择及标注尺寸和技术要求。根据夹头的结构特点,其零件图表达与其在装配图中相同;尺寸标注除了装配图中的 $\phi16H8$、52、34 外,其他尺寸根据零件图尺寸标注的要求从装配图中量取;技术要求除装配图中的配合要求外,参照同类零件注写。完整的零件图如图 9-13(c) 所示。

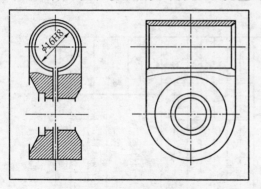

(a) 分离出的夹头的主要视图

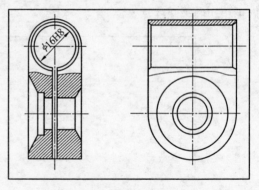

(b) 补画所缺少的图线

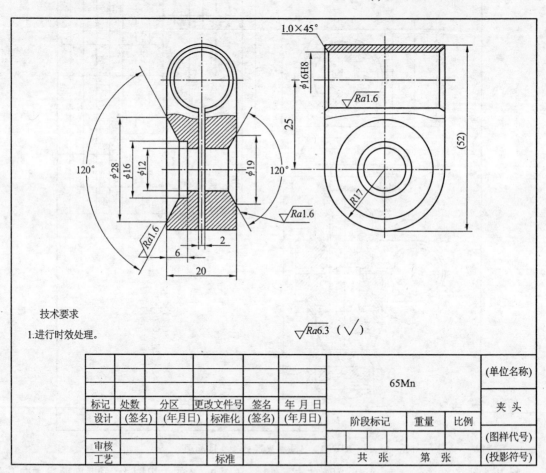

(c) 完整的零件图

图 9-13　由联动夹持杆接头装配图拆画出夹头零件图

9.7.4　读装配图及拆画零件图举例(二)

【例 9-2】　读齿轮油泵装配图,如图 9-14 所示。

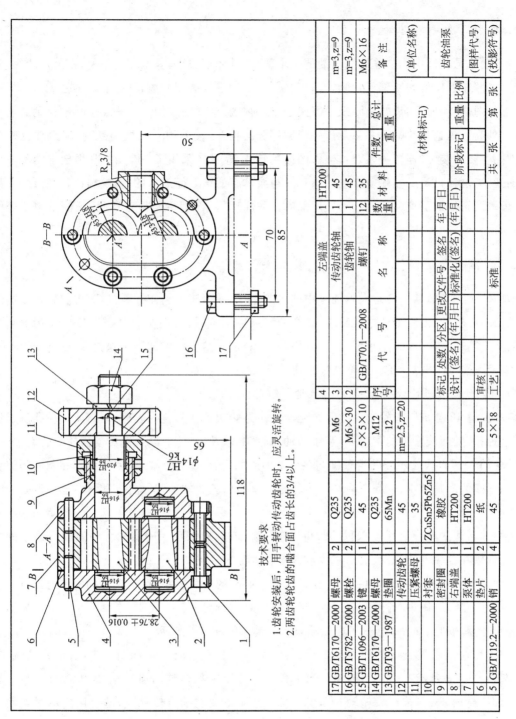

技术要求
1.齿轮安装后,用手转动传动齿轮时,应灵活旋转。
2.两齿轮齿的啮合面占齿长的3/4以上。

17	GB/T6170—2000	螺母	2	Q235		
16	GB/T5782—2000	螺栓	2	Q235		
15	GB/T1096—2003	键	1	45		
14	GB/T6170—2000	螺母	1	Q235		
13	GB/T93—1987	垫圈	1	65Mn		
12		传动齿轮	1	45		m=3,z=9
11		压紧螺母	1	35		
10		衬套	1	ZCuSn5Pb5Zn5		
9		密封圈	1	橡胶		
8		右端盖	1	HT200		
7		泵体	1	HT200		
6		垫片	2	纸		
5	GB/T119.2—2000	销	4	45		
4		左端盖	1	HT200		
3		传动齿轮轴	1	45		m=3,z=9
2		齿轮轴	1	45		m=3,z=9
1	GB/T70.1—2008	螺钉	12	35		M6×16
序号	代 号	名 称	数量	材 料	件数	备 注
					总计	
					重 量	

			(材料标记)		(单位名称)	
标记	处数	分区	更改文件号	签名	年月日)	齿轮油泵
设计	(签名)	(年月日)	标准化	(签名)	(年月日)	
			阶段标记	重量	比例	(图样代号)
审核						
工艺		标准		共 张	第 张	(投影符号)

图9-14 齿轮油泵装配图

1. 概括了解并分析视图

齿轮油泵是机器中用来输送润滑油的一个部件,其体积较小,要求传动平稳,密封性能好,不能漏油。对照零件序号和明细栏可知,齿轮油泵由 17 种零件装配而成,其中非标准件 10 种,标准件 7 种。如图 9-14 所示,齿轮油泵采用了两个基本视图。主视图采用了 A—A 旋转剖得到的全剖视图,另外为了表达齿轮啮合关系及齿轮齿廓部分的投影,还采用了三处局部剖,清楚地反映出各零件间主要的装配、连接关系及该部件的结构特征。左视图采用了一个 B—B 半剖视图和一个局部剖视。半剖视是沿着左端盖 4 处的垫片 6 与泵体 7 的结合面剖切的,反映出齿轮油泵的外部形状、齿轮与泵体的装配关系,以及吸、压油的工作原理;局部剖主要是表达吸、压油口中一处的结构。

2. 了解机器或部件的工作原理、装配关系

如图 9-14 所示,泵体 7 是齿轮油泵中的主要零件之一,属于箱体类零件,其内腔容纳一对吸油和压油的齿轮轴。由 4 个圆柱销将左、右端盖与泵体定位后,再用 12 个螺钉将左、右端盖与泵体牢固地连接在一起。为了防止漏油,在泵体与左、右端盖结合面处加入了垫片 6,在传动齿轮轴 3 伸出端用密封圈 9、衬套 10、压紧螺母 11 加以密封。

1) 对配合尺寸进行分析,以便更深入地了解部件

传动齿轮 12 与传动齿轮轴 3 之间的配合尺寸为 $\phi 16H7/k6$,查附表可知,它属于基孔制过渡配合。这种孔、轴间较紧密的配合,有利于传动齿轮 12 以及键 15 一起带动传动齿轮 3 转动。

齿轮轴 2、传动齿轮轴 3 的齿顶圆与泵体 7 内腔的配合尺寸为 $\phi 33H8/f7$,为基孔制的间隙配合,它们之间的间隙较小,这样既有利于齿轮轴在泵体内腔的转动,又能保证泵体吸、压油处内腔的气压差。

图中多标注的配合尺寸 $\phi 16H7/h6$,也属于间隙配合,它采用了间隙配合中间隙为最小的方法,以保证轴在孔中既能转动,又可减少或避免轴的径向跳动。

尺寸 27±0.016,是给出的一对齿轮轴啮合中心距的装配要求,这个尺寸的准确与否直接影响齿轮的啮合传动。图中标注的其他一些尺寸请读者自行思考。

2) 结合图 9-14、图 9-15,分析齿轮油泵的传动路线和工作原理

分析时,应从机器或部件的传动入手。动力从传动齿轮 12 传入,如图 9-15 所示,当它逆时针方向转动时,通过键 15 带动传动齿轮轴 3,再经过齿轮啮合带动齿轮轴 2,从而使传动齿轮轴 2 作顺时针转动。当传动齿轮轴 3 和齿轮轴 2 在泵体内腔啮合传动时,啮合区内右边空间的压力降低而产生局部真空,油池内的油在大气压力作用下进入油泵低压区内的吸油口,随着齿轮的转动,齿槽中的油不断沿箭头方向被带至左边的压油口把油压出,送至机器中需要润滑的部位。

图 9-16 为齿轮油泵的装配轴测图,以便读者分析思考后对照参考。

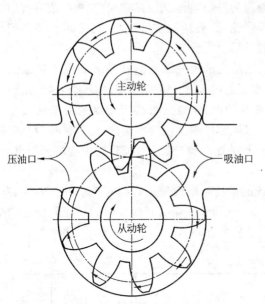

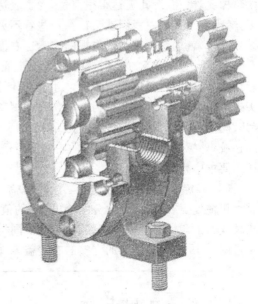

图 9-15 齿轮油泵工作原理图   图 9-16 齿轮油泵装配轴测图

3. 分析零件,读懂零件的结构形状,并拆画零件图

以右端盖 8 为例,进一步分析其结构形状,并拆画它的零件图。

如图 9-14 所示,根据零件序号和剖面线符号,先从主视图中分离出右端盖的投影轮廓。在装配图的主视图上,右端盖的一部分投影被其他零件所遮挡,因此它是一幅不完整的图形,如图 9-17 所示;再根据此零件的作用及装配关系,可以补全所缺的轮廓线,如图 9-18 所示。从装配图的左视图可以看出,右端盖的外形为长圆形,沿周围分布有六个具有沉孔的螺钉孔和两个圆柱销孔。其具体的绘制步骤如下。

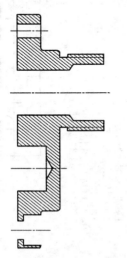

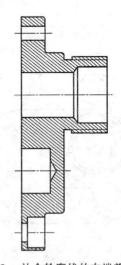

图 9-17 从主视图中分离出的投影轮廓   图 9-18 补全轮廓线的右端盖主视图

(1)选择右端盖的表达方案。右端盖 8 属于盘盖类零件,此类零件一般适宜用两个基本视图表达,并且主视图多采用全剖视图。经过分析、比较确定,右端盖的主视图的投影方向应与装配图中一致,它既符合该零件的安装位置、工作位置和加工位置,主视图也采用全剖视图,可将其内部的阶梯孔、销孔、沉孔表达得很清楚。为了表达右端盖的外形,再画出右端盖的左视图或右视图均可,考虑到如果画左视图就会存在一些看不见的投影轮廓,要用细虚线画出,为了尽量避免细虚线的出现,就选择再用一个右视图来表达右端盖的外形。

(2)标注右端盖的尺寸。右端盖除了装配图上已给出的尺寸和可直接从装配图上量取的一般尺寸外,还需要确定几个特殊尺寸。根据明细栏里螺钉的尺寸 M6 可以查附表确定内六角圆柱头螺钉用的沉孔尺寸,分别为 $6 \times \phi 6.6$ 和 $\phi 11$ 深 6.8 的沉孔;查附表确定螺纹退刀槽的尺寸为 $\phi 25$;确定沉孔、销孔的定位尺寸为 $R22$ 和 $45°$;为了保证圆柱销定位的准确性,确定销孔应与泵体同钻绞;外螺纹 $M27 \times 1.5 - 6g$ 的右端应有倒角,查相关标准确定尺寸为 $C1$,图中省略未画出,在技术要求中列出来。

(3)确定表面粗糙度,注写技术要求。需要钻绞的销孔与跟齿轮轴有相对运动的孔的内表面表面粗糙度要求很高,因此分别给出 Ra 的值为 $0.8~\mu m$ 和 $1.6~\mu m$,其他表面的表面粗糙度则是按常规给出,对于技术要求可以参考有关同类产品的资料注写。

图 9-19 即为拆画出的完整的右端盖零件图。

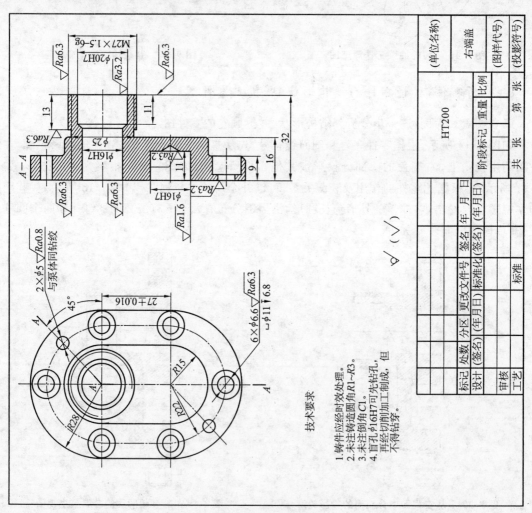

图 9-19　右端盖零件图

第 *10* 章 AutoCAD绘图基础

10.1　AutoCAD 2008 简介

AutoCAD 是美国 Autodesk 公司开发的一个通用的二、三维计算机辅助设计及绘图软件系统。AutoCAD 意思即为自动化(auto) 的计算机辅助设计(computer aided design)。

AutoCAD 广泛地应用于建筑、机械、电子、艺术造型及工程管理等领域,它的".dwg"文件格式已成为二维绘图的标准格式。

AutoCAD 具有良好的用户界面,通过交互式菜单或命令行方式便可以进行各种操作。它的多文档设计环境,让非计算机专业人员也能很快地学会使用。

AutoCAD 具有广泛的适应性,它可以在各种操作系统支持的微型计算机和工作站上运行,并支持分辨率从 320×200 到 2048×1024 的各种图形显示设备 40 多种,以及数字仪和鼠标器 30 多种,绘图仪和打印机数十种,这就为 AutoCAD 的普及创造了条件。

本章主要介绍 AutoCAD 2008 汉化版的二维部分。

10.1.1　AutoCAD 2008 工作界面

启动 AutoCAD 2008 中文版后,系统弹出 AutoCAD 2008 用户界面,如图 10-1 所示。其界面包括标题栏、下拉菜单栏、标准工具栏、绘图区、命令行和状态栏等内容。

(1) 标题栏:与其他 Windows 应用程序相似,标题栏位于用户界面的顶部,其中有文件名和右上角的控制按钮,从左至右分别为"最小化"按钮、"还原"按钮和"关闭"按钮。

(2) 下拉菜单栏:包含 11 个菜单,如"文件"、"编辑"、"视图"、"插入"等。用鼠标单击其中任何一个菜单名,均可以弹出一个下拉菜单条,AutoCAD 2008 的主要命令都在其中。

(3) 工具栏:它是一组图标型工具的集合。工具栏提供了 AutoCAD 2008 常用命令的快捷方式,它可以处在固定状态,也可处在浮动状态。为防止用户误操作,AutoCAD 2008 新增了锁定和解锁工具栏的命令,通过右键单击任意一个工具栏,弹出快捷菜单,可以锁定(或解锁)全部或部分工具栏,使工具栏不会出现被误关闭或误移动的现象。通过右键单击任意一个工具栏,弹出快捷菜单,可以在工具栏的名称列表中勾选或取消某些工具栏,从而达到增减某些工具栏的目的。

(4) 绘图区:AutoCAD 2008 绘制和编辑图形的区域。绘图窗口的光标为十字光标,用于绘制图形和选择图形对象。当在绘图区移动鼠标时,其中的十字光标会随着移动,与此同时在绘图区

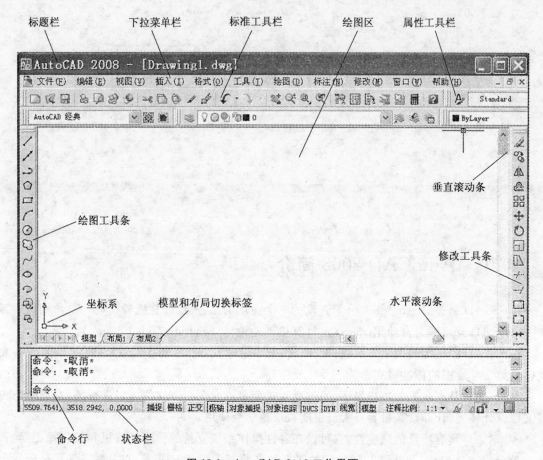

图 10-1　AutoCAD 2008 工作界面

底部的状态栏中将显示出光标点的坐标值。绘图区的左下方有一个选项卡控制栏,用户通过单击其上的"模型"、"布局",即可在模型空间和图纸空间中进行切换。

（5）命令行:位于绘图窗口的下方,是用户借助于键盘输入命令和系统显示反馈提示信息的地方。有提示符"命令:"时,表示此时 AutoCAD 已处于准备接收命令的状态。AutoCAD 2008 新增了显示和隐藏命令行的命令,通过按快捷键"Ctrl＋9"可实现显示或隐藏命令行的操作。

（6）状态栏:位于屏幕的底部。在默认情况下,其左端显示绘图区中光标的 X、Y、Z 坐标值;中间依次是"捕捉"、"栅格"、"正交"、"极轴"、"对象捕捉"、"对象追踪"、"DUCS"、"DYN"、"线宽"、"模型" 共 10 个辅助绘图工具按钮;右端是状态栏托盘,单击右下方的下拉箭头,即可弹出"状态栏菜单",可设置状态栏中显示的辅助绘图工具按钮。

（7）文本窗口:它实质上与命令行窗口具有相同的信息,该窗口的默认设置是关闭的,按 F2 键即可实现绘图窗口和文本窗口的切换。

10.1.2　文件管理

在 AutoCAD 系统中,图形文件是以扩展名为".dwg"的文件保存的。文件扩展名由系统自动加到用户输入的文件名上,因此用户在输入文件名时,只需输入文件名,而不必输入扩展名。

1. 新建文件

创建一个新的图形文件要用到"NEW"命令,其执行的方法有以下 4 种。

(1) 命令行:NEW。

(2) 下拉菜单:"文件"→"新建(N)"。

(3) 图标菜单: 。

(4) 快捷键:Ctrl + N。

选择"NEW"命令后,系统弹出"选择样板"对话框,选择样板文件,如图 10-2 所示。然后单击"打开"按钮,系统将以该样板文件为基础新建一幅新图。

2. 打开文件

选择"OPEN"命令后,屏幕上将弹出一个"选择文件"对话框,如图 10-3 所示。用户对于已画的图形,必须记住它们的文件名及存储路径。

图 10-2　新建文件

图 10-3　打开文件

3. 局部打开文件

当处理大而复杂的图形时,用户可以只打开需要的那部分图形,从而节省时间、提高工作效率。可以基于视图或图层来打开部分图形。

如图 10-4 所示,在"选择文件"对话框中选择要打开的文件,然后单击"打开"按钮右侧的下拉菜单按钮,弹出下拉列表框,从中选择"局部打开"选项,在随后弹出的"局部打开"对话框中按视图或图层选择要打开的部分。

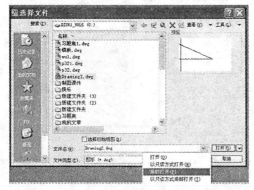

(a) 基于视图

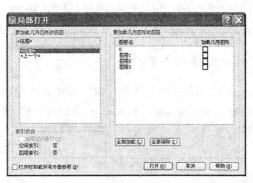

(b) 基于图层

图 10-4　局部打开文件

4. 保存文件

绘制好图形后,必须将其存储在磁盘中,以便永久保存。要在磁盘中存储一个图形文件,主要使用"QSAVE"(保存文件)和"SAVEAS"(另存文件)两种不同的存储命令。

1) 使用"QSAVE"命令

选择"QSAVE"命令时,若文件已命名,则系统自动保存文件;若文件未命名(即为默认名"drawing. dwg"),则系统调用"图形另存为"对话框。"QSAVE"命令的执行方式有以下 3 种。

(1) 命令行:QSAVE。

(2) 下拉菜单:"文件"→"保存(S)"。

(3) 图标菜单:🖫。

图 10-5　文件的保存

2) 使用"SAVEAS"命令

"SAVEAS"命令要求用户给图形文件命名,以新的文件名存储当前的图形,"SAVEAS"命令执行时将弹出"图形另存为"对话框。"SAVEAS"命令有以下两种执行方法。

(1) 命令行:SAVEAS。

(2) 下拉菜单:"文件"→"另存为(A)"。

选择"SAVEAS"命令后,系统弹出"图形另存为"对话框,如图 10-5 所示。

5. 退出文件

在完成图形绘制之后,若想退出 AutoCAD,可以有以下 4 种执行方法。

(1) 命令行:QUIT。

(2) 下拉菜单:"文件"→"退出"。

(3) 标题栏右上角按钮:❎。

(4) 组合键:Alt＋F4。

10.1.3　命令的输入方式

AutoCAD 在进行绘图工作时,必须输入并执行一系列命令。当底部命令行窗口提示有"命令:"时,表示 AutoCAD 已处于命令状态并准备接收命令。命令的输入方式以鼠标和键盘最为常见。

1. 键盘输入命令

从键盘输入命令时字母大、小写均可。在命令行中"命令:"提示符后输入命令名,接着按回车键(Enter)或空格键即可。在命令行中将显示有关该命令的输入提示和选择项提示。

2. 下拉菜单输入命令

在菜单栏中用鼠标单击一项菜单名,则可弹出一个下拉菜单,要选择某一菜单项,可用鼠标单击。图 10-6 所示为"绘图"下拉菜单。如

图 10-6　"绘图"下拉菜单

某一菜单项后有"…",说明该菜单项会引出一个对话框。如某一菜单项右端有一黑色小箭头,说明该菜单项仍为标题项,它将引出下一级菜单,称为级联菜单。如某一菜单项为灰色,则表示该菜单项不可选。

3．图标菜单输入命令

图标菜单是一组图标型工具的集合,把光标移到某个图标上,稍停片刻即在该图标一侧显示相应的工具提示。单击图标可以启动相应的命令。在默认情况下,可以见到绘图区顶部的标准工具栏和属性工具栏,以及位于绘图区左侧的绘图工具条和右侧的修改工具条(见图 10-7)。

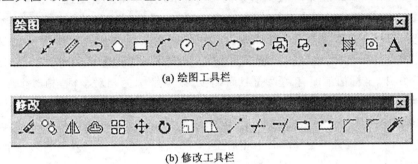

(a) 绘图工具栏

(b) 修改工具栏

图 10-7　绘图及修改图标菜单

4．重复执行命令

在 AutoCAD 执行了某个命令后,如果要立即重复执行该命令,则只需在"命令:"提示符出现后,按一下回车键或空格键即可(按一下鼠标右键与此等效)。

5．命令的撤销

如果发现已经激活并进入执行状态的命令不是所希望激活的命令,那么可以按键盘上的"Esc"键,这时系统立即中止正在执行的命令,重新返回接受命令的状态,即在命令行中显示"命令:"提示符。有些命令要连续按两次或三次"Esc"键,才能返回到"命令:"提示符状态。

6．透明命令

AutoCAD 可以在某个命令正在执行期间,插入执行另一个命令。这个中间插入执行的命令须在其命令名前加一个撇号"'"作为前导,这种可从中间插入执行的命令为透明命令。最常用的透明命令有"HELP"(寻求帮助)、"REDRAW"(重画)、"DDRMODES"(绘图方式对话框)、"PAN"(平移图形)、"ZOOM"(缩放图形)、"DDLMODES"(图层控制对话框)。

7．命令的缩写

除了输入完整的命令外,还可以输入命令缩写,如"LINE"(画直线)可以仅输入"L","ZOOM"(缩放)可以仅输入"Z"等。

10.1.4　数据输入方法

每当输入一条命令后,通常还需要为命令的执行提供一些必要的附加信息。例如,输入

"CIRCLE"(画圆)命令后,为了能画出唯一确定的圆,还必须输入圆心的位置和圆的半径大小。

1. 数值的输入

AutoCAD 的许多提示符要求输入表示点的位置的坐标值、距离、长度等数值。这些数值可从键盘上使用下列字符输入: $+,-,1,2,3,4,5,6,7,8,9,0,E,.,/$。

2. 坐标的输入

当命令行窗口中出现"指定一点:"提示时,表示需要用户输入绘图过程中某个点的坐标。因为图形总是要在一定的坐标系中进行绘制的。AutoCAD 最常用的是直角坐标系和极坐标系。

在直角坐标系中,二维平面上一个点的坐标用一对数值(x,y)来表示,称为绝对直角坐标。例如点坐标$(10.2,17)$,表示该点的 x 坐标是 10.2,y 坐标是 17。输入该点的两个坐标值时,中间要用逗号","分开。坐标值前面有"@"符号时,表示该点坐标为相对坐标,相对坐标方式是指输入点相对于当前点的位置关系。在极坐标系中,二维平面上一个点的坐标,是用该点距坐标系原点的距离和该距离向量与水平正向夹角的角度来表示的。其表现形式为$(d < \alpha)$,其中"d"表示距离,"α"表示角度,中间用"$<$"分隔。用相对坐标方式输入时,要在输入值的第一个字符前键入字符"@"作为前导。图 10-8 所示为坐标的输入方式图例。

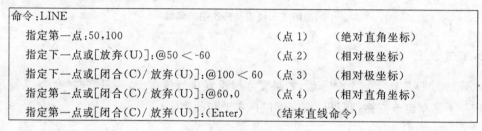

命令:LINE
指定第一点:50,100 (点 1) (绝对直角坐标)
指定下一点或[放弃(U)]:@50 < -60 (点 2) (相对极坐标)
指定下一点或[闭合(C)/放弃(U)]:@100 < 60 (点 3) (相对极坐标)
指定第一点或[闭合(C)/放弃(U)]:@60,0 (点 4) (相对直角坐标)
指定第一点或[闭合(C)/放弃(U)]:(Enter) (结束直线命令)

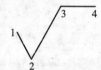

图 10-8　坐标的输入方式图例

3. 距离的输入

在绘图过程中,AutoCAD 有许多输入提示要求输入一个距离的数值。这些提示符有: "Height"(高度),"Width"(宽度),"Radius"(半径),"Diameter"(直径),"Column Distance"(列距),"Row Distance"(行距)等。当 AutoCAD 提示要求输入一个距离时,可以直接使用键盘键入一个距离数值,也可以使用鼠标指定一个点的位置,系统会自动计算出某个明显的基点到该指定点的距离,并以该距离作为要输入的距离接收。此时,AutoCAD 会动态地显示出一条从基点到光标所在位置间的连线,让用户可以看到测得的距离,以便判断确定。

4. 角度的输入

当出现"角度:"提示时,表示要求用户输入角度值。AutoCAD 中所有的角度一般都是以"度"为单位,但用户也可以选择弧度、梯度或度/分/秒等单位制。角度值的设定规则:角度的起始基准边(即 $0°$ 角)水平指向右边(即 X 轴正向),逆时针方向角度的增量为正,顺时针方向角度的增量为负。当用键盘输入时，可直接在"角度："提示后输入角度值。

10.1.5　绘图环境设置

与手工绘图一样，在绘图之前，应先考虑图幅大小、绘图的单位、图线的线型等内容。因此，对这些内容，在开始绘制新图时，要根据需要进行设置。

绘图环境设置命令主要集中在"格式"下拉菜单中，如图 10-9 所示。

1. 绘图单位设置（DDUNITS）

其执行方式有以下两种。

（1）命令行："UNITS" 或 "DDUNITS"。

（2）下拉菜单："格式" → "单位（U）"。

选择"UNITS"命令后，系统将弹出"图形单位"对话框，如图 10-10 所示。"长度"选项组可设置当前长度单位制及精度。"类型"中列出了 5 种单位制：小数、科学、建筑、工程、分数。"角度"选项组可设置当前角度单位制及精度。

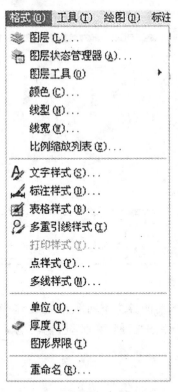

图 10-9　"格式"下拉菜单

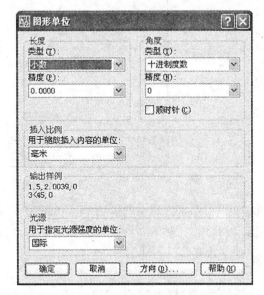

图 10-10　"图形单位"对话框

2. 图幅设置（LIMITS）

图幅的大小取决于要绘制的图形、尺寸标注、文字说明等内容。其执行方式有以下两种。

（1）命令行：LIMITS。

（2）下拉菜单："格式" → "图形界限（A）"。

若要设置 A3 图幅，选择"LIMITS"命令后，在命令行中进行如下操作。

```
命令：_limits
重新设置模型空间界限：
指定左下角点或[开(ON)/关(OFF)]<0.0000,0.0000>：    (默认系统设置)
指定右上角点<420.0000,297.0000>：
```

选择"ON"时，表示只能在设置的图幅内绘图，不能越界；若选择"OFF"，则表示绘图可越界。一般系统默认值为OFF。

3. 图层

图层是用户在绘图时用来组织图形的工具。绘图时首先要对图层进行设置，如建立新图层、设置当前层，设置图层的颜色、线型，以及图层是否关闭、冻结、锁定等；也可以实现对图层进行更多的设置和管理，如图层的切换、重命名、删除及图层的显示控制等，如图10-11所示。

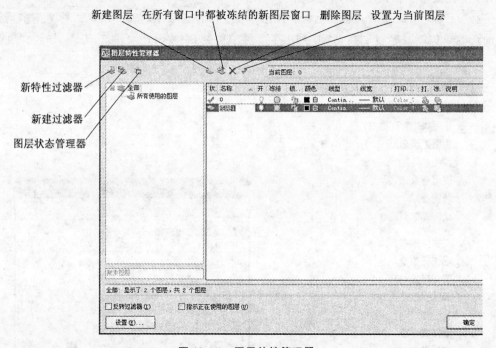

图 10-11   图层特性管理器

可以将图层想象为透明的纸，在不同的透明纸上画出图形的各个不同部分，再把这些透明纸叠加起来即可形成完整的图形。因此，图形的各个部分可分别进行修改而不影响其他部分。"图层"的执行方式有以下3种。

(1) 命令行：LAYER。

(2) 下拉菜单："格式"→"图层(L)"。

(3) 图标菜单： 。

图层操作的基本步骤如下。

(1) 打开"图层特性管理器"对话框。

(2) 单击"新建"按钮，建立新图层。

(3) 选择图层颜色，打开"选择颜色"对话框。

(4) 选择图层线型，打开"选择线型"对话框。

（5）选择图层线宽，打开"选择线宽"对话框。

10.2　AutoCAD 的二维图形的绘制及尺寸标注

10.2.1　常用绘图命令

1. 点命令（POINT）

点的输入是 AutoCAD 最基本的绘图命令，该命令主要用于生成实体点。实体点可以是多种样式，如"."、"+"等。点的样式和大小，也可以通过"格式"下拉菜单弹出的"点样式"对话框进行操作，如图 10-12 所示。

点命令的执行方式有以下 3 种。

（1）命令行：POINT。

（2）下拉菜单："绘图"→"点（O）"。

（3）图标菜单：·。

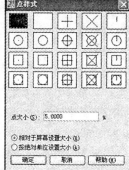

图 10-12　点样式对话框

2. 直线命令（LINE）

该命令能绘制直线段、折线段或闭合多边形，直线命令的执行方式有以下 3 种。

（1）命令行：LINE。

（2）下拉菜单："绘图"→"直线（L）"。

（3）图标菜单：╱。

图 10-13 所示为利用直线命令绘制 A3 图幅和图框线。

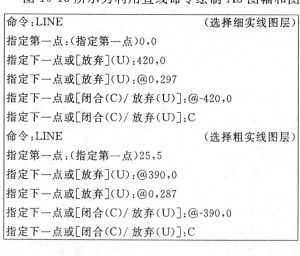

```
命令：LINE                              （选择细实线图层）
指定第一点：(指定第一点)0,0
指定下一点或[放弃](U)：420,0
指定下一点或[放弃](U)：@0,297
指定下一点或[闭合(C)/放弃(U)]：@-420,0
指定下一点或[闭合(C)/放弃(U)]：C
命令：LINE                              （选择粗实线图层）
指定第一点：(指定第一点)25,5
指定下一点或[放弃](U)：@390,0
指定下一点或[放弃](U)：@0,287
指定下一点或[闭合(C)/放弃(U)]：@-390,0
指定下一点或[闭合(C)/放弃(U)]：C
```

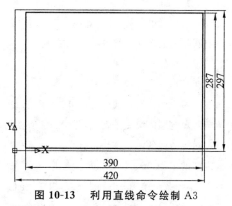

图 10-13　利用直线命令绘制 A3
图幅和图框线

3. 圆命令（CIRCLE）

在"绘图"下拉菜单中选择"圆"选项后，其级联菜单中列出 6 种画圆的方法（如图 10-14 所示），选择其中之一，即可按该选项说明的顺序与条件画圆。圆命令的执行方式有以下 3 种。

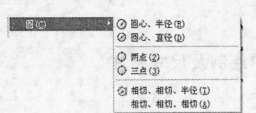

图 10-14　圆命令的执行

（1）命令行：CIRCLE。

（2）下拉菜单："绘图"→"圆（C）"。

（3）图标菜单：。

圆命令的 6 种操作方法如下所述。

（1）圆心、半径：用圆心＋半径的方式来确定一个圆，此方式是圆命令的默认选项。'

（2）圆心、直径：用圆心＋直径的方式来确定一个圆。

（3）两点：以给定两点的连线为直径，以连线的中点为圆心来确定一个圆。

（4）三点：根据不在同一条直线上的 3 个点来确定一个圆。

（5）相切、相切、半径：与两个给定的对象相切，且半径已知，也可以唯一确定一个圆。

（6）相切、相切、相切：与三个给定对象相切，也可以唯一确定一个圆。此命令的执行只能通过下拉菜单来执行。

以下为使用上述 6 种操作方法画圆的实例。

命令：CIRCLE　　　　　　　　　　　　　　（如图 10-15（a）所示）
_circle 指定圆的圆心或［三点（3P）/ 两点（2P）/ 相切、相切、半径（T）］://　　　　　拾取圆心点
指定圆的半径或［直径（D）］：15
命令：CIRCLE　　　　　　　　　　　　　　（如图 10-15（b）所示）
_circle 指定圆的圆心或［三点（3P）/ 两点（2P）/ 相切、相切、半径（T）］://　　　　　拾取圆心点
指定圆的半径或［直径（D）］：d
指定圆的直径：30
命令：CIRCLE　　　　　　　　　　　　　　（如图 10-15（c）所示）
_circle 指定圆的圆心或［三点（3P）/ 两点（2P）/ 相切、相切、半径（T）］://　　　　　3P
指定圆上的第一个点：// 拾取 P1
指定圆上的第二个点：// 拾取 P2
指定圆上的第三个点：// 拾取 P3
命令：CIRCLE　　　　　　　　　　　　　　（如图 10-15（d）所示）
_circle 指定圆的圆心或［三点（3P）/ 两点（2P）/ 相切、相切、半径（T）］://　　　　　2P
指定圆直径的第一个端点：// 拾取 P1
指定圆直径的第二个端点：// 拾取 P2
命令：CIRCLE　　　　　　　　　　　　　　（如图 10-15（e）所示）
_circle 指定圆的圆心或［三点（3P）/ 两点（2P）/ 相切、相切、半径（T）］://　　　　　T
指定对象与圆的第一个切点：// 在 P1 所在的直线上任意拾取一点
指定对象与圆的第二个切点：// 在 P2 所在的直线上任意拾取一点
指定圆的半径：15
命令：下拉菜单绘图 —— 圆 —— 相切、相切、相切（如图 10-15（f）所示）
指定圆上的第一个点：tan 到 // 在第一个相切对象上任意拾取一点
指定圆上的第二个点：tan 到 // 在第二个相切对象上任意拾取一点
指定圆上的第三个点：tan 到 // 在第三个相切对象上任意拾取一点
在图 10-15（e）（f）中，如果满足相切条件的圆不止一个，则系统选择离拾取点最近的点作为切点。

(a)"圆心，半径"操作方法

(b)"圆心，直径"操作方法

(c)"三点"操作方法

(d)"两点"操作方法

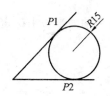
(e)"相切、相切、半径"操作方法

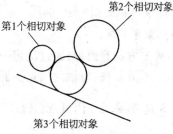
(f)"相切、相切、相切"操作方法

图 10-15　6 种画圆方法实例

4. 圆弧命令（ARC）

在"绘图"下拉菜单中选择"圆弧"选项后，其级联菜单中列出 11 种画圆弧的方法（如图 10-16 所示），选择其中之一，即可按该选项说明的顺序与条件画圆弧。圆弧命令的执行方式有以下 3 种。

（1）命令行：ARC。

（2）下拉菜单："绘图"→"圆弧（A）"。

（3）图标菜单： 。

圆弧命令的操作方法如下所述。

（1）三点：使用不在同一条直线上的 3 个点绘制圆弧，这是 ARC 命令的默认选项。

（2）起点、圆心、端点：根据起点、圆心和端点来确定一段圆 弧，这里的端点可以不是圆弧上的点。圆弧的终点是由给定端点 与圆心的连线确定的。

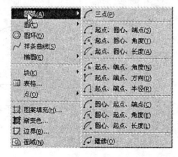
图 10-16　11 种画圆弧的方法

（3）起点、圆心、角度：根据起点、圆心和圆心角来确定一段圆弧。若圆心角为正，则按逆时针 画弧；若圆心角为负，则按顺时针画弧。

（4）起点、圆心、长度：根据起点、圆心和弦长来确定一段圆弧。从起点开始以弦长作为起点 与端点间的距离按逆时针画弧。若输入的弦长为正，则画劣弧，否则画优弧。

（5）起点、端点、角度：根据起点、端点和圆心角来确定一段圆弧。角度为正时逆时针画弧，否 则顺时针画弧。

（6）起点、端点、方向：根据起点、端点和起点切线方向来确定一段圆弧。

（7）起点、端点、半径：根据起点、端点和半径来确定一段圆弧。

（8）圆心、起点、端点：同起点、圆心、端点，仅输入项目的顺序不同。

（9）圆心、起点、角度：同起点、圆心、角度，仅输入项目的顺序不同。

（10）圆心、起点、长度：同起点、圆心、长度，仅输入项目的顺序不同。

(11) 继续：若按"Enter"键确认 ARC 命令的第一个提示，AutoCAD 将以起点、端点、方向的方法画弧。

5. 椭圆命令（ELLIPSE）

椭圆命令用于画椭圆和椭圆弧，椭圆命令的执行方式有以下 3 种。

(1) 命令行：ELLIPSE。

(2) 下拉菜单："绘图"→"椭圆"→"相应选项"。

(3) 图标菜单：⬮。

椭圆的确定方法有两种：通过给定一个轴的两个端点及另一轴的半长来确定一个椭圆；通过给定椭圆的中心点及长、短轴的端点画椭圆。

6. 正多边形命令（POLYGON）

该命令可画出边数为 3～1024 的正多边形，该命令的执行方式有以下 3 种。

(1) 命令行：POLYGON。

(2) 下拉菜单："绘图"→"正多边形(Y)"。

(3) 图标菜单：⬠。

正多边形的确定方法有两种：给定多边形的边数、多边形的中心及多边形的内接圆(如图 10-17(a) 所示)或外切圆的半径来确定一个多边形(如图 10-17(b) 所示)；给定多边形的边数及某一边的两个端点来确定一个多边形(如图 10-17(c) 所示)，此时 AutoCAD 按逆时针方向创建多边形。

(a) 内接于圆(I)　　　(b) 外切于圆(C)　　　(c) 指定多边形的边(E)

图 10-17　画多边形的方法

7. 矩形命令（RECTANG）

矩形命令用于根据指定的两个对角点绘制矩形，矩形的边平行于 X 轴或 Y 轴。命令的执行方式有以下 3 种。

(1) 命令行：RECTANG 或 RECTANGLE。

(2) 下拉菜单："绘图"→"正多边形(Y)"。

(3) 图标菜单：▭。

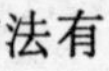

矩形的确定方法有以下几种。

(1) 通过给定矩形的左下角点和右上角点来确定一个矩形。

(2) 通过给定左下角点和矩形的尺寸来确定一个矩形。

(3) 还可对矩形形状进行设置，可以设置成带倒角的矩形，也可设置成带圆角的矩形，还可设置矩形多段线的宽度。图 10-18 所示为按给定条件绘制矩形。

```
命令：_rectang
指定第一个角点或[倒角(C)/ 标高(E)/ 圆角(F)/ 厚度(T)/ 宽度(W)]:f
指定矩形的圆角半径 ＜ 0 ＞:10
指定第一个角点或[倒角(C)/ 标高(E)/ 圆角(F)/ 厚度(T)/ 宽度(W)]:t
指定矩形的厚度 ＜ 0 ＞:20
指定第一个角点或[倒角(C)/ 标高(E)/ 圆角(F)/ 厚度(T)/ 宽度(W)]:w
指定矩形的线宽 ＜ 0 ＞:5
指定第一个角点或[倒角(C)/ 标高(E)/ 圆角(F)/ 厚度(T)/ 宽度(W)]:100,100
指定另一个角点或[面积(A)/ 尺寸(D)/ 旋转(R)]:@200,100
```

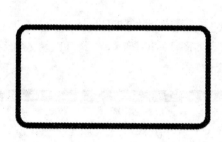
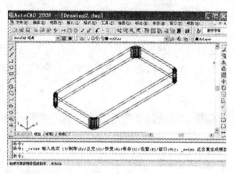

图 10-18　矩形的绘制及显示

8. 文字书写

1) 设置文字样式

AutoCAD 文字样式规定了字体、字号、倾斜角度、方向和其他文字特征，如图 10-19 所示。

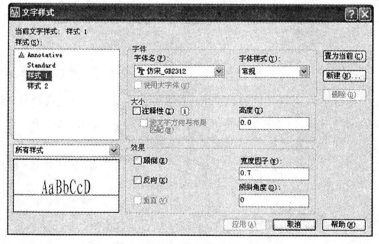

图 10-19　设置文字样式

文字样式命令的输入方式有以下 3 种。

(1) 命令行：_STYLE。

(2) 菜单栏："格式" → "文字样式"。

(3) 工具栏：🅐。

2）书写文本命令

AutoCAD 中书写文本的命令有"TEXT"（静态文本）、"DTEXT"（动态文本）和"MTEXT"（多行文本），其中使用"MTEXT"最为方便。下面仅介绍"MTEXT"命令的用法。"MTEXT"命令的执行方式有以下 3 种。

（1）命令行：MTEXT。

（2）下拉菜单："绘图"→"文字（X）"→"多行文字（M）"。

（3）图标菜单：**A**。

选择"MTEXT"命令后，需根据命令行的提示进行以下操作。

命令：_mtext 当前文字样式："Standard"，文字高度：2.5

指定第一角点：

指定对角点或[高度（H）/ 对正（J）/ 行距（L）/ 旋转（R）/ 样式（S）/ 宽度（W）]：

在指定第二角点后，将弹出"多行文字编辑器"，如图 10-20 所示，在此可以输入和编辑多行文字。

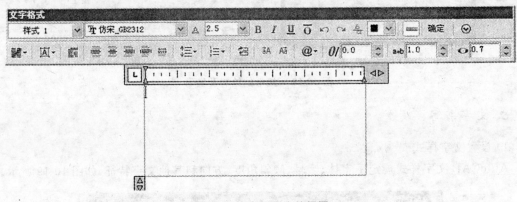

图 10-20   多行文字编辑器

10.2.2   尺寸标注

尺寸标注是绘图中的一项重要内容，它用于表示并定位图形的大小、形状，是图形识读的主要依据。AutoCAD 的尺寸标注命令可自动测量并标注图形，因此，绘图时一定要力求准确，要善于运用栅格、捕捉、正交及对象捕捉等辅助定位工具。

由于标注类型较多，AutoCAD 把标注命令和标注编辑命令集中安排在"标注"下拉菜单和"标注"图标菜单中，如图 10-21 所示。

1. 设置尺寸标注格式命令（DDIM）

进行尺寸标注，先要根据用户的需要设定尺寸标注的格式。其执行方式有以下 4 种。

（1）命令行：DDIM。

（2）下拉菜单："格式"→"标注样式（D）"。

（3）下拉菜单："标注"→"样式（S）"。

（4）图标菜单：。

尺寸标注格式控制尺寸各组成部分的外观形式。只要不改变尺寸标注格式，当前尺寸标注格

图 10-21　尺寸标注下拉菜单和尺寸标注工具栏

式就将一直起作用。系统默认标注格式为 ISO-25。选择"DDIM"命令后弹出"标注样式管理器"对话框,如图 10-22 所示,在该对话框可以实现对尺寸标注格式的设置工作。

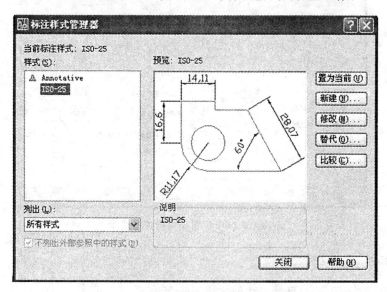

图 10-22　"标注样式管理器"对话框

1) 设置当前尺寸标注格式

所有已经建立的尺寸标注格式,都显示在"样式"列表中。如果已经建立了多个尺寸标注格式,可以从"样式"列表中选择一个格式名字,按下"置为当前",则将所选择的格式设置为当前格式。

2) 建立新的尺寸标注格式

要建立新的尺寸标注格式,可在"新建式名"文本框中输入格式的名字,如图 10-23 所示。新的尺寸标注格式是当前格式的副本,并包含了用户随后所做的所有修改设置。用户可以通过单击"继续"按钮,弹出"新建标注样式"对话框,如图 10-24 所示。

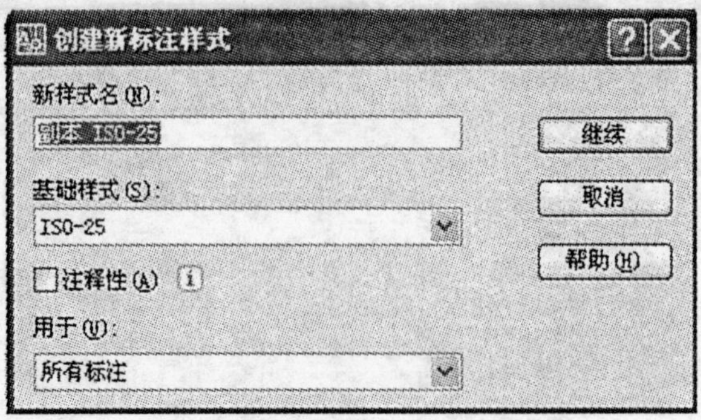

图 10-23 "创建新标注样式"对话框

在"新建标注样式"对话框中包含"线"、"符号和箭头"、"文字"、"调整"、"主单位"、"换算单位"及"公差"等 7 个选项卡。用户可在其中设置尺寸标注的布局、位置和外观。

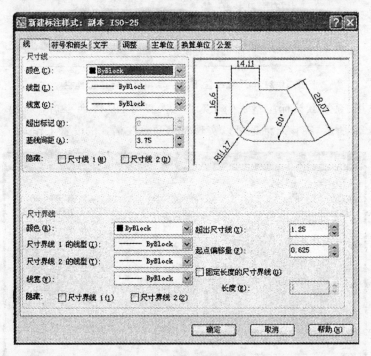

图 10-24 设置新建标注样式

2. 尺寸标注的方法

用 AutoCAD 对图形进行尺寸标注的方法及步骤如下:

(1)建立一个新图层用于区别尺寸标注与其他图层;

(2)建立专门的尺寸标注所需的文本类型;

(3)通过"标注式样"对话框及其子对话框设置尺寸标注的比例因子、尺寸格式、尺寸线、尺寸界线、尺寸箭头、尺寸文本、尺寸单位、尺寸精度、公差等;

(4)保存或输出用户所做的设置,以提高作图的效率;

（5）设置常用的目标（如端点、中点、节点等）捕捉方式，以便快速、准确地找出标注对象的特征点；

（6）用尺寸标注命令标注尺寸，对不符合要求的部分用尺寸标注编辑命令进行编辑。

3. 尺寸标注命令

1) 线性尺寸标注

线性尺寸标注主要有水平和垂直型、对齐型、基线型、连续型 4 种尺寸标注方式，它们可用于不同情况下标注图形的长度尺寸。

（1）水平和垂直型尺寸标注命令 DIMLINEAR 的执行方式有以下 3 种。

① 命令行：DIMLINEAR。

② 下拉菜单："标注" → "线性(L)"。

③ 图标菜单：▱。

"DIMLINEAR"命令可用于标注水平和垂直或旋转的尺寸。选择此命令后，命令行显示如下。

```
命令：_dimlinear
指定第一条尺寸界线起点或〈选择对象〉：
指定第二条尺寸界线起点：指定尺寸线位置或
[多行文字(M)/ 文字(T)/ 角度(A)/ 水平(H)/ 垂直(V)/ 旋转(R)]：
```

"指定第一条尺寸界线起点或〈选择对象〉："将会有以下两种响应。

① 如果按回车键或单击鼠标右键，则提示用户直接选择要进行尺寸标注的对象，选择对象后，系统将会自动标注。

② 如果指定第一条尺寸界线的原点，则系统继续提示用户指定第二条尺寸界线的原点。

"指定第二条尺寸界线起点："确定第二条尺寸界线的原点后，将显示以下提示："指定尺寸线位置或[多行文字(M)/ 文字(T)/ 角度(A)/ 水平(H)/ 垂直(V)/ 旋转(R)]："

如果用户指定一个点，则 AutoCAD 便用该点来定位尺寸线，并因此确定了尺寸界线的绘制方向，随后以测量值为默认值标注尺寸文本。提示中的各选项的含义如下所述。

① 多行文字(M)：用于指定或增加多行尺寸文本，会弹出"多行文字编辑器" 对话框。

② 文字(T)：用于指定或增加尺寸文本。

③ 角度(A)：用于改变尺寸文本的角度。

④ 水平(H)：强制进行水平尺寸标注。

⑤ 垂直(V)：强制进行垂直尺寸标注。

⑥ 旋转(R)：进行旋转型尺寸标注，使尺寸标注旋转指定的角度。

（2）对齐型尺寸标注命令 DIMALIGNED 的执行方式有以下 3 种。

① 命令行：DIMALIGNED。

② 下拉菜单："标注" → "对齐(G)"。

③ 图标菜单：▱。

"DIMALIGNED"命令标注的尺寸线与尺寸界线的两个原点的连线平行。若是圆弧，则"DIMALIGNED"命令标注的尺寸线与圆弧的两个端点所产生的弦保持平行。命令执行后其提示中的各选项的含义与"DIMLINEAR"命令相同。

(3)基准型、连续型尺寸标注命令 DIMBASELINE、DIMCONTINUE 的执行方式有以下 3 种。

① 命令行:DIMBASELINE 或 DIMCONTINUE。

② 下拉菜单:"标注"→"基线(B)"或"标注"→"连续(C)"。

③ 图标菜单: 或 。

"DIMBASELINE"命令用于在图形中以第一尺寸线为基准标注图形尺寸。"DIMCONTINUE"命令用于在同一尺寸线的水平或垂直方向上连续标注尺寸。

2)圆弧形尺寸标注

圆弧形尺寸标注主要有半径、直径及圆心标注 3 种方式。

(1)直径型尺寸标注命令 DIMDIAMETER 的执行方式有以下 3 种。

① 命令行:DIMDIAMETER。

② 下拉菜单:"标注"→"直径(D)"。

③ 图标菜单: 。

"DIMDIAMETER"命令用于标注圆或圆弧的直径,直径型尺寸标注中的尺寸数字带有前缀"φ"。选择"DIMDIAMETER"命令后会显示如下提示。

```
命令:_dimdiameter
选择圆弧或圆:
标注文字 =
指定尺寸线位置或[多行文字(M)/文字(T)/角度(A)]:
```

"选择圆弧或圆:"让用户选择要标注的圆弧或圆。选择后将显示以下提示:"指定尺寸线位置或[多行文字(M)/文字(T)/角度(A)]:",该提示要求用户指定尺寸线的位置或输入尺寸文本和尺寸文本的标注角度。

(2)半径型尺寸标注命令 DIMRADIUS 的执行方式有以下 3 种。

① 命令行:DIMRADIUS。

② 下拉菜单:"标注"→"半径(R)"。

③ 图标菜单: 。

"DIMRADIUS"命令用于标注圆或圆弧的半径,命令执行时显示的提示与"DIMAIMETER"命令执行时显示的提示基本类似。"DIMRADIUS"命令标注的尺寸线只有一个箭头,并且尺寸标注中尺寸数字的前缀为"R"。

(3)圆心标注命令 DIMCENTER 的执行方式有以下 3 种。

① 命令行:DIMCENTER。

② 下拉菜单:"标注"→"圆心标记(M)"。

③ 图标菜单: 。

该命令可创建圆或圆弧的中心标记或中心线。

3)角度型尺寸标注

角度型尺寸标注命令 DIMANGULAR 的执行方式有以下 3 种。

① 命令行:DIMANGULAR。

② 下拉菜单:"标注"→"角度(A)"。

③ 图标菜单: 。

"DIMANGULAR"命令能够精确地生成并测量对象之间的夹角。它可用来标注两直线之间的夹角、圆弧或圆的一部分的圆心角,或者任何不共线的三点的夹角。标注角度的尺寸线是弧线,尺寸线的位置随光标指定。选择"DIMANGULAR"命令后会显示如下提示。

```
命令:_dimangular
选择圆弧、圆、直线或＜指定顶点＞:
选择第二条直线:
指定标注弧线位置或[多行文字(M)/文字(T)/角度(A)]:
标注文字 = 44
```

"选择圆弧、圆、直线或＜指定顶点＞:"将会有以下两类响应。

如果按回车键或单击鼠标右键,则通过用户指定的 3 个点来标注角度(这 3 点并不一定位于已存在的几何图形上),系统将显示以下提示。

```
指定角的顶点:
指定角的第一个端点:
指定角的第二个端点:
指定标注弧线位置或[多行文字(M)/文字(T)/角度(A)]:
```

如果选择的是直线,则通过指定的两条直线来标注其角度。

如果选择的是圆弧,则以圆弧的中心作为角度的顶点,以圆弧的两个端点作为角度的两个端点,来标注弧的夹角。

如果选择的是圆,则以圆心作为角度的顶点,以圆周上指定的两点作为角度的两个端点,来标注弧的夹角。

图 10-25 所示为尺寸标注的图样示例。

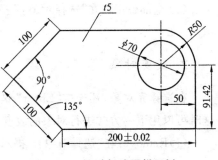

图 10-25 尺寸标注图样示例

10.3 AutoCAD 的图形编辑功能

使用 AutoCAD 可以很方便地绘制图形,但更多的情况是需要对已经绘制出来的图形进行修改,这就要用到图形编辑命令。图形编辑是指对已有图形对象进行移动、旋转、缩放、复制、删除、恢复及各种修改操作。编辑命令仍然可以通过下拉菜单、输入命令及单击图标工具来执行。

10.3.1 对象操作

已有图形中需要编辑的图形元素称为对象。因此在进行图形编辑前,先要了解对象的操作。

1. 选择对象

在输入一个编辑命令后,命令行中首先会出现如下提示:"选择对象:",此时,十字光标将会变成一个拾取框,如图 10-26 所示。用户可在该提示符后直接以默认的方式选择对象,也可指定选择对象的方法。AutoCAD 提供多种对象选择的方法,现将这些选择方法说明如下。

(1) 单点方式(Single):是最常用也是最简单的选择方法,同时也是系统默认的方式,一次只能选中一个对象。操作时,用户只要将鼠标的光标直接移动到编辑对象实体上的任一点单击,则

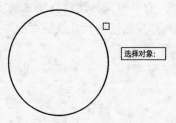

图 10-26　选择对象

该对象即被选中。此时,被选中的对象由实线变成虚线,并在命令行中显示出当前所作的选择次数、选中对象的个数。如果在选择时不小心选择了不该选择的对象,则可按住"Shift"键的同时再次选择该对象,将其从选择集中删除。

(2) 窗口(Window):在"选择对象:"提示下,按住鼠标左键从左上向右下拖拽出一个矩形窗口;或者在"选择对象:"提示下,输入"W",再确定左下角和右上角(或左上角和右下角)两点,形成一个矩形窗口。凡是完全落在该矩形窗口内的图形对象均被选中。

(3) 窗交(Crossing):在"选择对象:"提示下,按住鼠标左键从右下向左上拖拽出一个矩形窗口;或者在"选择对象:"提示下,输入"C",再确定左下角和右上角(或左上角和右下角)两点,形成一个矩形窗口。此时,除全部位于矩形窗口的对象外,还包括与窗口 4 条边界相交的所有对象均被选中。

(4) 上一个(Last):在"选择对象:"提示下,输入"L",表示作图过程中最后生成的对象被选中。

(5) 全部(All):在"选择对象:"提示下,输入"A",表示除冻结层和锁定层外的所有对象被选中。

2. 改变对象

在选择完对象,还未按"Enter"键确认的情况下,有时会发现有些不应选择的对象被选中,这时可以用下列方式进行对象的改变。

(1)Remove:在"选择对象:"提示下,输入"R",提示变为"删除对象:",再根据上述选择对象的方法选中要移走的对象。

(2)Add:如果移走了不应移走的对象,可在"删除对象:"提示下输入"A",提示变为"选择对象:",此时可选择被移走而要再次加入的对象。

(3)Undo:如发现最后选中或移走的对象有误,可在"选择对象:"提示下输入"U",表示放弃前一次选择对象的操作。

10.3.2　图形编辑命令

在 AutoCAD 中,用户要完成符合要求的图形,就必须对由基本绘图命令绘制出的图形进行编辑加工。下面介绍常用的图形编辑命令。图形编辑命令主要集中在"修改"下拉菜单中,如图 10-27 所示。

1. 删除命令(ERASE)

此命令用来擦除图形中被选中的对象,其执行方式有以下 4 种。

(1) 命令行:ERASE。

(2) 下拉菜单:"修改" → "删除(E)"。

(3) 图标菜单: 。

（4）选择要删除的对象后，按键盘上的"Delete"键。

2. 恢复命令（OOPS）

此命令用来恢复上一次用"ERASE"命令所删除的对象，并用于恢复建立图块后所消失的图形。该命令只对最后一次使用的"ERASE"命令有效。该命令可在命令行输入。

3. 放弃与重做命令（UNDO、REDO）

这是一对相反的命令，有时因为意外删除了不该删除的对象，可以用"放弃"（UNDO）命令来恢复意外删除的对象，即放弃前面的删除操作。而"重做"（REDO）命令是用来重做用"UNDO"命令所放弃的操作。如果连续使用"UNDO"命令放弃操作，那么只有最后放弃的一个操作才可以用"REDO"命令恢复。

4. 复制命令（COPY）

该命令可用来多重复制被选定的对象，命令的执行方式有以下 3 种。

（1）命令行：COPY。

（2）下拉菜单："修改"→"复制（Y）"。

（3）图标菜单：⬚。

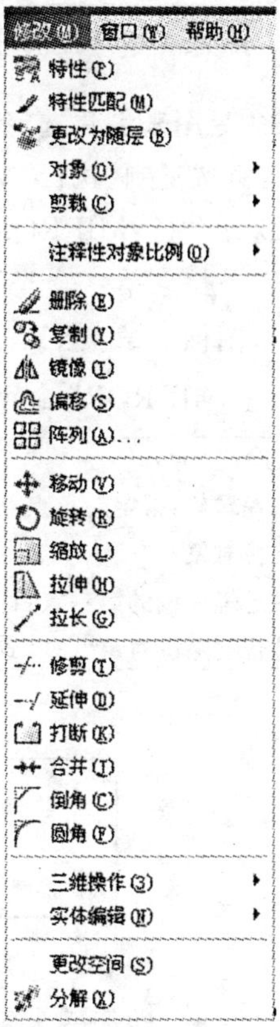

图 10-27　"修改"下拉菜单

选择"COPY"命令后命令行出现"选择对象："提示，这时需选择复制对象，然后按"Enter"键，在选择对象上指定基点，再指定新的点来放置对象。该命令可以指定多个点来进行多重复制。

以下为复制命令的实例。

命令：_copy	（如图 10-28 所示）
选择对象：	（在图中选五边形）
选择对象：	（回车，结束选择）
当前设置：复制模式 ＝ 多个	
指定基点或[位移(D)/ 模式(O)]＜ 位移 ＞：	（指定基点 A）
指定基点或[位移(D)/ 模式(O)]＜ 位移 ＞:指定第二个点或 ＜ 使用第一个点作为位移 ＞:（指定位移点 B,该五边形复制到新位置）	
指定第二个点或[退出(E)/ 放弃(U)]＜ 退出 ＞:（指定位移点 C）	

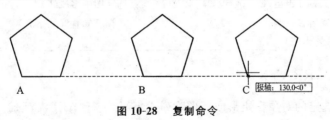

图 10-28　复制命令

5. 镜像命令(MIRROR)

该命令用来创建选定对象的关于指定直线对称的图形,镜像时可删去原图形,也可保留原图形,称为镜像复制。执行"MIRROR"命令有以下 3 种方式。

(1) 命令行:MIRROR。

(2) 下拉菜单:"修改"→"镜像(I)"。

(3) 图标菜单: 。

执行"MIRROR"命令后命令行出现"选择对象:"提示。

命令:_mirror	(如图 10-29 所示)
选择对象:指定对角点:找到 3 个	(图中虚线部分为选中的对象)
选择对象:	(回车,结束选择)
指定镜像线的第一点:指定镜像线的第二点:	(分别指定镜像线上的1、2 两点)
是否删除源对象?[是(Y)/ 否(N)]＜N＞:	(按回车键,不删除原图形)

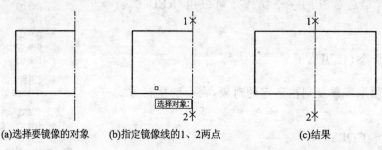

(a)选择要镜像的对象　　(b)指定镜像线的1、2 两点　　(c)结果

图 10-29　镜像命令

6. 偏移命令(OFFSET)

偏移命令用来画出指定对象的偏移,即生成原对象的等距线。直线的等距线为等长的平行线,圆弧的等距线为等圆心角的同心圆弧,多段线的等距线也为多段线。执行"OFFSET"命令有以下 3 种方式。

(1) 命令行:OFFSET。

(2) 下拉菜单:"修改"→"偏移(S)"。

(3) 图标菜单: 。

偏移命令的提示如下。

命令:_offset	(如图 10-30 所示)
当前设置:删除源 = 否　　图层 = 源 OFFSETGAPTYPE = 0	
指定偏移距离或[通过(T)]＜1.0000＞:	(输入距离:10)
选择要偏移的对象,或[退出(E)/ 放弃(U)]＜退出＞:	(选择图中多段线)
指定点以确定偏移所在一侧:	(选择已知直线的下方)
(后两个提示将重复出现)	

7. 阵列命令(ARRAY)

该命令用来对选定的对象作矩形或环形阵列式复制。执行"ARRAY"命令有以下 3 种方式。

(1) 命令行:ARRAY。

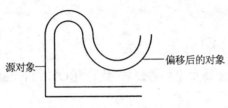

源对象 ——　　　　　—— 偏移后的对象

图 10-30　偏移命令

（2）下拉菜单："修改"→"阵列（A）"。

（3）图标菜单：██。

矩形阵列图例如图 10-31（a）所示，环形阵列图例如图 10-31（b）所示。

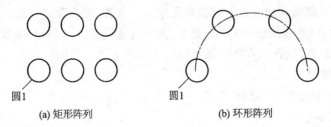

圆1　　　　　　　　　　　　　圆1

　　（a）矩形阵列　　　　　　　　　　（b）环形阵列

图 10-31　阵列命令

矩形阵列命令的提示如下。

命令：_array	
选择对象：找到 1 个	（选择圆 1，命令行继续出现提示）
选择对象：	（按"Enter"键或鼠标右键结束对象选择）
输入阵列类型[矩形（R）/ 环形（P）]〈R〉：	（按"Enter"键或"R"键选择矩形阵列）
输入行数（---）〈1〉：2	（输入矩形阵列的行数 2）
输入列数（｜｜｜）〈1〉：3	（输入矩形阵列的列数 3）
输入行间距或指定单位单元（---）：40	（输入矩形阵列的行间距）
指定列间距（｜｜｜）：30	（输入矩形阵列的列间距）
（上述行间距为正数时向上复制，为负数时向下复制；列间距为正数时向右复制，为负数时向左复制）	

环形阵列命令的提示如下。

命令：_array	
选择对象：找到 1 个	（选择圆 1，命令行继续出现提示）
选择对象：	（按"Enter"键或单击鼠标右键结束对象选择）
输入阵列类型[矩形（R）/ 环形（P）]：	（选择环形阵列）
指定阵列中心点：	（指定阵列中心点，辅助圆弧圆心点）
输入阵列中项目的数目：4	（输入图形复制的个数）
指定填充角度（+= 逆时针，−= 顺时针）〈360〉：-180	（指定环形复制图形所占角度）

8. 移动命令（MOVE）

移动命令是指改变对象在坐标系中的位置。执行"MOVE"命令有以下 3 种方式。

（1）命令行：MOVE。

（2）下拉菜单："修改"→"移动（V）"。

（3）图标菜单：＋。

9. 旋转命令（ROTATE）

旋转命令用来对指定对象绕指定中心旋转。执行"ROTATE"命令有以下 3 种方式。

（1）命令行：ROTATE。

（2）下拉菜单："修改"→"旋转（R）"。

（3）图标菜单：○。

10. 修剪命令（TRIM）

修剪命令是使对象精确地终止于其他对象定义的边界。该命令是在指定剪切边界线（直线或曲线）后，对指定对象（直线或曲线）进行修剪，并且可连续进行。同一对象既可作为剪切边界，也可同时作为被剪切对象。执行"TRIM"命令有以下 3 种方式。

（1）命令行：TRIM。

（2）下拉菜单："修改"→"修剪（T）"。

（3）图标菜单：＋。

修剪命令的图例如图 10-32 所示。

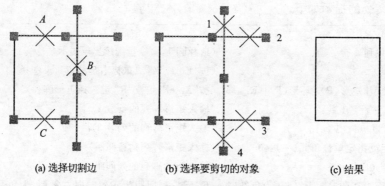

| (a) 选择切割边 | (b) 选择要剪切的对象 | (c) 结果 |

图 **10-32** 修剪命令

修剪命令的提示如下。

```
命令：_trim
当前设置：投影 = UCS 边 = 无
选择剪切边 …
选择对象：找到 3 个        （选择作为剪切边的对象，如图 10-32(a) 中的 A、B、C）
选择对象：              （按 Enter 键或单击鼠标右键结束剪切边的选择）
选择要修剪的对象或［投影（P）/边（E）/放弃（U）］：（选择要剪切的对象，如图 10-32(b) 中的 1～4）
```

11. 延伸命令（EXTEND）

该命令是指在指定边界线后，将要延伸的对象延伸到与边界线相交，并且可连续进行。执行"EXTEND"命令有以下 3 种方式。

（1）命令行：EXTEND。

（2）下拉菜单："修改"→"延伸（D）"。

（3）图标菜单：。

延伸命令的图例如图 10-33 所示。

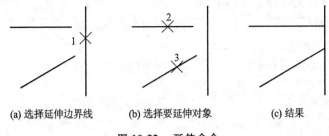

(a) 选择延伸边界线　　(b) 选择要延伸对象　　(c) 结果

图 10-33　延伸命令

延伸命令的提示如下。

命令：_extend
当前设置：投影 ＝ UCS 边 ＝ 无
选择边界的边 …
选择对象：找到 1 个　　　　　　（选择延伸边界线，如图 10-33(a) 中的 1）
选择对象：　　　　　　　（按"Enter"键或单击鼠标右键结束延伸边界线的选择）
选择要延伸的对象或［投影(P)／边(E)／放弃(U)］：（选择要延伸对象，如图 10-33(b) 中 的 2、3）

12. 打断命令（BREAK）

该命令用来将对象一分为二或切掉对象的一部分。执行"BREAK"命令有以下 3 种方式。

（1）命令行：BREAK。

（2）下拉菜单："修改" → "打断(K)"。

（3）图标菜单：。

打断命令的提示如下。

命令：　　　　　　　　　　　　（如图 10-34 所示）
指定第二个打断点或［第一点(F)］：_f　　（选择直线）
指定第一个打断点：　　　　　　（选择直线上的点 1）
指定第二个打断点：@　　　　　（直线被分成两部分）
命令：　　　　　　　　　　　　（如图 10-35 所示）
命令：_break 选择对象：　　　　（选择直线上的点 1）
指定第二个打断点或［第一点(F)］：　（选择直线上的点 2，同理可操作 3、4 所在直线）

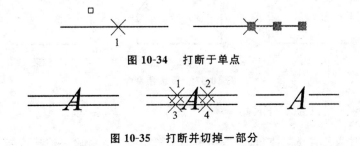

图 10-34　打断于单点

图 10-35　打断并切掉一部分

13. 合并命令(JOIN)

合并对象的命令根据合并对象的类型不同,操作和提示也不同。

命令:_join 选择源对象:	(选择 1 点所在的弧)
选择圆弧,以合并到源或进行[闭合(L)]:	(选择 2 点所在的弧)
选择要合并到源的圆弧:找到 1 个	(结果如图 10-36(b)所示)
已将 1 个圆弧合并到源	
命令:_join 选择源对象:	(选择 1 点所在的弧)
选择圆弧,以合并到源或进行[闭合(L)]:L	(键入闭合命令 L,结果如图 10-36(c)所示)
已将圆弧转换为圆。	

(a) 原图   (b) 合并两段弧   (c) 将弧合并成圆

图 10-36 合并命令

14. 倒圆角命令(FILLET)

该命令用来在直线、圆弧或圆间按指定半径作圆角,也可以对多段线倒圆角。在倒圆角的过程中,若倒圆角的两个对象具有相同的图层、线型和颜色时,生成的圆角对象也相同;否则,按当前图层的线型和颜色生成圆角。执行"FILLET"命令有以下 3 种方式。

(1) 命令行:FILLET。

(2) 下拉菜单:"修改" → "圆角(F)"。

(3) 图标菜单: 。

倒圆角命令的图例如图 10-37 所示,该命令的提示如下。

命令:_fillet
当前设置:模式 = 修剪,半径 = 0.0
选择第一个对象或[放弃(U)/多段线(P)/半径(R)/修剪(T)/多个(M)]:r(修改半径)
指定圆角半径＜0.0＞:10
选择第一个对象或[放弃(U)/多段线(P)/半径(R)/修剪(T)/多个(M)]:m(设置倒多个圆角)
选择第一个对象或[放弃(U)/多段线(P)/半径(R)/修剪(T)/多个(M)]:(点选各边)

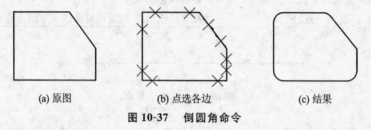

(a) 原图   (b) 点选各边   (c) 结果

图 10-37 倒圆角命令

15. 倒角命令(CHAMFER)

该命令用来对两条直线倒棱角,即按给定的距离用一条直线段来连接两条直线,也可以对多段线倒棱角。执行"CHAMFER"命令有以下 3 种方式。

(1) 命令行：CHAMFER。

(2) 下拉菜单："修改"→"倒角(C)"。

(3) 图标菜单：。

倒角有如下两种方法。

(1) 距离方法：由第一倒角距和第二倒角距确定，如图 10-38(a) 所示。

(2) 角度方法：由第一直线的倒角距和倒角角度确定，如图 10-38(b) 所示。

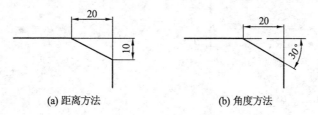

(a) 距离方法　　　　　　　(b) 角度方法

图 10-38　倒角命令

倒角命令的提示如下。

```
命令：_chamfer
("修剪"模式) 当前倒角距离 1 = 20.0000,距离 2 = 10.0000
选择第一条直线或[多段线(P)/ 距离(D)/ 角度(A)/ 修剪(T)/ 方法(M)]:
选择第二条直线：
命令：_chamfer
("修剪"模式) 当前倒角长度 = 20.0,角度 = 30
选择第一条直线或[多段线(P)/ 距离(D)/ 角度(A)/ 修剪(T)/ 方法(M)]:
选择第二条直线
```

16．分解命令(EXPLODE)

分解命令是将多义线、标注、图案填充、块或三维实体等有关联性的合成对象分解为单个元素，又称为"炸开对象"。该命令的执行方式有以下 3 种。

(1) 命令行：EXPLODE。

(2) 下拉菜单："修改"→"分解(X)"。

(3) 图标菜单：。

17．对象特性修改命令(DDMODIFY)

该命令用来改变图形对象的各种特性，如对象的颜色、图层、线型及文字等都可以通过此命令来进行修改。该命令的执行方式有以下 3 种。

(1) 命令行：DDMODIFY。

(2) 下拉菜单："修改"→"对象特征(O)"。

(3) 图标菜单：。

在执行该命令后，将弹出如图 10-39 所示的对话框。用户可根据其中的提示进行操作。

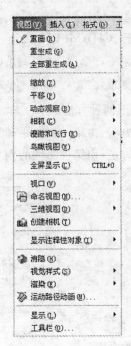

图 10-39　特性修改对话框　　　　　　　图 10-40　"视图"下拉菜单

10.4　视图显示及辅助绘图命令

10.4.1　视图显示命令

AutoCAD 提供强大的图形显示控制功能。显示控制功能用于控制图形在屏幕上的显示方式,但显示方式的改变只改变图形的显示尺寸,并不改变图形的实际尺寸,即仅仅改变了图形给人们留下的视觉效果。本节主要介绍几种基本的显示控制功能。视图显示命令集中在"视图"下拉菜单中,如图 10-40 所示。

1. 控制图形缩放显示命令(ZOOM)

"ZOOM"命令用于缩小或放大图形在屏幕上的可见尺寸,它是绘图过程中最常用的命令之一。"ZOOM"命令的执行方式有以下 3 种。

(1) 命令行:ZOOM。

(2) 下拉菜单:"视图"→"缩放(Z)","缩放"命令的级联菜单如图 10-41 所示。

(3) 图标菜单: 。

以下分别介绍"缩放"命令级联菜单的主要内容。

(1) 实时(R):选择该选项后,光标的形状变成一个放大镜,此时用户可按住鼠标左键上下移动鼠标来放大或缩小图形。鼠标向上移动则放大图形,向下移动则缩小图形。如果要退出缩放状态,可按"Esc"键或"Enter"键。

(2) 上一步(P):在执行"ZOOM"命令的过程中恢复上一次显示状态下的图形。

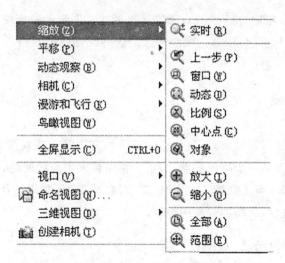

图 10-41　"缩放"命令级联菜单

（3）窗口（W）：缩放显示由两个对角点所指定的矩形窗口内的图形。选择该选项后，AutoCAD 要求用户在屏幕上指定两个点，以确定矩形窗口的位置和大小。

（4）动态（D）：动态显示图形中由视图框选定的区域内的图形。

（5）比例（S）：根据输入的组合系数缩放显示图形。

（6）中心点（C）：让用户指定一个中心点及缩放系数，或者一个高度值，AutoCAD 按该缩放系数或相应的高度值缩放中心点区域的图形。

（7）全部（A）：选择该选项将满屏显示整个图形范围，即使图形超出图形界限之外。

（8）范围（E）：最大限度地满屏显示视图区内的图形。

2．平移显示图形命令（PAN）

"PAN"命令用于在不改变图形缩放显示的条件下平移图形，可使图中的特定部分位于当前的视区中，以便查看图形的不同部分。该命令的执行方式有以下 3 种。

（1）命令行：PAN。

（2）下拉菜单："视图"→"平移（P）"。

（3）图标菜单：。

"PAN"命令在执行时光标变为手形光标。用户只需按住鼠标左键并移动光标，就可以实现平移图形。除了可以使用"PAN"命令来平移图形外，还可以利用窗口滚动条来实现对图形的平移。

3．重画与重新生成命令（REDRAW、REGEN）

重画与重新生成命令可将当前绘图屏幕进行刷新，以消除在绘图过程中屏幕上出现的一些残留光标点，使图形显得整洁清晰。该命令的执行方式有以下 3 种。

（1）命令行："REDRAW"或"REGEN"。

（2）下拉菜单："视图"→"重画（R）"或"视图"→"重生成（G）"。

（3）图标菜单：。

与"REDRAW"命令相比,执行"REGEN"命令时生成图形的速度较慢,所用时间较长。这是因为"REDRAW"命令只是把显示器的帧缓冲区刷新一次,而"REGEN"命令则要把图形文件的原始数据全部重新计算一遍。

10.4.2 辅助定位命令

当在图中画线、圆、圆弧等对象时,定位点的最快的方法是直接在屏幕上拾取点,但是,用光标很难准确地定位对象上某一个特定的点。为解决快速精确定点的问题,系统提供了一些辅助绘图工具,包括捕捉、栅格显示、正交模式、极轴追踪、对象捕捉等。利用这些辅助工具,能提高绘图精度,简化设计与计算过程,从而加快绘图速度。

1. 捕捉(SNAP)和栅格(GRID)

捕捉用于控制间隔捕捉功能,即用于设置光标移动的间距。

栅格是显示可见的参照网格点,以便帮助用户定位对象。栅格点仅仅是一种视觉辅助工具,并不是图形的一部分,所以绘图输出时并不输出栅格点。对捕捉和栅格的设置可以通过对话框操作,选择"工具"→"草图设置"选项,会弹出如图 10-42 所示的对话框。

图 10-42　捕捉和栅格

2. 自动追踪

自动追踪功能可以使用户在特定的角度和位置绘制图形。打开自动追踪功能,执行绘图命令时,屏幕上会显示临时辅助线,帮助用户在指定的角度和位置上精确地绘制出图形对象。

自动追踪功能包括两种:极轴追踪和对象捕捉追踪。

1) 极轴追踪

在绘图过程中,当系统要求用户给出定位点时,利用极轴追踪功能可以在给定的极角方向上出现临时辅助线。如图 10-43 所示,先从点 1 到点 2 之间画一条水平线,再从点 2 到点 3 画一条线段与之成 45°角,这时可以打开极轴追踪功能,并设置极角增量为 45°,则当光标在 45°位置附近时系统将显示一条辅助线和提示。

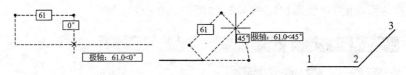

图 10-43　利用极轴追踪功能画线

关于极轴追踪的各项设置可在"草图设置"对话框中的"极轴追踪"选项卡中完成,如图 10-44 所示。

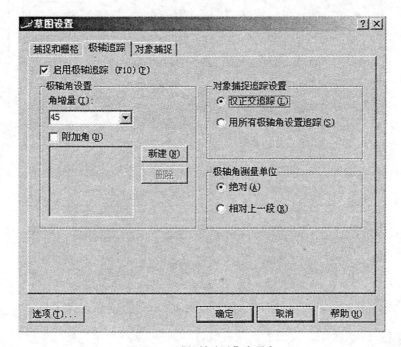

图 10-44　"极轴追踪"选项卡

2) 对象捕捉追踪

对象捕捉追踪与对象捕捉功能相关,启用对象捕捉追踪功能之前必须启用对象捕捉功能。利用对象捕捉追踪可生成基于对象捕捉点的辅助线。图 10-45 所示为利用对象捕捉追踪功能画矩形。

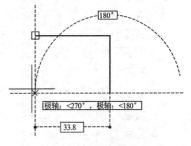

图 10-45　对象捕捉追踪的应用

3. 正交命令(ORTHO)

"ORTHO"命令用于打开或关闭正交模式。在正交模式下,不管光标移到什么位置,在屏幕上都只能绘出水平线或垂直线。该命令的打开与关闭可以按 F8 进行切换。

4. 对象捕捉

对象捕捉(Object Snap)是精确定位于对象上某点的一种重要方法,它能迅速地捕捉图形对象的端点、交点、中点、切点等特殊点和位置,从而提高绘图精度,简化设计、计算过程,提高绘图速度。设置对象捕捉模式可通过在命令行输入"OSNAP"或选择"工具"→"草图设置"选项,打开

"草图设置"对话框中的"对象捕捉"选项卡,如图 10-46 所示。

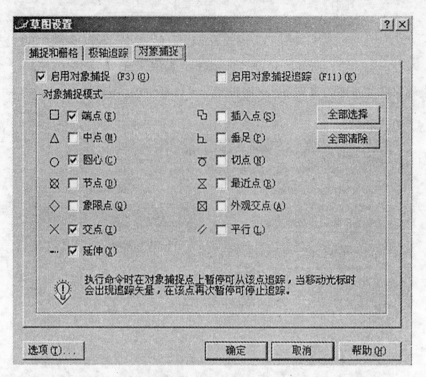

图 10-46 "对象捕捉"选项卡

图 10-47 临时对象捕捉

在操作"对象捕捉"选项卡时应注意以下几点。

(1)选择了捕捉类型后,在后续命令中要求指定点时,这些捕捉设置长期有效,作图时可以看到出现靶框要求捕捉。若要对其进行修改,需要再次启动上述对话框。

(2)为了操作方便,在状态栏中设置了对象捕捉开关。

还可利用光标菜单和工具栏进行对象捕捉。系统还提供另一种对象捕捉的操作方式,即在命令要求输入点时临时启用对象捕捉功能,此时它覆盖"对象捕捉"选项卡的设置,称为单点优先方式。此方式只是当时有效,对下一点的输入就无效了。

临时对象捕捉的两种启用方式如下。

(1)对象捕捉光标菜单。在命令要求输入点时,同时按"Shift"键和鼠标右键,在屏幕上当前光标处出现对象捕捉光标菜单,如图 10-47 所示。

(2)"对象捕捉"工具栏。"对象捕捉"工具栏如图 10-48 所示,选择"视图"→"工具栏"选项,弹出"工具栏"对话框,在该对话框中选中"对象捕捉"复选框,即可使"对象捕捉"工具栏显示在屏幕上。从内容上看,它和对象捕捉光标菜单类似。

图 10-48　"对象捕捉"工具栏

5. 动态输入

动态输入提供一种在鼠标指针位置附近显示命令提示、输入数据或选项的模式。打开或关闭动态输入模式用"DYN"按钮来完成，快捷键为 F12。

动态输入的设置方法为：用鼠标右键单击"DYN"按钮，打开"动态输入"选项卡，如图 10-49 所示。

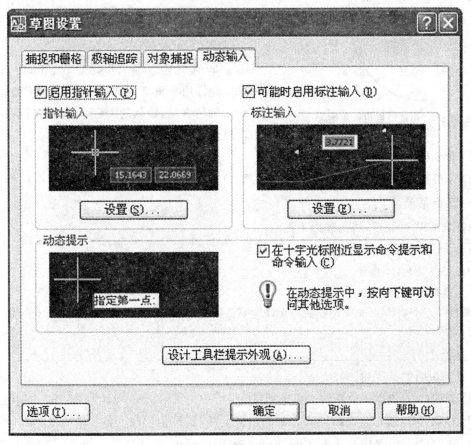

图 10-49　"动态输入"选项卡

各项设置的含义如下所述。

（1）启用指针输入：当一个命令在执行时，在指针附近会出现工具提示框，在这个提示框内，可以与在命令栏中的操作一样输入坐标等数据。如图 10-50 所示，在图 10-50（a）中的 48.5 的提示框中直接输入"60"，在图 10-50（b）中的 ＜35° 的提示框中直接输入"30"，其结果如图 10-50（c）所示。

（2）动态提示：动态提示打开后，在指针附近出现提示框，并可以用键盘箭头键"↓"来打开命令选项，用鼠标选择并执行，用"↑"键关闭当前输入。如图 10-50（b）中输入框前面的提示框。

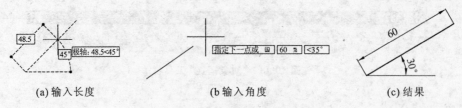

| (a) 输入长度 | (b 输入角度 | (c) 结果 |

图 10-50 启用指针输入和动态提示

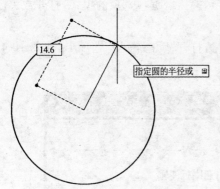

图 10-51 可能时启用标注输入

(3) 可能时启用标注输入：在绘制圆、椭圆、弧、直线、多义线等图形时，该功能能用于显示距离和角度等数值选项，并可以输入。当有多个选项，如距离和角度时，可以用"Tab"键来切换输入的选项，如图 10-51 所示。

10.4.3 用户坐标系(UCS)

UCS 即用户坐标系(User Coordinate System)，AutoCAD 允许用户重新定义直角坐标系统的原点位置及 X、Y、Z 轴的方向，默认的 UCS 与世界坐标系 WCS 相同。用户坐标系的操作有以下 3 种方式。

(1) 命令行：UCS。

(2) 下拉菜单："工具"→"新建 UCS(E)"。

(3) 图标菜单：。

执行"UCS"命令后，将出现以下提示。

```
命令:UCS
当前 UCS 名称: * 世界 *
输入选项
[新建(N)/ 移动(M)/ 正交(G)/ 上一个(P)/ 恢复(R)/ 保存(S)/ 删除(D)/ 应用(A)/?/ 世界(W)]
＜世界＞:
```

其选项说明如下所述。

(1) 新建(N)：建立一个新的直角坐标系。

(2) 移动(M)：通过改变原点或 Z 轴的位移设置 UCS，但不改变各个轴的方向。

(3) 正交(G)：设置预置视图，即 6 个基本视图。

(4) 上一个(P)：恢复上一次的 UCS 为当前 UCS。

(5) 恢复(R)：把命名保存的一个 UCS 恢复为当前 UCS。

(6) 保存(S)：把当前 UCS 命名保存。

(7) 删除(D)：删除一个命名保存的 UCS。

(8) 应用(A)：将 UCS 应用到指定的视图或全部视图。

(9)?：列出保存的 UCS 名表。

(10) 世界(W)：把世界坐标系 WCS 定义为当前 UCS。

10.5　图块与图案填充

10.5.1　图块的定义和使用

在绘图过程中,常常需要在不同的位置,以不同比例和旋转角度绘制一些形状完全相同的图形,最有效的方法就是把这些需重复绘制的图形先定义成图块,然后用图块插入的方式启用。图块是 AutoCAD 加快图形处理的一项重要功能。图块(Block)是由一个或多个对象组成的集合,通过建立块,可以将多个对象作为一个整体来操作。

1. 图块的定义

要调用图块必须首先定义图块,图块的定义方法有以下 3 种。

(1) 命令行:BMAKE。

(2) 下拉菜单:"绘图"→"块(K)"→"创建(M)"。

(3) 图标菜单: 。

执行"BMAKE"命令后,将弹出"块定义"对话框,可按以下顺序操作,如图 10-52 所示。

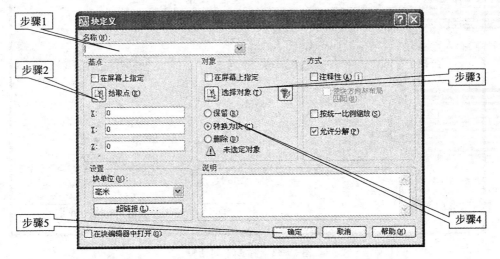

图 10-52　"块定义"对话框

步骤 1:在"名称"栏中输入块名。

步骤 2:单击"拾取点"按钮,在图形中拾取基准点,也可以直接输入坐标值。

步骤 3:单击"选择对象"按钮,在图形中选择定义块的对象,对话框中显示块成员的数目。

步骤 4:若选中"保留"单选按钮,则块定义后保留原图形,否则原图形将被删除。

步骤 5:单击"确定"按钮,完成块的定义,它将作为内部块保存在当前图形中。

2. 写入块文件

该命令可以把图形对象保存为图形文件或把块转换为图形文件,其执行方式如下所述。

(1) 命令行:WBLOCK。

（2）命令别名：W。

3. 图块的插入

在图块制作完成后便可用图块插入命令在相应图形中调用。图块的插入方法有以下 3 种。

（1）命令行：DDINSERT。

（2）下拉菜单："插入"→"块（B）"。

（3）图标菜单： 。

执行"DDINSERT"命令后，将弹出"插入"对话框，如图 10-53 所示。其对话框中各项的说明如下。

（1）在"名称"栏中输入要插入的图块名。

（2）在"插入点"栏目中输入插入点坐标或选择"在屏幕上指定"。

（3）在"比例"栏目中输入缩放比例或选择"在屏幕上指定"。

（4）在"旋转"栏目中输入旋转角度或选择"在屏幕上指定"。

（5）"分解"选项决定图块插入后是否为一个对象。

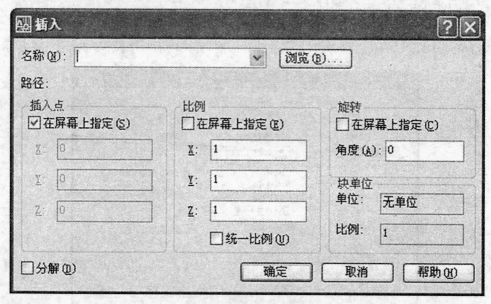

图 10-53　"插入"对话框

4. 块的属性

属性是块的文本对象，是块的一个组成部分，它与块的图形对象共同组成块的全部内容。例如，将表面粗糙度的符号定义为块的时候，还需要加入粗糙度值。利用定义块属性的方法可以方便地加入需要的内容。

定义块属性命令的执行方式有以下 3 种。

（1）命令行：ATTDEF。

（2）菜单栏："绘图"→"块"→"定义属性"。

（3）命令别名：ATT。

块的创建图例如图 10-54 所示，创建一个表面粗糙度的块。

(1) 在绘图区画出粗糙度符号	(如图 10-54(a) 所示)
(2) 命令：_attdef	(定义块的属性，在如图 10-54(d) 中设置，其结果如图 10-54（b）所示)
	(设置标记为 CCD，提示为输入粗糙度值，并进行文字设置，单击确定，在粗糙度符号相应位置放置 CCD)
(3)_block	(创建块，如图 10-54（e）所示，名称为粗糙度，基点为粗糙度符号最下面的顶点，对象为粗糙度符号及其上的属性)
(4) 命令：_insert	(插入块，结果如图 10-54（c）所示)
指定插入点或［基点(B)/ 比例(S)/X/Y/Z/ 旋转(R)]：	
输入属性值	(确定插入点)
输入粗糙度值＜3.2＞:1.6	(确定粗糙度值)

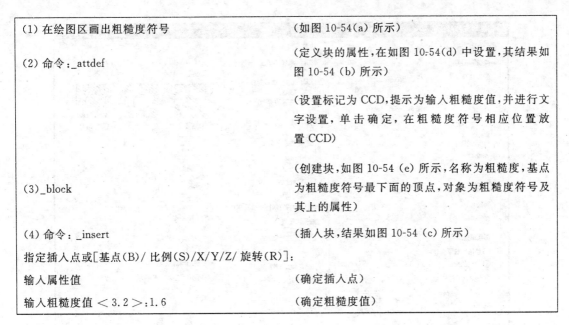

(a) 画粗糙度符号　　　　(b)完成粗糙的标记　　　　(c) 插入块

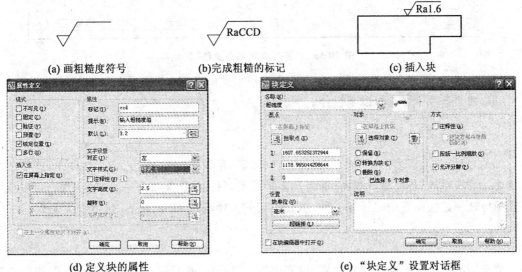

(d) 定义块的属性　　　　　(e) "块定义" 设置对话框

图 10-54　块的创建及插入

10.5.2　图案填充

在绘图中，经常需要对图形中的某些区域或断面填充某种特定的图案，填充是 AutoCAD 中一种重要的绘图技术。在机械制图中这种图案称为剖面符号，并且是用一组等距的斜平行线来表示的，所以我们一般简称它为"剖面线"。剖面线就是一个块。

执行图案填充命令时系统将弹出"图案填充和渐变色"对话框，如图 10-55 所示。

图案填充命令的执行方式有以下 3 种。

(1) 命令行：HATCH。

(2) 下拉菜单："绘图" → "图案填充(H)"。

(3) 图标菜单：⬚。

图 10-55　"图案填充和渐变色"对话框

"图案填充和渐变色"对话框中包含两个选项卡:"图案填充"选项卡和"渐变色"选项卡。对这两个选项卡要进行以下操作。

1. 填充图案

AutoCAD 包含了多达 68 种不同的预定义图案,存放于"ACAD.PAT"文件中,这些图案包括砖块、木材、草地、各种材质截面、铺地及多种线型。每一种图案都有一个名字,用户可以根据名字或图标选用这些图案中的任意一种。填充图案的选择可在"图案填充"选项卡中完成。

2. 填充边界

填充图案时应首先确定填充边界。填充边界可以是圆,也可以是由曲线、多义线、弧等以端点相接围成的形体,并且必须在当前屏幕上全部可见。边界必须首尾相连,形成封闭区域,否则会出现或生成错误的填充。选择"添加:拾取点"或"添加:选择对象"可确定填充边界。

3. 填充方式

填充图案前也应先确定填充方式,AutoCAD 提供的填充方式有 3 种,即"普通"、"外部"、"忽略"。

(1) 以"普通"方式填充时,从最外层的外边界向内边界交替进行填充,直到选定边界填充完毕。

(2) 以"外部"方式只填充最外层与向内第一边界之间的区域。

(3) 以"忽略"方式填充时,忽略最外层边界内的其他任何实体,从最外层边界向内填充全部区域。

10.6　绘制二维图形

10.6.1　制作样板文件

作为一张标准图纸,除了需要绘制图形外,还要求设置图纸大小,绘制图框线和标题栏,而对于图形本身而言,需要设置图层以绘制图形的不同部分,设置不同的线型和线宽表达不同的含义,设置不同的图线颜色以区分图形的不同部分等,所有这些都是绘制一幅完整图形不可或缺的工作。而这些对于大多数用户来说,往往具有相对的稳定性,或者只有有限的几种格式。为方便绘图和提高绘图效率,往往将这些绘制图形的基本的作图格式和通用的设置绘制成一张基础图形,进行初步或标准的设置,这种基础图形称为样板图。

下面为本节中设置的基本格式。

(1) 文本高度:一般注释 7 mm。

(2) 零件名称:10 mm。

(3) 标题栏中其他文字:5 mm。

(4) 尺寸文字:5 mm。

(5) 单位制及精度:十进制,小数点后 0 位,角度小数点后 0 位。

(6) 图层约定:如表 10-1 所示。

(7) 文字样式:设置 4 种文字样式,分别用于一般注释、标题块中的零件名、标题块注释及尺寸标注。

表 10-1　样板图图层设置

图 层 名	颜　色	线　型	线　宽	用　途
BORDEN	7(黑色)	CONTINUOUS	0.5	图框线
CENTER	2(黄色)	CENTER	0.25	中心线
DASH	1(红色)	DASH	0.25	虚线
OUTLINE	5(深蓝色)	CONTINUOUS	0.5	可见轮廓线
T-NOTES	6(紫色)	CONTINUOUS	0.25	标题栏注释
NOTES	7(黑色)	CONTINUOUS	0.25	一般注释
HATCH	5(深蓝色)	CONTINUOUS	0.25	填充剖面线
DIM	3(绿色)	CONTINUOUS	0.25	尺寸标注

1. 设置单位

选择"格式"→"单位(U)"命令后,AutoCAD 弹出如图 10-56 所示的"图形单位"对话框。在其中设置"长度"的"类型"为"小数","精度"为"0";"角度"的"类型"为"十进制度数","精度"为"0",系统默认逆时针方向为正。

2. 设置图形边界

国家标准对图形的幅面大小作了严格的规定,在这里,根据图形的大小和复杂程度,选择国

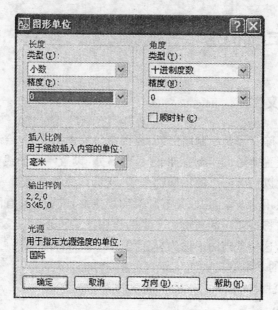

图 10-56　设置单位

标 A3 图纸幅面设置图形边界。A3 图纸的幅面为 420mm×297mm,故设置图形边界的步骤如下。

命令：limits
重新设置模型空间界限：
指定左下角点或[开(ON)/关(OFF)]＜0,0＞：
指定右上角点＜420,297＞：

选择"格式"→"图层"命令,按照表 10-1 中的约定,对层名、图层颜色、线型及线宽分别进行设置,如图 10-57 所示。

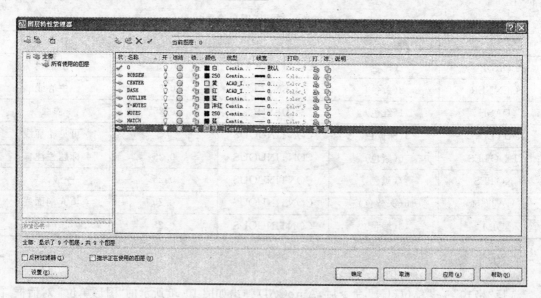

图 10-57　设置图层

3. 设置文字格式

选择"格式"→"文字样式(S)"命令后,AutoCAD 弹出如图 10-58 所示的"文字样式"对话框。设置如下 3 种文字样式。

(1) 样式 1:字体为"仿宋 GB2312",字高为 10,宽度比例为 0.7,用于标题栏中的零件名。

(2) 样式 2:字体为"仿宋 GB2312",字高为 5,宽度比例为 0.7,用于标题栏注释。

(3) 样式 3:字体为"仿宋 GB2312",字高为 7,宽度比例为 0.7,用于图中一般注释。

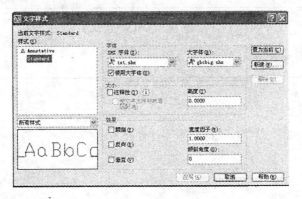

图 10-58　设置文字样式

4. 绘制图框线(见 10.2.1 节常用绘图命令中的直线命令部分)

5. 绘制标题栏

标题栏位于图框的右下角,绘制标题栏可以先在图框的右下角用"LINE"命令和有关编辑命令直接绘制出标题栏图框,然后再在其中插入文字。

(1) 绘制标题栏图框,如图 10-59 所示。

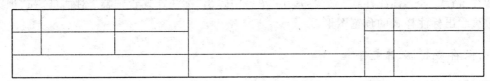

图 10-59　标题栏初步外形

(2) 注写标题栏内的项目文字:设置"T-NOTES"层为当前层,选择"绘图"→"文字"→"多行文字" 命令,弹出"多行文字编辑器"对话框,在"特性"选项卡中选择"样式 2",输入文字后单击"确定" 按钮,如图 10-60 所示。

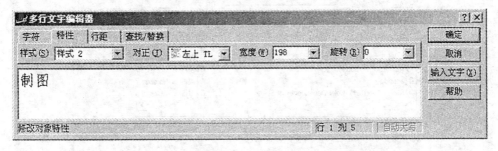

图 10-60　注写文字

加入文字项目后的标题栏如图 10-61 所示。

制图			比例	
校核			材料	
			件数	

图 10-61   标题栏

加入标题栏后的样板图如图 10-62 所示。

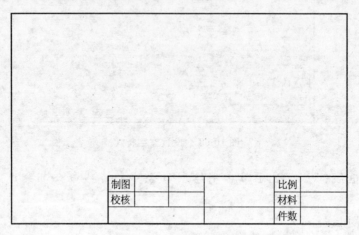

图 10-62   图框及标题栏

6. 设置尺寸标注样式

选择"格式"→"标注样式"命令，AutoCAD 中弹出"标注样式管理器"对话框。在"预览"显示框中显示出标注样式的预览图形。

7. 保存成样板图文件

样板图及其环境设置完成后，可以将其保存成样板图文件。选择"文件"→"另存为"命令，AutoCAD 中弹出如图 10-63 所示的"图形另存为"对话框，在"保存类型"下拉列表框中选择"AutoCAD 图形样板文件（＊.dwt）"选项，输入文件名"A3"，单击"保存"按钮保存文件。

在随后弹出的"样板说明"对话框中输入对该样板图形的描述和说明。

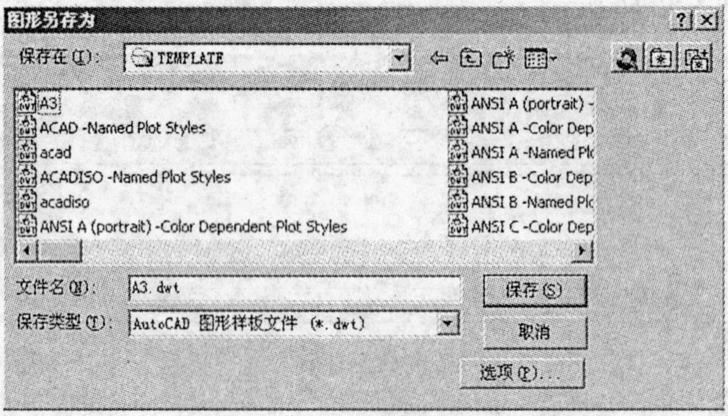

图 10-63   存为样板文件

这样，就建立了一个符合前述约定的 A3 幅面的样板文件。以后的绘制就都可以在此样板文件的基础上进行，而不必每次都重复上述建立样板图的工作。

10.6.2　绘制图形

以下将要绘制的是一张输出轴的零件图，如图 10-64 所示。

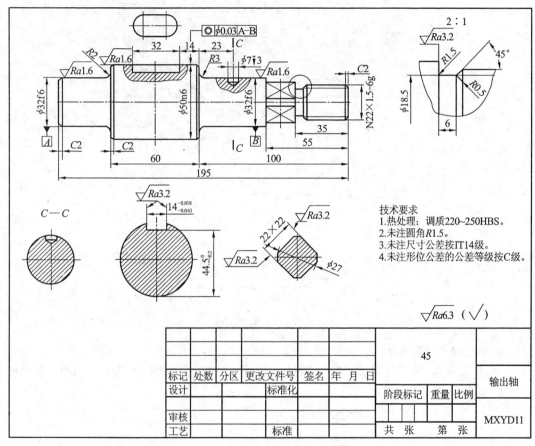

图 10-64　输出轴的零件图

1. 用"使用样板"方式建立新图

选择"文件"→"新建"命令，弹出如图 10-65 所示的"创建新图形"对话框，单击其中的"新建"按钮，采用"使用样板"方式建立新图。从"选择样板"列表框中选中上面已经建立的样板文件"A3. dwt"（若该文件在列表中不存在，则可单击"浏览"按钮查找），然后单击"确定"按钮。此时，屏幕上将显示图框和标题栏，如图 10-65 所示，并完成了前述的所有设置。接下来就可以在样板图的基础上绘制图形了。

2. 绘制视图

绘图的一般顺序是：先绘制视图，再进行尺寸标注，然后注写技术要求，最后填写标题栏。

1）绘制中心线

中心线的线型为细点画线，因而应先将当前图层设置为"CEN"层，然后再进行绘制。完成中心线绘制后的图形如图 10-66 所示。

图 10-65 利用样板文件创建新图形

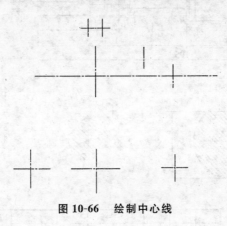

图 10-66 绘制中心线

2）绘制主视图和左视图

（1）绘制轮廓线：将当前图层转换到"OUTLINE"层，按 1：1 的比例绘制主视图和左视图的轮廓线，如图 10-67 所示。

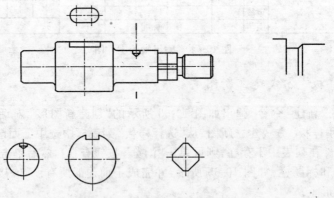

图 10-67 绘制主视图和左视图

（2）图案填充：将当前图层转换到"HATCH"层，选择"绘图"→"图案填充"命令，AutoCAD中弹出"图案填充和渐变色"对话框。在该对话框中选择"图案"为"ANSI31"，然后单击"拾取点"按钮选择填充区域，经过预览，最后单击"确定"按钮，效果如图 10-68 所示。

3）尺寸标注

将当前图层转换到"DIMENSION"层，在"标注"下拉菜单中选择相应的尺寸标注命令进行

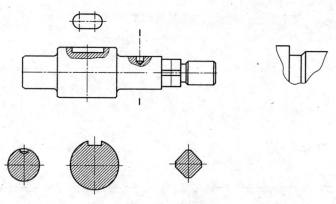

图 10-68 图案填充

尺寸标注。可将粗糙度符号制作成图块,再进行插入,如图 10-69 所示。

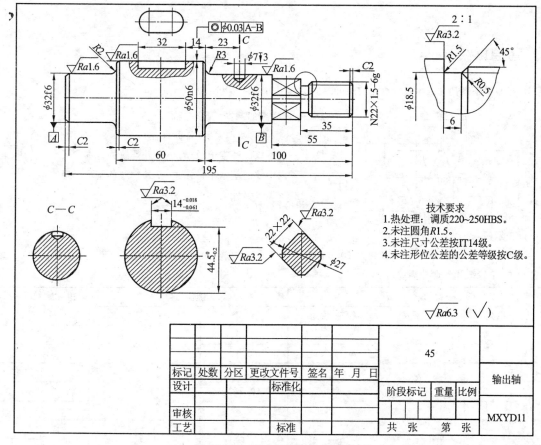

技术要求
1.热处理:调质220~250HBS。
2.未注圆角R1.5。
3.未注尺寸公差按IT14级。
4.未注形位公差的公差等级按C级。

								45			
											输出轴
标记	处数	分区	更改文件号	签名	年 月 日						
设计			标准化				阶段标记	重量	比例		
审核											MXYD11
工艺			标准				共 张		第 张		

图 10-69 尺寸标注及技术要求

4) 填写标题栏及技术要求

(1) 将当前图层转换到"T-NOTES"层,选择"多行文字"命令填写标题栏中的内容,其中零件名"回转架"采用的文字式样为"样式 1",其他文字采用"样式 2"。

(2) 将当前图层转换到"NOTES"层,填写技术要求时采用的文字式样为"样式 3"。

完成后的零件图如图 10-64 所示。

附录

附录 A　螺纹

A1. 普通螺纹

直径与螺距系列和基本尺寸(GB/T 193—2003、GB/T 196—2003)

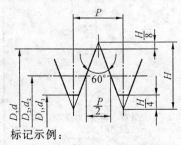

D——内螺纹的基本大径(公称直径);

d——外螺纹的基本大径(公称直径);

D_2——内螺纹的基本中径;d_2——外螺纹的基本中径;

D_1——内螺纹的基本小径;d_1——外螺纹的基本小径;

P——螺距;$H=\dfrac{\sqrt{3}}{2}P$。

标记示例:

M10×1LH—5g6g—S(公称直径为 10 mm,螺距为 1 mm,左旋,中径公差带代号 5g,顶径公差带代号 6g,短旋合长度,单线细牙普通外螺纹)

公称直径 D、d			螺距 P		粗牙螺纹小径
第一系列	第二系列	第三系列	粗牙	细牙	D_1、d_1
3			0.5	0.35	2.459
	3.5		(0.6)		2.850
4			0.7		3.242
	4.5		(0.75)	0.5	3.688
5			0.8		4.134
6			1	0.75	4.917
	7				5.917
8			1.25	1、0.75	6.647
		9	(1.25)		7.647
10			1.5	1.25、1、0.75	8.376
		11	(1.5)	1、0.75	9.376
12			1.75	1.5、1.25、1	10.106

续表

| 公称直径 D、d | | | 螺距 P | | 粗牙螺纹小径 |
第一系列	第二系列	第三系列	粗牙	细牙	D_1、d_1
	14			1.5、1.25*、1	11.835
		15	2	1.5、(1)	
16				1.5、1	13.835
		17		1.5、(1)	
	18				15.294
20			2.5		17.294
	22			2、1.5、1	19.294
24			3		20.752
		25			
		26		1.5	
	27		3	2、1.5、1	23.752
		28			
30			3.5	(3)、2、1.5、1	26.211
		32		2、1.5	
	33		3.5	(3)、2、1.5	29.211
		35**		1.5	
36			4	3、2、1.5	31.670

注:①螺纹直径应优先选用第一系列,其次第二系列,第三系列尽可能不用。

②括号内的螺距尽可能不用。

③*M14×1.25 仅用于火花塞;**M35×1.5 仅用于滚动轴承锁紧螺母。

A2. 非螺纹密封的管螺纹(GB/T 7307—2001)

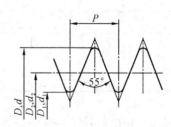

标记示例:

G1/2—LH(尺寸代号 1/2 的左旋内螺纹)

G1/2B(右旋不注,尺寸代号 1/2 的 B 级右旋外螺纹)

| 尺寸代号 | 每 25.4 mm 内的牙数 | 螺距 | 基本直径 | |
	n	P	大径 D、d	小径 D_1、d_1
1/16	28	0.907	7.723	6.561
1/8	28	0.907	9.728	8.566
1/4	19	1.337	13.157	11.445
3/8	19	1.337	16.662	14.950
1/2	14	1.814	20.955	18.631

尺寸代号	每25.4 mm 内的牙数 n	螺距 P	基本直径	
			大径 D、d	小径 D_1、d_1
5/8	14	1.814	22.911	20.587
3/4	14	1.814	26.441	24.117
7/8	14	1.814	30.201	27.877
1	11	2.309	33.249	30.291
$1\frac{1}{3}$	11	2.309	37.897	34.939
$1\frac{1}{2}$	11	2.309	41.910	38.952
$1\frac{2}{3}$	11	2.309	47.803	44.845
$1\frac{3}{4}$	11	2.309	53.746	50.788
2	11	2.309	59.614	56.656
$2\frac{1}{4}$	11	2.309	65.710	62.752
$2\frac{1}{2}$	11	2.309	75.184	72.226
$2\frac{3}{4}$	11	2.309	81.534	78.576
3	11	2.309	87.884	84.926
$3\frac{1}{2}$	11	2.309	100.330	97.372
4	11	2.309	113.030	110.072
$4\frac{1}{2}$	11	2.309	125.730	122.722
5	11	2.309	138.430	135.472
$4\frac{1}{2}$	11	2.309	151.130	148.172
6	11	2.309	163.830	160.872

A3. 梯形螺纹(GB/T 5796.2—2005、GB/T 5796.3—2005)

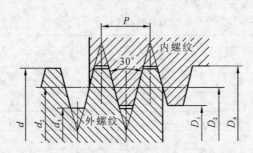

标记示例:

Tr40×14(P7)LH—8e—L(公称直径为 40 mm,导程为 14 mm,螺距为 7 mm,左旋,中径公差带代号 8e,长旋合长度的双线梯形螺纹)

公称直径 d		螺距	中径	大径	小	径	公称直径 d		螺距	中径	大径	小	径
第一系列	第二系列	P	$d_2 = D_2$	D_4	d_3	D_1	第一系列	第二系列	P	$d_2 = D_2$	D_4	d_3	D_1
8		1.5	7.25	8.30	6.20	6.50			3	24.50	26.50	22.50	23.00
	9	1.5	8.25	9.30	7.20	7.50		26	5	23.50	26.50	20.50	21.00
		2	8.00	9.50	6.50	7.00			8	22.00	27.00	17.00	18.00
10		1.5	9.25	10.30	8.20	8.50			3	26.50	28.50	24.50	25.00
		2	9.00	10.50	7.50	8.00	28		5	25.50	28.50	22.50	23.00
	11	2	10.00	11.50	9.00	9.00			8	24.00	29.00	19.00	20.00
		3	9.50	11.50	7.50	8.00			3	28.50	30.50	26.50	27.00
12		2	11.00	12.50	9.50	10.00		30	6	27.00	31.00	23.00	24.00
		3	10.50	12.50	8.50	9.00			10	25.00	31.00	19.00	20.00
	14	2	13.00	14.50	11.50	12.00			3	30.50	32.50	28.50	29.00
		3	12.50	14.50	10.50	11.00	32		6	29.00	33.00	25.00	26.00
16		2	15.00	16.50	13.50	14.00			10	27.00	33.00	21.00	22.00
		4	14.00	16.50	11.50	12.00			3	32.50	34.50	30.50	31.00
	18	2	17.00	18.50	15.50	16.00		34	6	31.00	35.00	27.00	28.00
		4	16.00	18.50	13.50	14.00			10	29.00	35.00	23.00	24.00
20		2	19.00	20.50	17.50	18.00			3	34.50	36.50	32.50	33.00
		4	18.00	20.50	15.50	16.00	36		6	33.00	37.00	29.00	30.00
	22	3	20.50	22.50	18.50	19.00			10	31.00	37.00	25.00	26.00
		5	19.50	22.50	16.50	17.00			3	36.50	38.50	34.50	35.00
		8	18.00	23.00	13.00	14.00		38	7	34.50	39.00	30.00	31.00
24		3	22.50	24.50	20.50	21.00			10	33.00	39.00	27.00	28.00
		5	21.50	24.50	18.50	19.00			3	38.50	40.50	36.50	37.00
		8	20.00	25.00	15.00	16.00	40		7	36.50	41.00	32.00	33.00
									10	35.00	41.00	29.00	30.00

附录 B 螺纹紧固件

B1. 六角头螺栓

六角头螺栓—C 级(GB/T 5780—2000)、六角头螺栓—A 级和 B 级(GB/T 5782—2000)

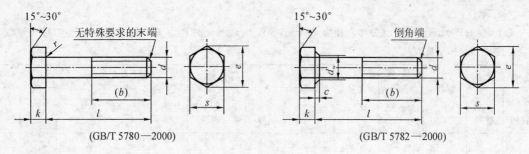

(GB/T 5780—2000)　　　　　　　　　　　(GB/T 5782—2000)

标记示例：

螺栓 GB/T 5782—2000 M12×80（螺纹规格为 M12，公称长度为 80 mm，性能等级为 8.8 级，表面氧化，A 级的六角头螺栓）

螺纹规格 d			M3	M4	M5	M6	M8	M10	M12	M16	M20	M24
P（螺距）			0.5	0.7	0.8	1	1.25	1.5	1.75	2	2.5	3
$b_{参考}$	$l_{公称}\leqslant125$		12	14	16	18	22	26	30	38	46	54
	$125<l_{公称}\leqslant200$		18	20	22	24	28	32	36	44	52	60
	$l_{公称}>200$		31	33	35	37	41	45	49	57	65	73
c	max		0.40	0.40	0.50	0.50	0.60	0.60	0.60	0.8	0.8	0.8
	min		0.15	0.15	0.15	0.15	0.15	0.15	0.15	0.2	0.2	0.2
d_w（min）	产品等级	A	4.57	5.88	6.88	8.88	11.63	14.63	16.63	22.49	28.19	33.61
		B	4.45	5.74	6.74	8.74	11.47	14.47	16.47	22	27.7	33.25
e（min）	产品等级	A	6.01	7.66	8.79	11.05	14.38	17.77	20.03	26.75	33.53	39.98
		B	5.88	7.50	8.63	10.89	14.20	17.59	19.85	26.17	32.95	39.55
k（公称）			2	2.8	3.5	4	5.3	6.4	7.5	10	12.5	15
r（min）			0.1	0.2	0.2	0.25	0.4	0.4	0.6	0.6	0.8	0.8
s（公称）			5.50	7.00	8.00	10.00	13.00	16.00	18.00	24.00	30.00	36.00
l（商品规格范围）			20~30	25~40	25~50	30~60	40~80	45~100	50~120	65~160	80~200	90~240
l 系列			12,16,20,25,30,35,40,45,50,55,60,65,70,80,90,100,110,120,130,140,150,160,180,200,240,260,280,300,320,340,360,380,400,420,440,460,480,500									

注：①A 级用于 $d\leqslant24$ 和 $l\leqslant10d$ 或 $\leqslant150$ 的六角头螺栓；

　　B 级用于 $d>24$ 和 $l>10d$ 或 >150 的六角头螺栓。

②螺纹规格 d 范围：GB/T 5780—2000 为 M5~M64；GB/T 5782 为 M1.6~M64。

③公称长度范围：GB/T 5780—2000 为 25~500；GB/T 5782 为 12~500。

B2. 双头螺柱

双头螺柱—$b_m=1d$（GB/T 897—1988）、双头螺柱—$b_m=1.25d$（GB/T 898—1988）、双头螺柱—$b_m=1.5d$（GB/T 899—1988）、双头螺柱—$b_m=2d$（GB/T 900—1988）

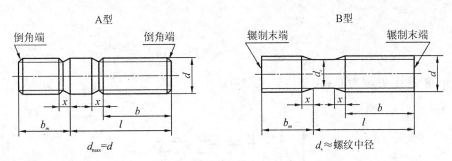

A型

B型

$d_{max} = d$

$d_s \approx$ 螺纹中径

标记示例:

螺柱 GB/T 897—1988 M10×50(两端均为粗牙普通螺纹,$d=10$ mm,$l=50$ mm,性能等级为4.8级,不经表面处理、B型、$b_m=1d$ 的双头螺柱)

螺柱 GB/T 898—1988 AM10—M10×1×50(旋入机体一端为粗牙普通螺纹、旋螺母一端螺距为 1 mm 的细牙普通螺纹,$d=10$ mm,$l=50$ mm、性能等级为4.8级,不经表面处理、A型、$b_m=1.25d$ 的双头螺柱)

螺纹规格		M5	M6	M8	M10	M12	M16	M20	M24	M30	M36	M42
b_m (公称)	GB/T 897	5	6	8	10	12	16	20	24	30	36	42
	GB/T 898	6	8	10	12	15	20	25	30	38	45	52
	GB/T 899	8	10	12	15	18	24	30	36	45	54	65
	GB/T 900	10	12	16	20	24	32	40	48	60	72	84
d_s (max)		5	6	8	10	12	16	20	24	30	36	42
x (max)		2.5P										
$\dfrac{l}{b}$		$\dfrac{16\sim22}{10}$	$\dfrac{20\sim22}{10}$	$\dfrac{20\sim22}{12}$	$\dfrac{25\sim28}{14}$	$\dfrac{25\sim30}{16}$	$\dfrac{30\sim38}{20}$	$\dfrac{35\sim40}{25}$	$\dfrac{45\sim50}{30}$	$\dfrac{60\sim65}{40}$	$\dfrac{65\sim75}{45}$	$\dfrac{65\sim80}{50}$
		$\dfrac{25\sim50}{16}$	$\dfrac{25\sim30}{14}$	$\dfrac{25\sim30}{16}$	$\dfrac{30\sim38}{16}$	$\dfrac{32\sim40}{20}$	$\dfrac{40\sim45}{30}$	$\dfrac{45\sim65}{35}$	$\dfrac{55\sim75}{45}$	$\dfrac{70\sim90}{50}$	$\dfrac{80\sim110}{60}$	$\dfrac{85\sim110}{70}$
			$\dfrac{32\sim75}{18}$	$\dfrac{32\sim90}{22}$	$\dfrac{40\sim120}{26}$	$\dfrac{45\sim120}{30}$	$\dfrac{60\sim120}{38}$	$\dfrac{70\sim120}{46}$	$\dfrac{80\sim120}{54}$	$\dfrac{95\sim120}{60}$	$\dfrac{120}{78}$	$\dfrac{120}{90}$
					$\dfrac{130}{32}$	$\dfrac{130\sim180}{36}$	$\dfrac{130\sim200}{44}$	$\dfrac{130\sim200}{52}$	$\dfrac{130\sim200}{60}$	$\dfrac{130\sim200}{72}$	$\dfrac{130\sim200}{84}$	$\dfrac{130\sim200}{96}$
										$\dfrac{210\sim250}{85}$	$\dfrac{210\sim300}{91}$	$\dfrac{210\sim300}{109}$
l 系列		16,(18),20,(22),25,(28),30,(32),35,(38),40,45,50,(55),60,(65),70,(75),80,(85),90,(95),100,110,120,130,140,150,160,170,180,190,200,210,220,230,240,250,260,280,300										

注:P 是粗牙螺纹的螺距。

B3. 螺钉

1. 开槽圆柱头螺钉(GB/T 65—2000)

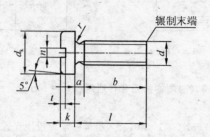

标记示例:

螺钉 GB/T 65—2000 M5×20(螺纹规格 $d=$M5,公称长度 $l=20$ mm,性能等级为 4.8 级,不经表面处理的 A 级开槽圆柱头螺钉)

螺纹规格 d	M4	M5	M6	M8	M10
P(螺距)	0.7	0.8	1	1.25	1.5
a(max)	1.4	1.6	2	2.5	3
b(min)			38		
d_k(公称)	7.00	8.50	10.00	13.00	16.00
k(公称)	2.60	3.30	3.9	5.0	6.0
n(公称)		1.2	1.6	2	2.5
r(min)		0.2	0.25		0.4
t(min)	1.1	1.3	1.6	2	2.4
公称长度 l	5~40	6~50	8~60	10~80	12~80
l 系列	5,6,8,10,12,(14),16,20,25,30,35,40,45,50,(55),60,(65),70,(75),80				

注:①公称长度 $l{\leqslant}40$ 的螺钉,制出全螺纹。

②括号内的规格尽可能不采用。

③螺纹规格 $d=$M1.6~M10;公称长度 $l=2$~80。

2. 开槽盘头螺钉(GB/T 67—2000)

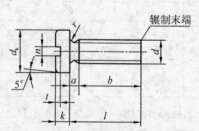

标记示例:

螺钉 GB/T 67—2000 M5×20(螺纹规格 $d=$M5,公称长度 $l=20$ mm,性能等级为 4.8 级,不经表面处理的 A 级开槽盘头螺钉)

螺纹规格 d	M1.6	M2	M2.5	M3	M4	M5	M6	M8	M10
P(螺距)	0.35	0.4	0.45	0.5	0.7	0.8	1	1.25	1.5
a(max)	0.7	0.8	0.9	1	1.4	1.6	2	2.5	3
b(min)	25				38				
d_k(公称)	3.2	4.0	5.0	5.6	8.00	9.50	12.00	16.00	20.00
k(公称)	1.10	1.30	1.50	1.80	2.40	3.00	3.6	4.8	6.0
n(公称)	0.4	0.5	0.6	0.8	1.2	1.2	1.6	2	2.5
r(min)	0.1	0.1	0.1	0.1	0.2	0.2	0.25	0.4	0.4
t(min)	0.35	0.5	0.6	0.7	1	1.2	1.4	1.9	2.4
公称长度 l	2~16	2.5~20	3~25	4~30	5~40	6~50	8~60	10~80	12~80
l 系列	2,2.5,3,4,5,6,8,10,12,(14),16,20,25,30,35,40,45,50,(55),60,(65),70,(75),80								

注：①M1.6~M3、公称长度 $l \leqslant 30$ 的螺钉，制出全螺纹。

②M4~M10、公称长度 $l \leqslant 40$ 的螺钉，制出全螺纹。

③括号内的规格尽可能不采用。

3. 开槽沉头螺钉(GB/T 68—2000)

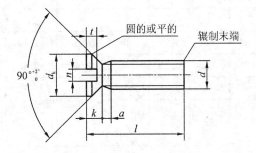

标记示例：

螺钉 GB/T 68—2000 M5×20(螺纹规格 d＝M5，公称长度 l＝20 mm，性能等级为 4.8 级，不经表面处理的 A 级开槽沉头螺钉)

螺纹规格 d	M1.6	M2	M2.5	M3	M4	M5	M6	M8	M10
P(螺距)	0.35	0.4	0.45	0.5	0.7	0.8	1	1.25	1.5
a(max)	0.7	0.8	0.9	1	1.4	1.6	2	2.5	3
b(min)	25	25	25	25	38	38	38	38	38
d_k(理论值 max)	3.6	4.4	5.5	6.3	9.4	10.4	12.6	17.3	20
k(公称)	1	1.2	1.5	1.65	2.7	2.7	3.3	4.65	5
n(公称)	0.4	0.5	0.6	0.8	1.2	1.2	1.6	2	2.5
r(max)	0.4	0.5	0.6	0.8	1	1.3	1.5	2	2.5
t(max)	0.50	0.6	0.75	0.85	1.3	1.4	1.6	2.3	2.6
公称长度 l	2.5~16	3~20	4~25	5~30	6~40	8~50	8~60	10~80	12~80
l 系列	2.5,3,4,5,6,8,10,12,(14),16,20,25,30,35,40,45,50,(55),60,(65),70,(75),80								

注：①M3~M6、公称长度 $l \leqslant 30$ 的螺钉，制出全螺纹。

②M4~M10、公称长度 $l \leqslant 45$ 的螺钉，制出全螺纹。

③括号内的规格尽可能不采用。

4. 内六角圆柱头螺钉(GB/T 70.1—2008)

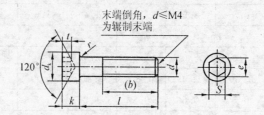

标记示例:

螺钉 GB/T 70.1—2008 M5×20(螺纹规格 d=M5,公称长度 l=20 mm,性能等级为 8.8 级,表面氧化的内六角圆柱头螺钉)

螺纹规格	M3	M4	M5	M6	M8	M10	M12	(M14)	M16	M20
P(螺距)	0.5	0.7	0.8	1	1.25	1.5	1.75	2	2	2.5
b(参考)	18	20	22	24	28	32	36	40	44	52
d_k(max)	5.5	7	8.5	10	13	16	18	21	24	30
k(max)	3	4	5	6	8	10	12	14	16	20
t(min)	1.3	2	2.5	3	4	5	6	7	8	10
s(公称)	2.5	3	4	5	6	8	10	12	14	17
e(min)	2.87	3.44	4.58	5.72	6.86	9.15	11.43	13.72	16.00	19.44
r(min)	0.1	0.2	0.2	0.25	0.4	0.4	0.6	0.6	0.6	0.8
公称长度 l	5~30	6~40	8~50	10~60	12~80	16~100	20~120	25~140	25~160	30~200
$l \leqslant$表中数值时,制出全螺纹	20	25	25	30	35	40	45	55	55	65
l 系列	2.5,3,4,5,6,8,10,12,16,20,25,30,35,40,45,50,55,60,65,70,80,90,100,110,120,130,140,150,160,180,200,220,240,260,280,300									

注:螺纹规格 d=M1.6~M64。

B4. 紧定螺钉

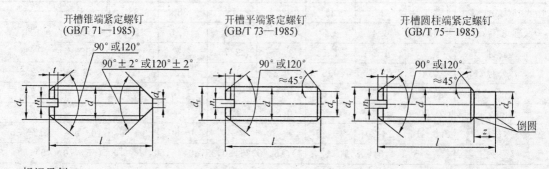

开槽锥端紧定螺钉
(GB/T 71—1985)

开槽平端紧定螺钉
(GB/T 73—1985)

开槽圆柱端紧定螺钉
(GB/T 75—1985)

标记示例:

螺钉 GB/T 71—1985 M5×12(螺纹规格 d=M5,l=12 mm,性能等级为 14H 级,表面氧化的开槽锥端紧定螺钉)

d		M1.2	M1.6	M2	M2.5	M3	M4	M5	M6	M8	M10	M12
P（螺距）	GB/T 71—1985、GB/T 73—1985	0.25	0.35	0.4	0.5	0.5	0.7	0.8	1	1.25	1.5	1.75
	GB/T 75—1985	—	0.35	0.4	0.5	0.5	0.7	0.8	1	1.25	1.5	1.75
d_t	GB/T 71—1985	0.12	0.16	0.2	0.25	0.3	0.4	0.5	1.5	2	2.5	3
d_p（max）	GB/T 71—1985、GB/T 73—1985	0.6	0.8	1	1.5	2	2.5	3.5	4	5.5	7	8.5
	GB/T 75—1985	—	0.8	1	1.5	2	2.5	3.5	4	5.5	7	8.5
n（公称）	GB/T 71—1985、GB/T 73—1985	0.2	0.25	0.25	0.4	0.4	0.6	0.8	1	1.2	1.6	2
	GB/T 75—1985	—	0.25	0.25	0.4	0.4	0.6	0.8	1	1.2	1.6	2
t（min）	GB/T 71—1985、GB/T 73—1985	0.4	0.56	0.64	0.72	0.8	1.12	1.28	1.6	2	2.4	2.8
	GB/T 75—1985	—	0.56	0.64	0.72	0.8	1.12	1.28	1.6	2	2.4	2.8
z（min）	GB/T 75—1985	—	0.8	1	1.2	1.5	2	2.5	3	4	5	6
倒角和锥顶角	GB/T 71—1985　120°	$l=2$	$l\leqslant2.5$	$l\leqslant3$	$l\leqslant3$	$l\leqslant4$	$l\leqslant5$	$l\leqslant6$	$l\leqslant8$	$l\leqslant10$	$l\leqslant12$	$l\leqslant12$
	GB/T 71—1985　90°	$l\geqslant2.5$	$l\geqslant3$	$l\geqslant4$	$l\geqslant4$	$l\geqslant5$	$l\geqslant6$	$l\geqslant8$	$l\geqslant10$	$l\geqslant12$	$l\geqslant14$	$l\geqslant14$
	GB/T 73—1985　120°	—	$l\leqslant2$	$l\leqslant2.5$	$l\leqslant2.5$	$l\leqslant3$	$l\leqslant4$	$l\leqslant5$	$l\leqslant6$	$l\leqslant8$	$l\leqslant10$	$l\leqslant10$
	GB/T 73—1985　90°	—	$l\geqslant2.5$	$l\geqslant3$	$l\geqslant3$	$l\geqslant4$	$l\geqslant5$	$l\geqslant6$	$l\geqslant8$	$l\geqslant10$	$l\geqslant12$	$l\geqslant12$
	GB/T 75—1985　120°	—	$l\leqslant2.5$	$l\leqslant3$	$l\leqslant4$	$l\leqslant5$	$l\leqslant6$	$l\leqslant8$	$l\leqslant10$	$l\leqslant14$	$l\leqslant16$	$l\leqslant20$
	GB/T 75—1985　90°	—	$l\geqslant3$	$l\geqslant4$	$l\geqslant5$	$l\geqslant6$	$l\geqslant8$	$l\geqslant10$	$l\geqslant12$	$l\geqslant16$	$l\geqslant20$	$l\geqslant25$
l（公称）商品规格范围	GB/T 71—1985	2~6	2~8	3~10	3~12	4~16	6~20	8~25	8~30	10~40	12~50	14~60
	GB/T 73—1985	2~6	2~8	2~10	2.5~12	3~16	4~20	5~25	6~30	8~40	10~50	12~60
	GB/T 75—1985	—	2.5~8	3~10	4~12	5~16	6~20	8~25	8~30	10~40	12~50	14~60
系列值		2、2.5、3、4、5、6、8、10、12、(14)、16、20、25、30、35、45、50、(55)、60										

注：①括号内的规格尽可能不采用。

②≤M5 的 GB/T 71—1985 的螺钉，不要求锥端有平面部分（d_t），可以倒圆。

B5. 螺母

标记示例：

螺母 GB/T 41—2000 M12（螺纹规格 D＝M12，性能等级为 5 级，不经表面处理，C 级的六角螺母）

螺母 GB/T 6170—2000 M12（螺纹规格 D＝M12，性能等级为 8 级，不经表面处理，A 级的 1 型六角螺母）

六角螺母—C级
(GB/T 41—2000)

1型六角螺母—A和B级
(GB/T 6170—2000)

六角螺母
(GB/T 6172.1—2000)

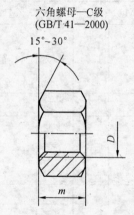

螺纹规格 D		M3	M4	M5	M6	M8	M10	M12	M16	M20	M24	M30	M36	M42
e	GB/T 41			8.63	10.89	14.20	17.59	19.85	26.17	32.95	39.55	50.85	60.79	72.02
	GB/T 6170	6.01	7.66	8.79	11.05	14.38	17.77	20.03	26.75	32.95	39.55	50.85	60.79	72.02
	GB/T 6172.1	6.01	7.66	8.79	11.05	14.38	17.77	20.03	26.75	32.95	39.55	50.85	60.79	72.02
S	GB/T 41			8	10	13	16	18	24	30	36	46	55	65
	GB/T 6170	5.5	7	8	10	13	16	18	24	30	36	46	55	65
	GB/T 6172.1	5.5	7	8	10	13	16	18	24	30	36	46	55	65
m	GB/T 41			5.6	6.1	7.9	9.5	12.2	15.9	18.7	22.3	26.4	31.5	34.9
	GB/T 6170	2.4	3.2	4.7	5.2	6.8	8.4	10.8	14.8	18	21.5	25.6	31	34
	GB/T 6172.1	1.8	2.2	2.7	3.2	4	5	6	8	10	12	15	18	21

注:A级用于 $D \leqslant 16$;B级用于 $D > 16$。

B6. 垫圈

1. 平垫圈

小垫圈—A级
(GB/T 848—2002)

平垫圈—A级
(GB/T 97.1—2002)

平垫圈 倒角型—A级
(GB/T 97.2—2002)

$(0.25 \sim 0.5)h$

标记示例:

垫圈 GB/T 97.1—2002 8—100 HV(标准系列,公称尺寸 $d=8$ mm,性能等级为 140HV 级,不经表面处理的平垫圈)

公称尺寸 (螺纹规格 d)		1.6	2	2.5	3	4	5	6	8	10	12	14	16	20	24	30	36
d_1	GB/T 848	1.7	2.2	2.7	3.2	4.3	5.3	6.4	8.4	10.5	13	15	17	21	25	31	37
	GB/T 97.1	1.7	2.2	2.7	3.2	4.3	5.3	6.4	8.4	10.5	13	15	17	21	25	31	37
	GB/T 97.2						5.3	6.4	8.4	10.5	13	15	17	21	25	31	37
d_2	GB/T 848	3.5	4.5	5	6	8	9	11	15	18	20	24	28	34	39	50	60
	GB/T 97.1	4	5	6	7	9	10	12	16	20	24	28	30	37	44	56	66
	GB/T 97.2						10	12	16	20	24	28	30	37	44	56	66
h	GB/T 848	0.3	0.3	0.5	0.5	0.5	1	1.6	1.6	1.6	2	2.5	2.5	3	4	4	5
	GB/T 97.1	0.3	0.3	0.5	0.5	0.8	1	1.6	1.6	2	2.5	2.5	3	3	4	4	5
	GB/T 97.2						1	1.6	1.6	2	2.5	2.5	3	3	4	4	5

2. 弹簧垫圈

标准型弹簧垫圈
(GB/T 93—1987)

轻型弹簧垫圈
(GB/T 859—1987)

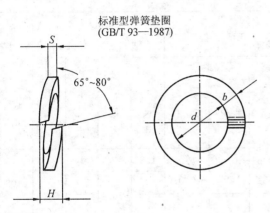

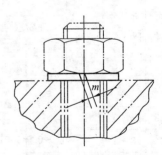

标记示例:

垫圈 GB/T 93—1987 16(规格 16 mm,材料为 65Mn,表面氧化的标准型弹簧垫圈)

规格(螺纹大径)		3	4	5	6	8	10	12	(14)	16	(18)	20	(22)	24	(27)	30
d		3.1	4.1	5.1	6.1	8.1	10.2	12.2	14.2	16.2	18.2	20.2	22.5	24.5	27.5	30.5
H	GB/T 93	1.6	2.2	2.6	3.2	4.2	5.2	6.2	7.2	8.2	9	10	11	12	13.6	15
	GB/T 859	1.2	1.6	2.2	2.6	3.2	4	5	6	6.4	7.2	8	9	10	11	12
$S(b)$	GB/T 93	0.8	1.1	1.3	1.6	2.1	2.6	3.1	3.6	4.1	4.5	5	5.5	6	6.8	7.5
S	GB/T 859	0.6	0.8	1.1	1.3	1.6	2	2.5	3	3.2	3.6	4	4.5	5	5.5	6
$m \leqslant$	GB/T 93	0.4	0.55	0.65	0.8	1.05	1.3	1.55	1.8	2.05	2.25	2.5	2.75	3	3.4	3.75
	GB/T 859	0.3	0.4	0.55	0.65	0.8	1	1.25	1.5	1.6	1.8	2	2.25	2.5	2.75	3
b	GB/T 859	1	1.2	1.5	2	2.5	3	3.5	4	4.5	5	5.5	6	7	8	9

注:①括号内的规格尽可能不采用。

②m 应大于零。

附录C 键

C1. 普通平键键槽的断面尺寸与公差（GB/T 1095—2003）

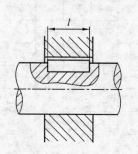 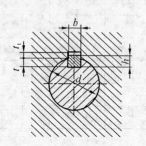 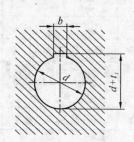

轴公称直径 d	键尺寸 $b \times h$	键槽											
		宽度 b						深度				半径 r	
		基本尺寸 b	极限偏差					轴 t_1		毂 t_2			
			正常联结		紧密联结	松联结		基本尺寸	极限偏差	基本尺寸	极限偏差	最小	最大
			轴 N9	毂 JS9	轴和毂 P9	轴 H9	毂 D10						
自6~8	2×2	2	−0.04 −0.029	± 0.0125	−0.006 −0.031	+0.025 0	+0.060 +0.020	1.2	+0.1 0	1	+0.1 0	0.08	0.16
>8~10	3×3	3						1.8		1.4			
>10~12	4×4	4	0 −0.030	±0.015	−0.012 −0.042	+0.030 0	+0.078 +0.030	2.5		1.8			
>12~17	5×5	5						3.0		2.3			
>17~22	6×6	6						3.5		2.8		0.16	0.25
>22~30	8×7	8	0 −0.036	±0.018	−0.015 −0.051	+0.036 0	+0.098 +0.040	4.0		3.3			
>30~38	10×8	10						5.0		3.3			
>38~44	12×8	12						5.0	+0.2 0	3.3	+0.2 0		
>44~50	14×9	14	0 −0.043	± 0.0215	−0.018 −0.061	+0.043 0	+0.120 +0.050	5.5		3.8		0.25	0.40
>50~58	16×10	16						6.0		4.3			
>58~65	18×11	18						7.0		4.4			
>65~75	20×12	20						7.5		4.9			
>75~85	22×14	22	0 −0.052	±0.026	−0.022 −0.074	+0.052 0	+0.149 +0.065	9.0	+0.1 0	5.4	+0.2 0	0.40	0.60
>85~95	25×14	25						9.0		5.4			
>95~110	28×16	28						10.0		6.4			

注:平键槽的长度公差带用 H14。

C2. 普通平键键槽的型式与尺寸(GB/T 1096—2003)

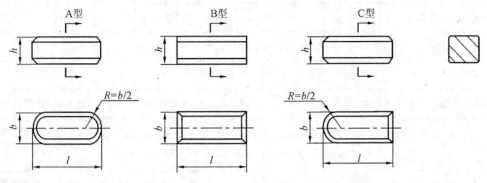

标记示例:

GB/T 1096—2003 键 18×11×100(b=18 mm,h=11 mm,l=100 mm 普通 A 型平键)

GB/T 1096—2003 键 B18×11×100(b=18 mm,h=11 mm,l=100 mm 普通 B 型平键)

宽度 b 基本尺寸	2	3	4	5	6	8	10	12	14	16	18	20	22	25
高度 h 基本尺寸	2	3	4	5	6	7	8	8	9	10	11	12	14	14
倒角倒圆 s	0.16~0.25			0.25~0.40			0.40~0.60					0.60~0.80		
l	6~ 20	6~ 36	8~ 45	10~ 56	14~ 70	18~ 90	22~ 110	28~ 140	36~ 160	45~ 180	50~ 200	56~ 220	63~ 250	70~ 280
l系列	6,8,10,12,14,16,18,20,22,25,28,32,36,40,45,50,56,63,70,80,90,100,110,125,140, 160,180,200,220,250,280													

附录 D　销

D1. 圆柱销(GB/T 119.1—2000)—不淬硬钢和奥氏体不锈钢

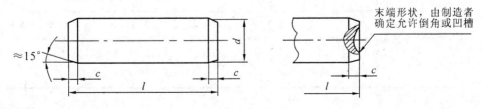

标记示例:

销 GB/T 119.1—2000 6m6×30(公称直径 d=6 mm、公差 m6、公称长度 l=30 mm、材料为钢、不经淬火、不经表面处理的圆柱销)

公称直径 d(m6/h8)	0.6	0.8	1	1.2	1.5	2	2.5	3	4	5
$c\approx$	0.12	0.16	0.20	0.25	0.30	0.35	0.40	0.50	0.63	0.80
l(商品规格范围公称长度)	2~6	2~8	4~10	4~12	4~16	6~20	6~24	8~30	8~40	10~50
公称直径 d(m6/h8)	6	8	10	12	16	20	25	30	40	50
$c\approx$	1.2	1.6	2.0	2.5	3.0	3.5	4.0	5.0	6.3	8.0
l(商品规格范围公称长度)	12~60	14~80	18~95	22~140	26~180	35~200	50~200	60~200	80~200	95~200
l 系列	2,3,4,5,6,8,10,12,14,16,18,20,22,24,26,28,30,32,35,40,45,50,55,60, 65,70,75,80,85,90,95,100,120,140,160,180,200									

注：① 材料用钢的强度要求为 125～245HV30,用奥氏体不锈钢 A1（GB/T 3098.6）时硬度要求 210～280HV30。

②公差 m6：$Ra\leqslant0.8\ \mu m$。公差 m8：$Ra\leqslant1.6\ \mu m$。

D2. 圆锥销（GB/T 117—2000）

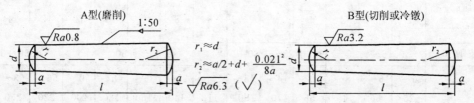

标记示例：

销 GB/T 117 10×60（公称直径 $d=6$ mm、公称长度 $l=60$ mm、材料为 35 钢、热处理硬度28～38HRC、表面 氧化处理的 A 型圆锥销）

d(公称)	0.6	0.8	1	1.2	1.5	2	2.5	3	4	5
l(商品规格范围公称长度)	0.08	0.1	0.12	0.16	0.2	0.25	0.3	0.4	0.5	0.63
$a\approx$	4~8	5~12	6~16	6~20	8~24	10~35	10~35	12~45	14~55	18~60
d(公称)	6	8	10	12	16	20	25	30	40	50
l(商品规格范围公称长度)	22~ 90	22~ 120	26~ 160	32~ 180	40~ 200	45~ 200	50~ 200	55~ 200	60~ 200	65~ 200
$a\approx$	0.8	1	1.2	1.6	2	2.5	3	4	5	6.3
l 系列	2,3,4,5,6,8,10,12,14,16,18,20,22,24,26,28,30,32,35,40,45,50, 55,60, 65,70,75,80,85,90,95,100,120,140,160,180,200									

D3. 开口销（GB/T 91—2000）

允许制造的型式

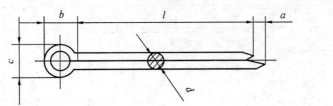

$a_{min}=1/2a_{max}$

标记示例：

销 GB/T 91 5×50(公称直径 d＝5 mm、长度 l＝50 mm、材料为低碳钢、不经表面处理的开口销)

公称规格		0.6	0.8	1	1.2	1.6	2	2.5	3.2	4	5	6.3	8	10	13
d	max	0.5	0.7	0.9	1.0	1.4	1.8	2.3	2.9	3.7	4.6	5.9	7.5	9.5	12.4
	min	0.4	0.6	0.8	0.9	1.3	1.7	2.1	2.7	3.5	4.4	5.7	7.3	9.3	12.1
c	max	1	1.4	1.8	2	2.8	3.6	4.6	5.8	7.4	9.2	11.8	15	19	24.8
	min	0.9	1.2	1.6	1.7	2.4	3.2	4	5.1	6.5	8	10.3	13.1	16.6	21.7
$b\approx$		2	2.4	3	3	3.2	4	5	6.4	8	10	12.6	16	20	26
a_{max}		1.6	1.6	1.6	2.5	2.5	2.5	2.5	3.2	4	4	4	4	6.3	6.3
l(商品规格范围公称长度)		4～12	5～16	6～20	8～26	8～32	10～40	12～50	14～65	18～80	22～100	30～120	40～160	45～200	70～200
l 系列		4,5,6,8,10,12,14,16,18,20,22,24,26,28,30,32,36,40,45,50,55,60,65,70,75,80,85,90,100,120,140,160,180,200													

注：公称规格等与开口销孔直径推荐的公差为：公称规格≤1.2 时，公差为 H13；公称规格＞1.2 时，公差为 H14。

附录 E 滚动轴承

E1. 深沟球轴承(GB/T 276—1994)

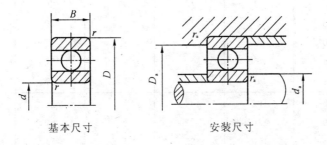

基本尺寸　　　　　安装尺寸

60000 型标记示例：

滚动轴承 6204 GB/T 276—1994(内径 d＝20 mm 的 60000 型深钩球轴承，尺寸系列为(0)2,组合代号为 62)

轴承 代号	基本尺寸			安装尺寸			
	d	D	B	r_{smin}	d_{amin}	D_{amax}	r_{asmax}
(1)0 尺寸系列							
6000	10	26	8	0.3	12.4	23.6	0.3
6001	12	28	8	0.3	14.4	25.6	0.3
6002	15	32	9	0.3	17.4	29.6	0.3
6003	17	35	10	0.3	19.4	32.6	0.3
6004	20	42	12	0.6	25	37	0.6
6005	25	47	12	0.6	30	42	0.6
6006	30	55	13	1	36	49	1
6007	35	62	14	1	41	56	1
6008	40	68	15	1	46	62	1
6009	45	75	16	1	51	69	1
6010	50	80	16	1	56	74	1
6011	55	90	18	1.1	62	83	1
6012	60	95	18	1.1	67	88	1
6013	65	100	18	1.1	72	93	1
6014	70	110	20	1.1	77	103	1
6015	75	115	20	1.1	82	108	1
6016	80	125	22	1.1	87	118	1
6017	85	130	22	1.1	92	123	1
6018	90	140	24	1.5	99	131	1.5
6019	95	145	24	1.5	104	136	1.5
6020	100	150	24	1.5	109	141	1.5
(0)2 尺寸系列							
6200	10	30	9	0.6	15	25	0.6
6201	12	32	10	0.6	17	27	0.6
6202	15	35	11	0.6	20	30	0.6
6203	17	40	12	0.6	22	35	0.6
6204	20	47	14	1	26	41	1
6205	25	52	15	1	31	46	1
6206	30	62	16	1	36	56	1
6207	35	72	17	1.1	42	65	1
6208	40	80	18	1.1	47	73	1
6209	45	85	19	1.1	52	78	1
6210	50	90	20	1.1	57	83	1
6211	55	100	21	1.5	64	91	1.5
6212	60	110	22	1.5	69	101	1.5
6213	65	120	23	1.5	74	111	1.5
6214	70	125	24	1.5	79	116	1.5
6215	75	130	25	1.5	84	121	1.5

轴承代号	基本尺寸			安装尺寸			
	d	D	B	r_{smin}	d_{amin}	D_{amax}	r_{asmax}
(0)2 尺寸系列							
6216	80	140	26	2	90	130	2
6217	85	150	28	2	95	140	2
6218	90	160	30	2	100	150	2
6219	95	170	32	2.1	107	158	2.1
6220	100	180	34	2.1	112	168	2.1
(0)3 尺寸系列							
6300	10	35	11	0.6	15	30	0.6
6301	12	37	12	1	18	31	1
6302	15	42	13	1	21	36	1
6303	17	47	14	1	23	41	1
6304	20	52	15	1.1	27	45	1
6305	25	62	17	1.1	32	55	1
6306	30	72	19	1.1	37	65	1
6307	35	80	21	1.5	44	71	1.5
6308	40	90	23	1.5	49	81	1.5
6309	45	100	25	1.5	54	91	1.5
6310	50	110	27	2	60	100	2
6311	55	120	29	2	65	110	2
6312	60	130	31	2.1	72	118	2.1
6313	65	140	33	2.1	77	128	2.1
6314	70	150	35	2.1	82	138	2.1
6315	75	160	37	2.1	87	148	2.1
6316	80	170	39	2.1	92	158	2.1
6317	85	180	41	3	99	166	2.5
6318	90	190	43	3	104	176	2.5
6319	95	200	45	3	109	186	2.5
6320	100	215	47	3	114	201	2.5
(0)4 尺寸系列							
6403	17	62	17	1.1	24	55	1
6404	20	72	19	1.1	27	65	1
6405	25	80	21	1.5	34	71	1.5
6406	30	90	23	1.5	39	81	1.5
6407	35	100	25	1.5	44	91	1.5
6408	40	110	27	2	50	100	2

轴承	基本尺寸			安装尺寸			
代号	d	D	B	r_{smin}	d_{amin}	D_{amax}	r_{asmax}
(0)4 尺寸系列							
6409	45	120	29	2	55	110	2
6410	50	130	31	2.1	62	118	2.1
6411	55	140	33	2.1	67	128	2.1
6412	60	150	35	2.1	72	138	2.1
6413	65	160	37	2.1	77	148	2.1
6414	70	180	42	3	84	166	2.5
6415	75	190	45	3	89	176	2.5
6416	80	200	48	3	94	186	2.5
6417	85	210	52	4	103	192	3
6418	90	225	54	4	108	207	3
6420	100	250	58	4	118	232	3

注：r_{smin} 为 r 的单向最小倒角尺寸；r_{asmax} 为 r_{as} 的单向最大倒角尺寸。

E2. 圆锥滚子轴承（GB/T 297—1994）

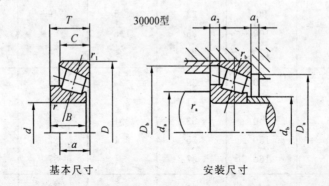

基本尺寸　　　　　　　　安装尺寸

标记示例：

滚动轴承 30204 GB/T 297—1994（内径 $d＝20$ mm，尺寸系列代号为 02 的圆锥滚子轴承）

轴承代号	基本尺寸								安装尺寸							
	d	D	T	B	C	r_{smin}	r_{1smin}	$a\approx$	d_{amin}	d_{bmax}	D_{amin}	D_{amax}	D_{bmin}	a_{1min}	a_{2min}	r_{asmax}	r_{bsmax}
02 尺寸系列																
30203	17	40	13.25	12	11	1	1	9.9	23	23	34	34	37	2	2.5	1	1
30204	20	47	15.25	14	12	1	1	11.2	26	27	40	41	43	2	3.5	1	1
30205	25	52	16.25	15	13	1	1	12.5	31	31	44	46	48	2	3.5	1	1
30206	30	62	17.25	16	14	1	1	13.8	36	37	53	56	58	2	3.5	1	1
30207	35	72	18.25	17	15	1.5	1.5	15.3	42	44	62	65	67	3	3.5	1.5	1.5
30208	40	80	19.75	18	16	1.5	1.5	16.9	47	49	69	73	75	3	4	1.5	1.5

轴承代号	基本尺寸								安装尺寸								
	d	D	T	B	C	r_{smin}	r_{1smin}	$a\approx$	d_{amin}	d_{bmax}	D_{amin}	D_{amax}	D_{bmin}	a_{1min}	a_{2min}	r_{asmax}	r_{bsmax}
30209	45	85	20.75	19	16	1.5	1.5	18.6	52	53	74	78	80	3	5	1.5	1.5
30210	50	90	21.75	20	17	1.5	1.5	20	57	58	79	83	86	3	5	1.5	1.5
30211	55	100	22.75	21	18	2	1.5	21	64	64	88	91	95	4	5	2	1.5
30212	60	110	23.75	22	19	2	1.5	22.3	69	69	96	101	103	4	5	2	1.5
30213	65	120	24.75	23	20	2	1.5	23.8	74	77	106	111	114	4	5	2	1.5
30214	70	125	26.25	24	21	2	1.5	25.8	79	81	110	116	119	4	5.5	2	1.5
30215	75	130	27.25	25	22	2	1.5	27.4	84	85	115	121	125	4	5.5	2	1.5
30216	80	140	28.25	26	22	2.5	2	28.1	90	90	124	130	133	4	6	2.1	2
30217	85	150	30.5	28	24	2.5	2	30.3	95	96	132	140	142	5	6.5	2.1	2
30218	90	160	32.5	30	26	2.5	2	32.3	100	102	140	150	151	5	6.5	2.1	2
30219	95	170	34.5	32	27	3	2.5	34.2	107	108	149	158	160	5	7.5	2.5	2.1
30220	100	180	37	34	29	3	2.5	36.4	112	114	157	168	169	5	8	2.5	2.1
03 尺寸系列																	
30302	15	42	14.25	13	11	1	1	9.6	21	22	36	36	38	2	3.5	1	1
30303	17	47	15.25	14	12	1	1	10.4	23	25	40	41	43	3	3.5	1	1
30304	20	52	16.25	15	13	1.5	1.5	11.1	27	28	44	45	48	3	3.5	1.5	1.5
30305	25	62	18.25	17	15	1.5	1.5	13	32	34	54	55	58	3	3.5	1.5	1.5
30306	30	72	20.75	19	16	1.5	1.5	15.3	37	40	62	65	66	3	5	1.5	1.5
30307	35	80	22.75	21	18	2	1.5	16.8	44	45	70	71	74	3	5	2	1.5
30308	40	90	25.25	23	20	2	1.5	19.5	49	52	77	81	84	3	5.5	2	1.5
30309	45	100	27.25	25	22	2	1.5	21.3	54	59	86	91	94	3	5.5	2	1.5
30310	50	110	29.25	27	23	2.5	2	23	60	65	95	100	103	4	6.5	2	2
30311	55	120	31.5	29	25	2.5	2	24.9	65	70	104	110	112	4	6.5	2.5	2
30312	60	130	33.5	31	26	3	2.5	26.6	72	76	112	118	121	5	7.5	2.5	2.1
30313	65	140	36	33	28	3	2.5	28.7	77	83	122	128	131	5	8	2.5	2.1
30314	70	150	38	35	30	3	2.5	30.7	82	89	130	138	141	5	8	2.5	2.1
30315	75	160	40	37	31	3	2.5	32	87	95	139	148	150	5	9	2.5	2.1
30316	80	170	42.5	39	33	3	2.5	34.4	92	102	148	158	160	5	9.5	2.5	2.1
30317	85	180	44.5	41	34	4	3	35.9	99	107	156	166	168	6	10.5	3	2.5
30318	90	190	46.5	43	36	4	3	37.5	104	113	165	176	178	6	10.5	3	2.5
30319	95	200	49.5	45	38	4	3	40.1	109	118	172	186	185	6	11.5	3	2.5
30320	100	215	51.5	47	39	4	3	42.2	114	127	184	201	199	6	12.5	3	2.5
22 尺寸系列																	
32206	30	62	21.25	20	17	1	1	15.6	36	36	52	56	58	3	4.5	1	1

轴承代号	基本尺寸								安装尺寸								
	d	D	T	B	C	r_{smin}	r_{1smin}	$a\approx$	d_{amin}	d_{bmax}	D_{amin}	D_{amax}	D_{bmin}	a_{1min}	a_{2min}	r_{asmax}	r_{bsmax}
32207	35	72	24.25	23	19	1.5	1.5	17.9	42	42	61	65	68	3	5.5	1.5	1.5
32208	40	80	24.75	23	19	1.5	1.5	18.9	47	48	68	73	75	3	6	1.5	1.5
32209	45	85	24.75	23	19	us	1.5	20.1	52	53	73	78	81	3	6	1.5	1.5
32210	50	90	24.75	23	19	1.5	1.5	21	57	57	78	83	86	3	6	1.5	1.5
32211	55	100	26.75	25	21	2	1.5	22.8	64	62	87	91	96	4	6	2	1.5
32212	60	110	29.75	28	24	2	1.5	25	69	68	95	101	105	4	6	2	1.5
32213	65	120	32.75	31	27	2	1.5	27.3	74	75	104	111	115	4	6	2	1.5
32214	70	125	33.25	31	27	2	1.5	28.8	79	79	108	116	120	4	6.5	2	1.5
32215	75	130	33.25	31	27	2	1.5	30	84	84	115	121	126	4	6.5	2	1.5
32216	80	140	35.25	33	28	2.5	2	31.4	90	89	122	130	135	5	7.5	2.1	2
32217	85	150	38.5	36	30	2.5	2	33.9	95	95	130	140	143	5	8.5	2.1	2
32218	90	160	42.5	40	34	2.5	2	36.8	100	101	138	150	153	5	8.5	2.1	2
32219	95	170	45.5	43	37	3	2.5	39.2	107	106	145	158	163	5	8.5	2.5	2.1
32220	100	180	49	46	39	3	2.5	41.9	112	113	154	168	172	5	10	2.5	2.1
23 尺寸系列																	
32303	17	47	20.25	19	16	1	1	12.3	23	24	39	41	43	3	4.5	1	1
32304	20	52	22.25	21	18	1.5	1.5	13.6	27	26	43	45	48	3	4.5	1.5	1.5
32305	25	62	25.25	24	20	1.5	1.5	15.9	32	32	52	55	58	3	5.5	1.5	1.5
32306	30	72	28.75	27	23	1.5	1.5	18.9	37	38	59	65	66	4	6	1.5	1.5
32307	35	80	32.75	31	25	2	1.5	20.4	44	43	66	71	74	4	8.5	2	1.5
32308	40	90	35.25	33	27	2	1.5	23.3	49	49	73	81	83	4	8.5	2	1.5
32309	45	100	38.25	36	30	2	1.5	25.6	54	56	82	91	93	4	8.5	2	1.5
32310	50	110	42.25	40	33	2.5	2	28.2	60	61	90	100	102	5	9.5	2	2
32311	55	120	45.5	43	35	2.5	2	30.4	65	66	99	110	111	5	10	2.5	2
32312	60	130	48.5	46	37	3	2.5	32	72	72	107	118	122	6	11.5	2.5	2.1
32313	65	140	51	48	39	3	2.5	34.3	77	79	117	128	131	6	12	2.5	2.1
32314	70	150	54	51	42	3	2.5	36.5	82	84	125	138	141	6	12	2.5	2.1
32315	75	160	58	55	45	3	2.5	39.4	87	91	133	148	150	7	13	2.5	2.1
32316	80	170	61.5	58	48	3	2.5	42.1	92	97	142	158	160	7	13.5	2.5	2.1
32317	85	180	63.5	60	49	4	3	43.5	99	102	150	166	168	8	14.5	3	2.5
32318	90	190	67.5	64	53	4	3	46.2	104	107	157	176	178	8	14.5	3	2.5
32319	95	200	71.5	67	55	4	3	49	109	114	166	186	187	8	16.5	3	2.5
32320	100	215	77.5	73	60	4	3	52.9	114	122	177	201	201	8	17.5	3	2.5

注: r_{smin} 等含义同上表。

附录 F 常用的零件结构要素

表 F-1 零件倒圆与倒角 (GB/T 6403.4−2008)   单位:mm

型式				

R、C 尺寸系列	0.1	0.2	0.3	0.4	0.5	0.6	0.8	1.0	1.2	1.6	2.0	2.5	3.0
	4.0	5.0	6.0	8.0	10	12	16	20	25	32	40	50	—

装配型式		

$C_1>R$ $R_1>R$ $C<0.58R_1$ $C_1>C$

C_{max} 与 R_1 的关系 ($C<0.58R_1$)	R_1	0.1	0.2	0.3	0.4	0.5	0.6	0.8	1.0	1.2	1.6	2.0
	C_{max}	—	0.1	0.1	0.2	0.2	0.3	0.4	0.5	0.6	0.8	1.0
	R_1	2.5	3.0	4.0	5.0	6.0	8.0	10	12	16	20	25
	C_{max}	1.2	1.6	2.0	2.5	3.0	4.0	5.0	6.0	8.0	10	12

表 F-2 与零件直径 ϕ 相应的倒角 C、倒圆 R 的推荐值   单位:mm

ϕ	<3	$>3\sim6$	$>6\sim10$	$>10\sim18$	$>18\sim30$	$>30\sim50$	$>50\sim80$	$>80\sim120$	$>120\sim180$
C 或 R	0.2	0.4	0.6	0.8	1.0	1.6	2.0	2.5	3.0
ϕ	$>180\sim250$	$>250\sim320$	$>320\sim400$	$>400\sim500$	$>500\sim630$	$>630\sim800$	$>800\sim1\,000$	$>1\,000\sim1\,250$	$>1\,250\sim1\,600$
C 或 R	4.0	5.0	6.0	8.0	10	12	16	20	25

注:①α 一般采用 45°,也可采用 30° 或 60°。

②内角外角分别为倒圆、倒角(倒角为 45°)时,R_1、C_1 为正偏差,R 和 C 为负偏差。

表 F-3　砂轮越程槽(GB/T 6403.5－2008)

型式						
	a 磨外圆	b 磨内圆	c 磨外端面	d 磨内端面	e 磨外圆及端面	f 磨内圆及端面

尺寸									
b_1	0.6	1.0	1.6	2.0	3.0	4.0	5.0	8.0	10
b_2	2.0	3.0			4.0		5.0	8.0	10
h	0.1	0.2			0.3	0.4		0.6	0.8	1.2
r	0.2	0.5			0.8	1.0		1.6	2.0	3.0
d	~10			>10~50			>50~100		>100

注:①越程槽内二直线相交处,不允许产生尖角。

②越程槽深度 h 与圆弧半径 r,要满足 $r \leqslant 3h$。

表 F-4　紧固件通孔 (GB/T 5277—1985) 及沉孔尺寸 (GB/T 152.2～152.4—1988)

螺栓或螺钉直径 d		3	3.5	4	5	6	8	10	12	14	16	20	24	30	36	42	48
通孔直径 d_h (GB/T 5277— 1985)	精装配	3.2	3.7	4.3	5.3	6.4	8.4	10.5	13	15	17	21	25	31	37	43	50
	中等装配	3.4	3.9	4.5	5.5	6.6	9	11	13.5	15.5	17.5	22	26	33	39	45	52
	粗装配	3.6	4.2	4.8	5.8	7	10	12	14.5	16.5	18.5	24	28	35	42	48	56
六角头螺栓和六角螺母用沉孔 (GB/T 152.4— 1988)	d_2	9	—	10	11	13	18	22	26	30	33	40	48	61	71	82	98
	t	只要能制出与通孔轴线垂直的圆平面即可															
沉头用沉孔(GB/T 152.2— 1988)	d_2	6.4	8.4	9.6	10.6	12.8	17.6	20.3	24.4	28.4	32.4	40.4	—	—	—	—	—

螺栓或螺钉直径 d		3	3.5	4	5	6	8	10	12	14	16	20	24	30	36	42	48
通孔直径 d_h (GB/T 5277—1985)	精装配	3.2	3.7	4.3	5.3	6.4	8.4	10.5	13	15	17	21	25	31	37	43	50
	中等装配	3.4	3.9	4.5	5.5	6.6	9	11	13.5	15.5	17.5	22	26	33	39	45	52
	粗装配	3.6	4.2	4.8	5.8	7	10	12	14.5	16.5	18.5	24	28	35	42	48	56
开槽圆柱头用的圆柱头沉孔 (GB/T 152.3—1988)	d_2	—	—	8	10	11	15	18	20	24	26	33	—	—	—	—	—
	t	—	—	3.2	4	4.7	6	7	8	9	10.5	12.5	—	—	—	—	—
内六角圆柱头用的圆柱头沉孔 (GB/T 152.3—1988)	d_2	6		8	10	11	15	18	20	24	26	33	40	48	57	—	—
	t	3.4	—	4.6	5.7	6.8	9	11	13	15	17.5	21.5	25.5	32	38	—	—

附录 G　极限与配合

表 G-1　轴的上、下极限偏差数值表（GB/T 1801—2009、GB/T1800.2—2009）

基本尺寸(mm) 大于	至	公差带 a 11	b 11	b 12	c 9	c 10	c 11	d 8	d 9	d 10	d 11	e 7	e 8	e 9
—	3	−270	−140	−140	−60	−60	−60	−20	−20	−20	−20	−14	−14	−14
		−330	−200	−240	−85	−100	−120	−34	−45	−60	−80	−24	−28	−39
3	6	−270	−140	−140	−70	−70	−70	−30	−30	−30	−30	−20	−20	−20
		−345	−215	−260	−100	−118	−145	−48	−60	−78	−105	−32	−38	−50
6	10	−280	−150	−150	−80	−80	−80	−40	−40	−40	−40	−25	−25	−25
		−370	−240	−300	−116	−138	−170	−62	−76	−98	−130	−40	−47	−61
10	14	−200	−150	−150	−95	−95	−95	−50	−50	−50	−50	−32	−32	−32
14	18	−400	−260	−330	−138	−165	−205	−77	−93	−120	−160	−50	−59	−75
18	24	−300	160	−160	−110	−110	−110	−65	−65	−65	−65	−40	−40	−40
24	30	−430	−290	−370	−162	−194	−240	−98	−117	−149	−195	−61	−73	−92
30	40	−310	−170	−170	−120	−120	−120	−80	−80	−80	−80	−50	−50	−50
		−470	−330	−420	−182	−220	−280	−119	−142	−180	−240	−75	−89	−112
40	50	−320	−180	−180	−130	−130	−130							
		−480	−340	−430	−192	−230	−290							
50	65	−340	190	−190	−140	−140	−140	−100	−100	−100	−100	−60	−60	−60
		−530	−380	−490	−214	−260	−330	−146	−174	−220	−290	−90	−106	−134
65	80	−360	−200	−200	−150	−150	−150							
		−550	−390	−500	−224	−270	−340							
80	100	−380	−220	−220	−170	−170	−170	−120	−120	−120	−120	−72	−72	−72
		−600	−440	−570	−257	−310	−390	−174	−207	−260	−340	−107	−126	−159
100	120	−410	−240	−240	−180	−180	−180							
		−630	−460	−590	−267	−320	−400							
120	140	−460	−260	−260	−200	−200	−200	−145	−145	−145	−145	−85	−85	−85
		−710	−510	−660	−300	−360	−450	−208	−245	−305	−395	−125	−148	−185
140	160	−520	−280	−280	−210	−210	−210							
		−770	−530	−680	−310	−370	−460							
160	180	−580	−310	−310	−230	−230	−230							
		−830	−560	−710	−330	−390	−480							
180	200	−660	−340	−340	−240	−240	−240	−170	−170	−170	−170	−100	−100	−100
		−950	−630	−800	−355	−425	−530	−242	−285	−355	−460	−146	−172	−215
200	225	−740	−380	−380	−260	−260	−260							
		−1 030	−670	−840	−375	−445	−550							
225	250	−820	−420	−420	−280	−280	−280							
		−1 110	−710	−880	−395	−465	−570							
250	280	−920	−480	−480	−300	−300	−300	−190	−190	−190	−190	−110	−110	−110
		−1 240	−800	−1 000	−430	−510	−620	−271	−320	−400	−510	−162	191	−240
280	315	−1 050	−540	−540	−330	−330	−330							
		−1 370	−860	−1 060	−460	−540	−650							
315	355	−1 200	−600	−600	−360	−360	−360	−210	−210	−210	−210	−125	−125	−125
		−1 560	−960	−1 170	−500	−590	−720	−299	−350	−440	−570	−182	−214	−265
355	400	−1 350	−680	−680	−400	−400	−400							
		−1 710	−1 040	−1 250	−540	−630	−760							
400	450	−1 500	−760	−760	−440	−440	−440	−230	−230	−230	−230	−135	−135	−135
		−1 900	−1 160	−1 390	−595	−690	−840	−327	−385	−480	−630	198	−232	−290
450	500	−1 650	−840	−840	−480	−480	−480							
		−2 050	−1 240	−1 470	−635	−730	−880							

注：基本尺寸小于 1 mm 时，各级的 a 和 b 均不采用。

（公差带）

f 5	f 6	f 7	f 8	f 9	g 5	g 6	g 7	h 5	h 6	h 7	h 8	h 9	h 10	h 11	h 12
−6 / −10	−6 / −12	−6 / −16	−6 / −20	−6 / −31	−2 / −6	−2 / −8	−2 / −12	0 / −4	0 / −6	0 / −10	0 / −14	0 / −25	0 / −40	0 / −60	0 / −100
−10 / −15	−10 / −18	−10 / −22	−10 / −28	−10 / −40	−4 / −9	−4 / −12	−4 / −16	0 / −5	0 / −8	0 / −12	0 / −18	0 / −30	0 / −48	0 / −75	0 / −120
−13 / −19	−13 / −22	−13 / −28	−13 / −35	−13 / −49	−5 / −11	−5 / −14	−5 / −20	0 / −6	0 / −9	0 / −15	0 / −22	0 / −36	0 / −58	0 / −90	0 / −150
−16 / −24	−16 / −27	−16 / −34	−16 / −43	−16 / −59	−6 / −14	−6 / −17	−6 / −24	0 / −8	0 / −11	0 / −18	0 / −27	0 / −43	0 / −70	0 / −110	0 / −180
−20 / −29	−20 / −33	−20 / −41	−20 / −53	−20 / −72	−7 / −16	−7 / −20	−7 / −28	0 / −9	0 / −13	0 / −21	0 / −33	0 / −52	0 / −84	0 / −130	0 / −210
−25 / −36	−25 / −41	−25 / −50	−25 / −64	−25 / −87	−9 / −20	−9 / −25	−9 / −34	0 / −11	0 / −16	0 / −25	0 / −39	0 / −62	0 / −100	0 / −160	0 / −250
−30 / −43	−30 / −49	−30 / −60	−30 / −76	−30 / −104	−10 / −23	−10 / −29	−10 / −40	0 / −13	0 / −19	0 / −30	0 / −46	0 / −74	0 / −120	0 / −190	0 / −300
−36 / −51	−36 / −58	−36 / −71	−36 / −90	−36 / −123	−12 / −27	−12 / −34	−12 / −47	0 / −15	0 / −22	0 / −35	0 / −54	0 / −87	0 / −140	0 / −220	0 / −350
−43 / 61	−43 / −68	−43 / −83	−43 / −106	−43 / −143	−14 / −32	−14 / −39	−14 / −54	0 / −18	0 / −25	0 / 40	0 / 63	0 / 100	0 / −160	0 / −250	0 / −400
−50 / −70	−50 / −79	−50 / −96	−50 / −122	−50 / −165	−15 / −35	−15 / −44	−15 / −61	0 / −20	0 / −29	0 / −46	0 / −72	0 / −115	0 / −185	0 / −290	0 / −460
−56 / −79	−56 / −88	−56 / −108	−56 / −137	−56 / −186	−17 / −40	−17 / −49	−17 / −69	0 / −23	0 / −32	0 / −52	0 / −81	0 / −130	0 / −210	0 / −320	0 / −520
−62 / −87	−62 / −98	−62 / −119	−62 / −151	−62 / −202	−18 / −43	−18 / −54	−18 / −75	0 / −25	0 / −36	0 / −57	0 / −89	0 / −140	0 / −230	0 / −360	0 / −570
−68 / −95	−68 / −108	−68 / −131	−68 / −165	−68 / −223	−20 / −47	−20 / −60	−20 / −83	0 / −27	0 / −40	0 / −63	0 / −97	0 / −155	0 / −250	0 / −400	0 / −630

续表

基本尺寸(mm)		公差带														
		js			k			m			n			P		
大于	至	5	6	7	5	6	7	5	6	7	5	6	7	5	6	7
—	3	±2	±3	±5	+4 0	+6 0	+10 0	+6 +2	+8 +2	+12 +2	+8 +4	+10 +4	+14 +4	+10 +6	+12 +6	+16 +6
3	6	±2.5	±4	±6	+6 +1	+9 +1	+13 +1	+9 +4	+12 +4	+16 +4	+13 +8	+16 +8	+20 +8	+17 +12	+20 +12	+24 +12
6	10	±3	±4.5	±7	+7 +1	+10 +1	+16 +1	+12 +6	+15 +6	+21 +6	+16 +10	+19 +10	+25 +10	+21 +15	+24 +15	+30 +15
10	14	±4	±5.5	±9	+9 +1	+12 +1	+19 +1	+15 +7	+18 +7	+25 +7	+20 +12	+23 +12	+30 +12	+26 +18	+29 +18	+36 +18
14	18															
18	24	±4.5	±6.5	±10	+11 +2	+15 +2	+23 +2	+17 +8	+21 +8	+29 +8	+24 +15	+28 +15	+36 +15	+31 +22	+35 +22	+43 +22
24	30															
30	40	±5.5	±8	±12	+13 +2	+18 +2	+27 +2	+20 +9	+25 +9	+34 +9	+28 +17	+33 +17	+42 +17	+37 +26	+42 +26	+51 +26
40	50															
50	65	±6.5	±9.5	±15	+15 +2	+21 +2	+32 +2	+24 +11	+30 +11	+41 +11	+33 +20	+39 +20	+50 +20	+45 +32	+51 +32	+62 +32
65	80															
80	100	±7.5	±11	±17	+18 +3	+25 +3	+38 +3	+28 +13	+35 +13	+48 +13	+38 +23	+45 +23	+58 +23	+52 +37	+59 +37	+72 +37
100	120															
120	140	±9	±12.5	±20	+21 +3	+28 +3	+43 +3	+33 +15	+40 +15	+55 +15	+45 +27	+52 +27	+67 +27	+61 +43	+68 +43	+83 +43
140	160															
160	180															
180	200	±10	±14.5	±23	+24 +4	+33 +4	+50 +4	+37 +17	+46 +17	+63 +17	+54 +31	+60 +31	+77 +31	+70 +50	+79 +50	+96 +50
200	225															
225	250															
250	280	±11.5	±16	±26	+27 +4	+36 +4	+56 +4	+43 +20	+52 +20	+72 +20	+57 +34	+66 +34	+86 +34	+79 +56	+88 +56	+108 +56
280	315															
315	355	±12.5	±18	±28	+29 +4	+40 +4	+61 +4	+46 +21	+57 +21	+78 +21	+62 +37	+73 +37	+94 +37	+87 +62	+98 +62	+119 +62
355	400															
400	450	±13.5	±20	±31	+32 +5	+45 +5	+68 +5	+50 +23	+63 +23	+86 +23	+67 +40	+80 +40	+103 +40	+95 +68	+108 +68	+131 +68
450	500															

（公差带）

r			s			t			u		v	x	y	z
5	6	7	5	6	7	5	6	7	6	7	6	6	6	6
+14/+10	+16/+10	+20/+10	+18/+14	+20/+14	+24/+14	—	—	—	+24/+18	+28/+18	—	+26/+20	—	+32/+26
+20/+15	+23/+15	+27/+15	+24/+19	+27/+19	+31/+19	—	—	—	+31/+23	+35/+23	—	+36/+28	—	+43/+35
+25/+19	+28/+19	+34/+19	+29/+23	+32/+23	+38/+23	—	—	—	+37/+28	+43/+28	—	+43/+34	—	+51/+42
+31/+23	+34/+23	+41/+23	+36/+28	+39/+28	+46/+28	—	—	—	+44/+33	+51/+33	—	+51/+40	—	+61/+50
											+50/+39	+56/+45		+71/+60
+37/+28	+41/+28	+49/+28	+44/+35	+48/+35	+56/+35	—	—	—	+54/+41	+62/+41	+60/+47	+67/+54	+76/+63	+86/+73
						+50/+41	+54/+41	+62/+41	+61/+43	+69/+48	+68/+55	+77/+64	+88/+75	+101/+88
+45/+34	+50/+34	+59/+34	+54/+43	+59/+43	+68/+43	+59/+48	+64/+48	+73/+48	+76/+60	+85/+60	+84/+68	+96/+80	+110/+94	+128/+112
						+65/+54	+70/+54	+79/+54	+86/+70	+95/+70	+97/+81	+113/+97	+130/+114	+152/+136
+54/+41	+60/+41	+71/+41	+66/+53	+72/+53	+83/+53	+79/+66	+85/+66	+96/+66	+106/+87	+117/+87	+121/+102	+141/+122	+163/+144	+191/+172
+56/+43	+62/+43	+73/+43	+72/+59	+78/+59	+89/+59	+88/+75	+94/+75	+105/+75	+121/+102	+132/+102	+139/+120	+165/+146	+193/+174	+229/+210
+66/+51	+73/+51	+86/+51	+86/+71	+93/+71	+106/+71	+106/+91	+113/+91	+126/+91	+146/+124	+159/+124	+168/+146	+200/+178	+236/+214	+280/+258
+69/+54	+76/+54	+89/+54	+94/+79	+101/+79	+114/+79	+110/+104	+126/+104	+139/+104	+166/+144	+179/+144	+194/+172	+232/+210	+276/+254	+332/+310
+81/+63	+88/+63	+103/+63	+110/+92	+117/+92	+132/+92	+140/+122	+147/+122	+162/+122	+195/+170	+210/+170	+227/+202	+273/+248	+325/+300	+390/+365
+83/+65	+90/+65	+105/+65	+118/+100	+125/+100	+140/+100	+152/+134	+159/+134	+174/+134	+215/+190	+230/+190	+253/+228	+305/+280	+365/+340	+440/+415
+86/+68	+93/+68	+108/+68	+126/+108	+133/+108	+148/+108	+164/+146	+171/+146	+186/+146	+235/+210	+250/+210	+277/+252	+335/+310	+405/+380	+490/+465
+97/+77	+106/+77	+123/+77	+142/+122	+151/+122	+168/+122	+186/+166	+195/+166	+212/+166	+265/+236	+282/+236	+313/+284	+379/+350	+454/+425	+549/+520
+100/+80	+109/+80	+126/+80	+150/+130	+159/+130	+176/+130	+200/+180	+209/+180	+226/+180	+287/+258	+304/+258	+339/+310	+414/+385	+499/+470	+604/+575
+104/+84	+113/+84	+130/+84	+160/+140	+169/+140	+186/+140	+216/+196	+225/+196	+242/+196	+313/+284	+330/+284	+369/+340	+454/+425	+549/+520	+669/+640
+117/+94	+126/+94	+146/+94	+181/+158	+190/+158	+210/+158	+241/+218	+250/+218	+270/+218	+347/+315	+367/+315	+417/+385	+507/+475	+612/+580	+742/+710
+121/+98	+130/+98	+150/+98	+193/+170	+202/+170	+222/+170	+263/+240	+272/+240	+292/+240	+382/+350	+402/+350	+457/+425	+557/+525	+682/+650	+862/+790
+133/+108	+144/+108	+165/+108	+215/+190	+226/+190	+247/+190	+293/+268	+304/+268	+325/+268	+426/+390	+447/+390	+511/+475	+626/+590	+766/+730	+936/+900
+139/+114	+150/+114	+171/+114	+233/+208	+244/+208	+265/+208	+319/+294	+330/+294	+351/+294	+471/+435	+492/+435	+566/+530	+696/+660	+856/+820	+1 036/+1 000
+153/+126	+166/+126	+189/+126	+259/+232	+272/+232	+295/+232	+357/+330	+370/+330	+393/+330	+530/+490	+553/+490	+635/+595	+780/+740	+960/+920	+1 140/+1 100
+159/+132	+172/+132	+195/+132	+279/+252	+292/+252	+315/+252	+387/+360	+400/+360	+423/+360	+580/+540	+603/+540	+700/+660	+860/+820	+1 040/+1 000	+1 290/+1 250

表 G-2　孔的上、下极限偏差数值表（GB/T 1801—2009、GB/T 1800.2—2009）

基本尺寸(mm) 大于	至	公差带 A 11	B 11	B 12	C 11	D 8	D 9	D 10	D 11	E 8	E 9	F 6	F 7	F 8	F 9
—	3	+330 / +270	+200 / +140	+240 / +140	+120 / +60	+34 / +20	+45 / +20	+60 / +20	+80 / +20	+28 / +14	+39 / +14	+12 / +6	+16 / +6	+20 / +6	+31 / +6
3	6	+345 / +270	+215 / +140	+260 / +140	+145 / +70	+48 / +30	+60 / +30	+78 / +30	+105 / +30	+38 / +20	+50 / +20	+18 / +10	+22 / +10	+28 / +10	+40 / +10
6	10	+370 / +280	+240 / +150	+300 / +150	+170 / +80	+62 / +40	+76 / +40	+98 / +40	+130 / +40	+47 / +25	+61 / +25	+22 / +13	+28 / +13	+35 / +13	+49 / +13
10	18	+400 / +290	+260 / +150	+330 / +150	+205 / +95	+77 / +50	+93 / +50	+120 / +50	+160 / +50	+59 / +32	+75 / +32	+27 / +16	+34 / +16	+43 / +16	+59 / +16
18	24	+430 / +300	+290 / +160	+370 / +160	+240 / +110	+98 / +65	+117 / +65	+149 / +65	+195 / +65	+73 / +40	+92 / +40	+33 / +20	+41 / +20	+53 / +20	+72 / +20
24	30	+430 / +300	+290 / +160	+370 / +160	+240 / +110										
30	40	+470 / +310	+330 / +170	+420 / +170	+280 / +120	+119 / +80	+142 / +80	+180 / +80	+240 / +80	+89 / +50	+112 / +50	+41 / +25	+50 / +25	+64 / +25	+87 / +25
40	50	+480 / +320	+340 / +180	+430 / +180	+290 / +130										
50	65	+530 / +340	+380 / +190	+490 / +190	+330 / +140	+146 / +100	+170 / +100	+220 / +100	+290 / +100	+106 / +60	+134 / +60	+49 / +30	+60 / +30	+76 / +30	+104 / +30
65	80	+550 / +360	+390 / +200	+500 / +200	+340 / +150										
80	100	+600 / +380	+440 / +220	+570 / +220	+390 / +170	+174 / +120	+207 / +120	+260 / +120	+340 / +120	+126 / +72	+159 / +72	+58 / +36	+71 / +36	+90 / +36	+123 / +36
100	120	+630 / +410	+460 / +240	+590 / +240	+400 / +180										
120	140	+710 / +460	+510 / +260	+660 / +260	+450 / +200	+208 / +145	+245 / +145	+305 / +145	+395 / +145	+148 / +85	+185 / +85	+68 / +43	+83 / +43	+106 / +43	+143 / +43
140	160	+770 / +520	+530 / +280	+680 / +280	+460 / +210										
160	180	+830 / +580	+560 / +310	+710 / +310	+480 / +230										
180	200	+950 / +660	+630 / +340	+800 / +340	+530 / +240	+242 / +170	+285 / +170	+355 / +170	+460 / +170	+172 / +100	+215 / +100	+79 / +50	+96 / +50	+122 / +50	+165 / +50
200	225	+1 030 / +740	+670 / +380	+840 / +380	+550 / +260										
225	250	+1 110 / +820	+710 / +420	+880 / +420	+570 / +280										
250	280	+1 240 / +920	+800 / +480	+1 000 / +480	+620 / +300	+271 / +190	+320 / +190	+400 / +190	+510 / +190	+191 / +110	+240 / +110	+88 / +56	+108 / +56	+137 / +56	+186 / +56
280	315	+1 370 / +1 050	+860 / +540	+1 060 / +540	+650 / +330										
315	355	+1 560 / +1 200	+960 / +600	+1 170 / +600	+720 / +360	+299 / +210	+350 / +210	+440 / +210	+570 / +210	+214 / +125	+265 / +125	+98 / +62	+119 / +62	+151 / +62	+202 / +62
355	400	+1 710 / +1 350	+1 040 / +680	+1 250 / +680	+760 / +400										
400	450	+1 900 / +1 500	+1 160 / +760	+1 390 / +760	+840 / +440	+327 / +230	+385 / +230	+480 / +230	+630 / +230	+232 / +135	+290 / +135	+108 / +68	+131 / +68	+165 / +68	+223 / +68
450	500	+2 050 / +1 650	+1 240 / +840	+1 470 / +840	+880 / +480										

（公差带）

G 6	G 7	H 6	H 7	H 8	H 9	H 10	H 11	H 12	Js 6	Js 7	Js 8	K 6	K 7	K 8	M 6	M 7	M 8
+8 +2	+12 +2	+6 0	+10 0	+14 0	+25 0	+40 0	+60 0	+100 0	±3	±5	±7	0 −6	0 −10	0 −14	−2 −8	−2 −12	−2 −16
+12 +4	+16 +4	+8 0	+12 0	+18 0	+30 0	+48 0	+75 0	+120 0	±4	±6	±9	+2 −6	+3 −9	+5 −13	−1 −9	0 −12	+2 −16
+14 +5	+20 +5	+9 0	+15 0	+22 0	+36 0	+58 0	+90 0	+150 0	±4.5	±7	±11	+2 −7	+5 −10	+6 −16	−3 −12	0 −15	+1 −21
+17 +6	+24 +6	+11 0	+18 0	+27 0	+43 0	+70 0	+110 0	+180 0	±5.5	±9	±13	+2 −9	+6 −12	+8 −19	−4 −15	0 −18	+2 −25
+20 +7	+28 +7	+13 0	+21 0	+33 0	+52 0	+84 0	+130 0	+210 0	±6.5	±10	±16	+2 −11	+6 −15	+10 −23	−4 −17	0 −21	+4 −29
+25 +9	+34 +9	+16 0	+25 0	+39 0	+62 0	+100 0	+160 0	+250 0	±8	±12	±19	+3 −13	+7 −18	+12 −27	−4 −20	0 −25	+5 −34
+29 +10	+40 +10	+19 0	+30 0	+46 0	+74 0	+120 0	+190 0	+300 0	±9.5	±15	±23	+4 −15	+9 −21	+14 −32	−5 −24	0 −30	+5 −41
+34 +12	+47 +12	+22 0	+35 0	+54 0	+87 0	+140 0	+220 0	+350 0	±11	±17	±27	+4 −18	+10 −25	+16 −38	−6 −28	0 −35	+6 −48
+39 +14	+54 +14	+25 0	+40 0	+63 0	+100 0	+160 0	+250 0	+400 0	±12.5	±20	±31	+4 −21	+12 −28	+20 −43	−8 −33	0 −40	+8 −55
+44 +15	+61 +15	+29 0	+46 0	+72 0	+115 0	+185 0	+290 0	+460 0	±14.5	±23	±36	+5 −24	+13 −33	+22 −50	−8 −37	0 −46	+9 −63
+49 +17	+69 +17	+32 0	+52 0	+81 0	+130 0	+210 0	+320 0	+520 0	±16	±26	±40	+5 −27	+16 −36	+25 −56	−9 −41	0 −52	+9 −72
+54 +18	+75 +18	+36 0	+57 0	+89 0	+140 0	+230 0	+360 0	+570 0	±18	±28	±44	+7 −29	+17 −40	+28 −61	−10 −46	0 −57	+11 −78
+60 +20	+83 +20	+40 0	+63 0	+97 0	+155 0	+250 0	+400 0	+630 0	±20	±31	±48	+8 −32	+18 −45	+29 −68	−10 −50	0 −63	+11 −86

| 基本尺寸 (mm) | | 公差带 | | | | | | | | | | | |
| 大于 | 至 | N | | | P | | R | | S | | T | | U |
		6	7	8	6	7	6	7	6	7	6	7	7
—	3	−4/−10	−4/−14	−4/−18	−6/−12	−6/−16	−10/−16	−10/−20	−14/−20	−14/−24	—	—	−18/−28
3	6	−5/−13	−4/−16	−2/−20	−9/−17	−8/−20	−12/−20	−11/−23	−16/−24	−15/−27	—	—	−19/−31
6	10	−7/−16	−4/−19	−3/−25	−12/−21	−9/−24	−16/−25	−13/−28	−20/−29	−17/−32	—	—	−22/−37
10	14	−9/−20	−5/−23	−3/−30	−15/−26	−11/−29	−20/−31	−16/−34	−25/−36	−21/−39	—	—	−26/−44
14	18												
18	24	−11/−24	−7/−28	−3/−36	−18/−31	−14/−35	−24/−37	−20/−41	−31/−44	−27/−48	—	—	−33/−54
24	30										−37/−50	−33/−54	−40/−61
30	40	−12/−28	−8/−33	−3/−42	−21/−37	−17/−42	−29/−45	−25/−50	−38/−54	−34/−59	−43/−59	−39/−64	−51/−76
40	50										−49/−65	−45/−70	−61/−86
50	65	−14/−33	−9/−39	−4/−50	−26/−45	−21/−51	−35/−54	−30/−60	−47/−66	−42/−72	−60/−79	−55/−85	−76/−106
65	80						−37/−56	−32/−62	−53/−72	−48/−78	−69/−88	−64/−94	−91/−121
80	100	−16/−38	−10/−45	−4/−58	−30/−52	−24/−59	−44/−66	−38/−73	−64/−86	−58/−93	−84/−106	−78/−113	−111/−146
100	120						−47/−69	−41/−76	−72/−94	−66/−101	−97/−119	−91/−126	−131/−166
120	140	−20/−45	−12/−52	−4/−67	−36/−61	−28/−68	−56/−81	−48/−88	85/−110	−77/−117	−115/−140	−107/−147	−155/−195
140	160						−58/−83	−50/−90	−93/−118	−85/−125	−127/−152	−119/−159	−175/−215
160	180						−61/−86	−53/−93	−101/−126	−93/−133	−139/−164	−131/−171	−195/−235
180	200	−22/−51	−14/−60	−5/−77	−41/−70	−33/−79	−68/−97	−60/−106	−113/−142	−105/−151	−157/−186	−149/−195	−219/−265
200	225						−71/−100	−63/−109	−121/−150	−113/−159	−171/−200	−163/−209	−241/−287
225	250						−75/−104	−67/−113	−131/−160	−123/−169	−187/−216	−179/−225	−267/−313
250	280	−25/−57	−14/−66	−5/−86	−47/−79	−36/−88	−85/−117	−74/−126	−149/−181	−138/−190	−209/−241	−198/−250	−295/−347
280	315						−89/−121	−78/−130	−161/−193	−150/−202	−231/−263	−220/−272	−330/−382
315	355	−26/−62	−16/−73	−5/−94	−51/−87	−41/−98	−97/−133	−87/−144	−179/−215	−169/−226	−257/−293	−247/−304	−369/−426
355	400						−103/−139	−93/−150	−197/−233	−187/−244	−283/−319	−273/−330	−414/−471
400	450	−27/−67	−17/−80	−6/−103	−55/−95	−45/−108	−113/−153	−103/−166	−219/−259	−209/−272	−317/−357	−307/−370	−467/−530
450	500						−119/−159	−109/−172	−239/−279	−229/−292	−347/−387	−337/−400	−517/−580

附录 H　常用金属材料及热处理

H1. 常用金属材料

1. 铸铁

灰铸铁（GB/T 9439—2010）、球墨铸铁（GB/T 1348—2009）、可锻铸铁（GB/T 9440—2010）。

名　称	牌　号	应 用 举 例	说　明
灰铸铁	HT 100 HT 150	用于低强度铸件，如盖、手轮、支架等； 用于中度铸件，如底座、刀架、轴承座、胶带轮盖等	"HT"表示灰铸铁，后面的数字表示抗拉强度值（N/mm²）
	HT 200 HT 250	用于高强度铸件，如床身、机座、齿轮、凸轮、汽缸泵体、联轴器等	
	HT 300 HT 350	用于高强度耐磨铸件，如齿轮、凸轮、重载荷床身、高压泵、阀壳体、锻模、冷冲压模等	
球墨铸铁	QT800-2 QT700-2 QT600-3	具有较高强度，但塑性低，用于曲轴、凸轮轴、齿轮、汽缸、缸套、轧辊、水泵轴、活塞环、摩擦片等零件	"QT"表示球墨铸铁，其后第一组数字表示抗拉强度值（N/mm²），第二组数字表示延伸率（%）
	QT500-7 QT450-10 QT400-18	具有较高的塑性和适当的强度，用于承受冲击负荷的零件	
可锻铸铁	KTH 300-06 KTH 330-08 KTH 350-10 KTH 370-12	黑心可锻铸铁，用于承受冲击振动的零件：汽车、拖拉机、农机铸件	"KT"表示可锻铸铁，"H"表示黑心，"B"表示白心，第一组数字表示抗拉强度值（N/mm²），第二组数字表示延伸率（%）； KTH300—06 适用于气密性零件
	KTB 350-04 KTB 360-12 KTB 400-05 KTB 450-07	白心可锻铸铁，韧性较低，但强度高，耐磨性、加工性好。可代替低、中碳钢及低合金钢的重要零件，如曲轴、连杆、机床附件等	

2. 钢

普通碳素结构钢（GB/T 700—2006）、优质碳素结构钢（GB/T 699—1999）、合金结构钢（GB/T 3077—1999）、碳素工具钢（GB/T 1298—2008）、一般工程用铸造碳钢（GB/T 11352—2009）。

名称	牌　号		应用举例	说　明
普通碳素结构钢	Q215	A级 B级	金属结构件、拉杆、套圈、铆钉、螺栓、短轴、心轴、凸轮（载荷不大的）、垫圈；渗碳零件及焊接件	"Q"为碳素结构钢屈服点"屈"字的汉语拼音首位字母，后面数字表示屈服点数值。如 Q235 表示碳素结构钢屈服点为 235 N/mm^2。
	Q235	A级 B级 C级 D级	金属结构件，心部强度要求不高的渗碳或氰化零件，吊钩、拉杆、套圈、汽缸、齿轮、螺栓、螺母、连杆、轮轴、楔、盖及焊接件	新旧牌号对照： Q215···A2（A2F） Q235···A3
	Q275		轴、轴销、刹车杆、螺母、螺栓、垫圈、连杆、齿轮以及其他强度较高的零件	Q275···A5
优质	08F 10 15 20 25		可塑性要求高的零件，如管子、垫圈、渗碳件、氰化件等； 拉杆、卡头、垫圈、焊件； 渗碳件、紧固件、冲模锻件、化工储器； 杠杆、轴套、钩、螺钉、渗碳件与氰化件； 轴、辊子、连接器，紧固件中的螺栓、螺母	牌号的两位数字表示平均含碳量，称碳的质量分数。45 号钢即表示碳的质量分数为 0.45％，表示平均含碳量为 0.45％
碳素结构钢	30 35 40 45 50 55 60 65		曲轴、转轴、轴销、连杆、横梁、星轮； 曲轴、摇杆、拉杆、键、销、螺栓； 齿轮、齿条、链轮、凸轮、轧辊、曲柄轴； 齿轮、轴、联轴器、衬套、活塞销、链轮； 活塞杆、轮轴、齿轮、不重要的弹簧； 齿轮、连杆、扁弹簧、轧辊、偏心轮、轮圈、轮缘； 偏心轮、弹簧圈、垫圈、调整片、偏心轴等； 叶片弹簧、螺旋弹簧	碳的质量分数≤0.25％的碳钢，属低碳钢（渗碳钢）； 碳的质量分数在（0.25～0.6）％之间的碳钢属中碳钢（调质钢）； 碳的质量分数≥0.6％的碳钢，属高碳钢； 在牌号后加符号"F"表示沸腾钢
	15Mn 20Mn 30Mn 40Mn 45Mn 50Mn 60Mn 65Mn		活塞销、凸轮轴、拉杆、铰链、焊管、钢板； 螺栓、传动螺杆、制动板、传动装置、转换拨叉； 万向联轴器、分配轴、曲轴、高强度螺栓、螺母； 滑动滚子轴； 承受磨损零件、摩擦片、转动滚子、齿轮、凸轮； 弹簧、发条； 弹簧环、弹簧垫圈	锰的质量分数较高的钢，须加注化学元素符号"Mn"
铬钢	15Cr 20Cr 30Cr 40Cr 45Cr 50Cr		渗碳齿轮、凸轮、活塞销、离合器； 较重要的渗碳件； 重要的调质零件，如轮轴、齿轮、摇杆、螺栓等； 较重要的调质零件，如齿轮、进气阀、辊子、轴等； 强度及耐磨性高的轴、齿轮、螺栓等； 重要的轴、齿轮、螺旋弹簧、止推环	钢中加入一定量的合金元素，提高了钢的力学性能和耐磨性，也提高了钢在热处理时的淬透性，保证金属在较大截面上获得好的力学性能；
铬锰钢	15CrMn 20CrMn 40CrMn		垫圈、汽封套筒、齿轮、滑键拉钩、卤杆、偏心轮； 轴、轮轴、连杆、曲柄轴及其他高耐磨零件； 轴、齿轮	铬钢、铬锰钢和铬锰钛钢都是常用的合金结构钢（GB/T 3077—1999）
铬锰钛钢	18CrMnTi 30CrMnTi 40CrMnTi		汽车上重要渗碳件，如齿轮等； 汽车、拖拉机上强度特高的渗碳齿轮； 强度高、耐磨性高的大齿轮、主轴等	

名称	牌号	应用举例	说明
碳素工具钢	T7 T7A	能承受震动和冲击的工具,硬度适中时有较大的韧性。用于制造凿子、钻软岩石的钻头,冲击式打眼机钻头,大锤等	用"碳"或"T"后附以平均含碳量的千分数表示,有 T7～T13。高级优质碳素工具钢须在牌号后加注"A"; 平均含碳量为 0.7%～1.3%
	T8 T8A	有足够的韧性和较高的硬度,用于制造能承受震动的工具,如钻中等硬度岩石的钻头,简单模子,冲头等	
一般工程用铸造碳钢	ZG 200-400	各种形状的机件,如机座、箱壳	ZG 230-450 表示:工程用铸钢,屈服点为230N/mm²,抗拉强度450N/mm²
	ZG 230-450	铸造平坦的零件,如机座、机盖、箱体、铁砧台,工作温度在450℃以下的管路附件等,焊接性良好	
	ZG 270-500	各种形状的铸件,如飞轮、机架、联轴器等,焊接性能尚可	
	ZG 310-570	各种形状的机件,如齿轮、齿圈、重负荷机架等	
	ZG 340-640	起重、运输机中的齿轮、联轴器等重要的机件	

注:①钢随着平均含碳量的上升,抗拉强度及硬度增加,延伸率降低。

②在 GB/T 5613—1995 中铸钢用"ZG"后跟名义万分碳含量表示,如 ZG25、ZG45 等。

3. 有色金属及其合金

普通黄铜(GB/T 5231—2001)、铸造铜合金(GB/T 1176—1987)、铸造铝合金(GB/T 1173—1995)、铸造轴承合金(GB/T 1174—1992)、硬铝(GB/T 3190—2008)。

合金牌号	合金名称 (或代号)	铸造方法	应用举例	说明
普通黄铜(GB/T 5232—2001)及铸造铜合金(GB/T 1176—1987)				
H62	普通黄铜		散热器、垫圈、弹簧、各种网、螺钉等	H 表示黄铜,后面数字表示平均含铜量的百分数
ZCuSn5Pb5Zn5	5—5—5 锡青铜	S,J Li、La	较高负荷、中速下工作的耐磨耐蚀件,如轴瓦、衬套、缸套及蜗轮等	
ZCuSn10P1	10—1 锡青铜	S J Li La	高负荷(20 MPa 以下)和高滑动速度(8 m/s)下工作的耐磨件,如连杆、衬套、轴瓦、蜗轮等	"Z"为铸造汉语拼音的首位字母,各化学元素后面的数字表示该元素含量的百分数
ZCuSn10Pb5	10—5 锡青铜	S J	耐蚀、耐酸件及破碎机衬套、轴瓦等	
ZCuPb17Sn4Zn4	17—4—4 铅青铜	S J	一般耐磨件、轴承等	
ZCuAl10Fe3	10—3 铝青铜	S J Li、La	要求强度高、耐磨、耐蚀的零件,如轴套、螺母、蜗轮、齿轮等	
ZCuAl10Fe3Mn2	10—3—2 铝青铜	S J		

合金牌号	合金名称 (或代号)	铸造方法	应用举例	说　明
ZCuZn38	38 黄铜	S J	一般结构件和耐蚀件,如法兰、阀座、螺母等	"Z"为铸造汉语拼音的首位字母、各化学元素后面的数字表示该元素含量的百分数
ZCuZn40Pb2	40—2 铅黄铜	S J	一般用途的耐磨、耐蚀件,如轴套、齿轮等	
ZCuZn38Mn2Pb2	38—2—2 锰黄铜	S J	一般用途的结构件,如套筒、衬套、轴瓦、滑块等耐磨零件	
ZCuZn16Si4	16—4 硅黄铜	S J	接触海水工作的管配件,以及水泵、叶轮等	

铸造铝合金(GB/T 1173—1995)

合金牌号	合金名称 (或代号)	铸造方法	应用举例	说　明
ZAlSil2	ZL102 铝硅合金	SB、JB RB、KB J	气缸活塞以及高温工作的承受冲击载荷的复杂薄壁零件	
ZAlSi9Mg	ZL104 铝硅合金	S、J、R、K J SB、RB、KB J、JB	形状复杂的高温静载荷或受冲击作用的大型零件,如扇风机叶片、水冷气缸头	ZL102 表示含硅(10～13)%、余量为铝的铝硅合金
ZAlMg5Si1	ZL303 铝镁合金	S、J、R、K	高耐蚀性或在高温度下工作的零件	
ZAlZn11Si7	ZL401 铝锌合金	S、R、K J	铸造性能较好,可不热处理,用于形状复杂的大型薄壁零件,耐蚀性差	

铸造轴承合金(GB/T 1174—1992)

合金牌号	合金名称 (或代号)	铸造方法	应用举例	说　明
ZSnSb12Pb10Cu4 ZSnSb11Cu6 ZSnSb8Cu4	锡基轴承合金	J J J	汽轮机、压缩机、机车、发电机、球磨机、轧机减速器、发动机等各种机器的滑动轴承衬	各化学元素后面的数字表示该元素含量的百分数
ZPbSb16Sn16Cu2 ZPbSb15Sn10 ZPbSb15Sn5	锡基轴承合金	J J J		

硬铝(GB/T 3190—2008)

合金牌号	合金名称 (或代号)	铸造方法	应用举例	说　明
ZA13	硬铝		适用于中等强度的零件,焊接性能好	含铜、镁和锰的合金

注:铸造方法代号:S—砂型铸造;J—金属型铸造;Li—离心铸造;La—连续铸造;R—熔模铸造;K—壳型铸造;B—变质处理

H2. 处理工艺和名词解释

名　词	代　号	解　释	应　用
退火	511·1	将钢件加热到临界温度以上(一般是710～715℃,个别合金钢800～900℃)30～50℃,保温一段时间,然后缓慢冷却(一般在炉中冷却)	用来消除铸、锻、焊零件的内应力,降低硬度,便于切削加工,细化金属晶粒,改善组织,增加韧性
正火	512	将钢件加热到临界温度以上,保温一段时间,然后用空气冷却,冷却速度比退火为快	用来处理低碳和中碳结构钢及渗碳零件,使其组织细化,增加强度与韧性,减少内应力,改善切削性能
淬火	513	将钢件加热到临界温度以上,保温一段时间,然后在水、盐水或油中(个别材料在空气中)急速冷却,使其得到高硬度	用来提高钢的硬度和强度极限。但淬火会引起内应力使钢变脆,所以淬火后必须回火
淬火和回火	514	回火是将淬硬的钢件加热到临界点以上的温度,保温一段时间,然后在空气中或油中冷却下来	用来消除淬火后的脆性和内应力,提高钢的塑性和冲击韧性
调质	515	淬火后在450～650℃进行高温回火,称为调质	用来使钢获得高的韧性和足够的强度。重要的齿轮、轴及丝杆等零件是调质处理的
表面淬火和回火	521	用火焰或高频电流将零件表面迅速加热至临界温度以上,急速冷却	使零件表面获得高硬度,而心部保持一定的韧性,使零件既耐磨又能承受冲击。表面淬火常用来处理齿轮等
渗碳	531	在渗碳剂中将钢件加热到900～950℃,停留一定时间,将碳渗入钢表面,深度为0.5～2 mm,再淬火后回火	增加钢件的耐磨性能、表面硬度、抗拉强度及疲劳极限; 适用于低碳、中碳(C<0.40%)结构钢的中小型零件
渗氮	533	渗氮是在500～600℃通入氨的炉子内加热,向钢的表面渗入氮原子的过程。氮化层为0.025～0.8 mm,氮化时间需40～50小时	增加钢件的耐磨性能、表面硬度、疲劳极限和抗蚀能力; 适用于合金钢、碳钢、铸铁件,如机床主轴、丝杆及在潮湿碱水和燃烧气体介质的环境中工作的零件
氰化	Q59(氰化淬火后,回火至56～62HRC)	在820～860℃炉内通入碳和氮,保温1～2小时,使钢件的表面同时渗入碳、氮原子,可得到0.2～0.5mm的氰化层	增加表面硬度、耐磨性、疲劳强度和耐蚀性; 用于要求硬度高、耐磨的中、小型及薄片零件和刀具等
时效	时效处理	低温回火后,精加工之前,加热到100～160℃,保持10～40小时。对铸件也可用天然时效(放在露天中一年以上)	使工件消除内应力和稳定形状,用于量具、精密丝杆、床身导轨、床身等

续表

名　　词	代　　号	解　　释	应　　用
发蓝发黑	发蓝或发黑	将金属零件放在很浓的碱和氧化剂溶液中加热氧化,使金属表面形成一层氧化铁所组成的保护性薄膜。	防腐蚀、美观。用于一般连接的标准件和其他电子类零件
镀镍	镀镍	用电解方法,在钢件表面镀一层镍	防腐蚀、美化
镀铬	镀铬	用电解方法,在钢件表面镀一层铬	提高表面硬度、耐磨性和耐蚀能力,也用于修复零件上磨损了的表面
硬度	HB（布氏硬度）	材料抵抗硬的物体压入其表面的能力称"硬度"。根据测定的方法不同,可分布氏硬度、洛氏硬度和维氏硬度。硬度的测定是检验材料经热处理后的机械性能——硬度	用于退火、正火、调质的零件及铸件的硬度检验
	HRC（洛氏硬度）		用于经淬火、回火及表面渗碳、渗氮等处理的零件硬度检验
	HV（维氏硬度）		用于薄层硬化零件的硬度检验

　　注:热处理工艺代号尚可细分,如空冷淬火代号为 513-A,油冷淬火代号为 513-O,水冷淬火代号为 513-W 等。本附录不再罗列,详情请查阅 GB/T 12603—2005。

参 考 文 献

[1] 何铭新,钱可强,徐祖茂.机械制图[M].6 版.北京:高等教育出版社,2010.

[2] 杨裕根,诸世敏.现代工程图学[M].3 版.北京:北京邮电大学出版社,2007.

[3] 孙开元,许爱芬.机械制图与公差测量速查手册[M].北京:化学工业出版社,2008.

[4] 刘小年,陈婷.机械制图[M].3 版.北京:机械工业出版社,2005.

[5] 孙开元,李长娜.机械制图新标准解读及画法示例[M].2 版.北京:化学工业出版社,2010.

[6] 国家质量技术监督局.中华人民共和国国家标准:技术制图与机械制图 GB 10609.1—89[5].北京:中国标准出版社,1996.

[7] 李爱华,杨启美,万勇.工程制图基础[M].2 版.北京:高等教育出版社,2008.

[8] 杨惠英,王玉坤.机械制图[M].2 版.北京:清华大学出版社,2008.

[9] 刘朝儒,彭福荫,高政一.机械制图[M].4 版.北京:高等教育出版社,2001.

[10] 金大鹰.机械制图[M].2 版.北京:机械工业出版社,2008.

[11] 叶玉驹,焦永和,张彤.机械制图手册[M].4 版.北京:机械工业出版社,2008.

[12] 蒋知民,张洪镳.怎样识读《机械制图》新标准[M].5 版.北京:机械工业出版社,2010.